国家林业和草原局职业教育"十三五"规划教材

食用菌栽培技术

胡殿明　主编

中国林业出版社

内容简介

《食用菌栽培技术》定位于培养高素质技术技能型人才,以培养学生职业能力为主,着重突出职业教育的特点,涵盖从食用菌的基本理论到具体示例品种的栽培管理等技术,细致地指导学生学习,为今后从事食用菌栽培提供技术参考及指导。本教材共包括7个项目,即食用菌概述、食用菌菌种生产技术、木腐类食用菌栽培技术、草腐类食用菌栽培技术、珍稀食用菌栽培技术、食用菌病虫害防治、食用菌保鲜与采后加工技术。每个任务都包括任务描述、知识准备、任务实施、巩固训练、知识拓展、自主学习资源库。

教材条理清楚,简明扼要,图文并茂,篇幅适中。可作为职业教育农林类专业学生教材,也可供食用菌科研工作者和相关从业人员参考使用。

图书在版编目(CIP)数据

食用菌栽培技术 / 胡殿明主编. —北京:中国林业出版社,2021.12(2025.2重印)
国家林业和草原局职业教育"十三五"规划教材
ISBN 978-7-5219-1447-4

Ⅰ.①食… Ⅱ.①胡… Ⅲ.①食用菌-蔬菜园艺-高等职业教育-教材 Ⅳ.①S646

中国版本图书馆 CIP 数据核字(2021)第 256964 号

中国林业出版社教育分社

策划、责任编辑: 田 苗

电 话: (010)83143557 **传 真:** (010)83143516

出版发行 中国林业出版社(100009 北京市西城区刘海胡同7号)
       E-mail:jiaocaipublic@163.com
       http://www.forestry.gov.cn/lycb.html
印 刷 北京中科印刷有限公司
版 次 2021年12月第1版
印 次 2025年2月第3次印刷
开 本 787mm×1092mm 1/16
印 张 15.5
字 数 450千字(含数字资源85千字)
定 价 56.00元

数字资源

凡本书出现缺页、倒页、脱页等质量问题,请向出版社图书营销中心调换。

版权所有 侵权必究

《食用菌栽培技术》
编写人员

主　　编：胡殿明
副 主 编：张俊波　宋海燕　杨宇平　钟培星　刘遂飞
编写人员：（按姓氏拼音排序）
　　　　　崔振魁　（江西农业工程职业学院）
　　　　　胡殿明　（江西农业大学，江西环境工程职业学院）
　　　　　况　丹　（宜春职业技术学院）
　　　　　刘遂飞　（江西农业工程职业学院）
　　　　　刘绍雄　（中华全国供销合作总社昆明食用菌研究所）
　　　　　刘郁林　（江西环境工程职业学院）
　　　　　钱叶会　（福建林业职业技术学院）
　　　　　宋墩福　（江西环境工程职业学院）
　　　　　宋海燕　（江西农业大学）
　　　　　孙达锋　（中华全国供销合作总社昆明食用菌研究所）
　　　　　杨宇平　（江西环境工程职业学院）
　　　　　余彦岚　（江西环境工程职业学院）
　　　　　曾赣林　（江西环境工程职业学院）
　　　　　张红娟　（杨凌职业技术学院）
　　　　　张俊波　（中华全国供销合作总社昆明食用菌研究所）
　　　　　钟培星　（江西环境工程职业学院）
　　　　　朱肖峰　（九江职业大学）
主　　审：（按姓氏拼音排序）
　　　　　董彩虹　（中国科学院微生物研究所）
　　　　　霍光华　（江西农业大学）

前言

近年来，随着职业教育的飞跃发展，教育改革取得了突破性成果。教育部提出要深化产教融合、协同育人，实现多种形式的人才培养模式，加强实践教学和就业能力的培养，根据产业转型升级对职业标准提出的新要求，将职业标准融入课程标准、课程内容的设计和实施中。编者结合多年的实践、教学及科研经验，按照项目教学的要求分解出各单元，组织编写了本教材。

本教材定位于培养高素质技术技能型人才，以培养学生职业能力为主，着重突出职业教育的特点，涵盖从食用菌的基本理论到具体示例品种的栽培、管理和采后加工等技术，全面具体又重点突出地指导学生学习。

教材分为7个项目，即食用菌概述、食用菌菌种生产技术、木腐类食用菌栽培技术、草腐类食用菌栽培技术、珍稀食用菌栽培技术、食用菌病虫害防治、食用菌保鲜与采后加工技术。每个项目都制定了学习目标，有知识目标和技能目标；分任务进行教学，每个任务都包含任务描述、知识准备及任务实施，让学生先学习掌握理论知识，再具体实施，能够更好地发挥教学作用；每个任务后还有巩固训练、知识扩展及自主学习资源库。整体内容充实、简洁，语言精练，紧贴实际应用，具有较强的实用性。

本教材可作为农林类专业学生教材，也可供食用菌科研工作者、相关从业人员和食用菌爱好者参考使用。

读者可通过本教材的学习掌握食用菌的基础知识，根据自己的需求找到相关品种，学习、参考栽培、病虫害防治和采后加工等技术知识。尤其是学生在使用本教材时，一定要注重学习目标及任务后的巩固训练，利用好知识扩展及自主学习资源库，这样才能真正地学到技术。

本教材由主编胡殿明拟定编写大纲、组织编写及统稿，副主编协助主编进行修改。主要编写分工为：项目1，张红娟、张俊波；项目2，钱叶会；项目3，胡殿明、张俊波、刘绍雄、刘遂飞、崔振魁、况丹；项目4，朱肖峰、宋海燕；项目5，张俊波、孙达锋、宋墩福；项目6，张俊波；项目7，杨宇平、刘郁林、余彦岚、钟培星、曾赣林；其他编写人员负责修改等工作。

教材在编写过程中参考借鉴了一些国内外学者编写的著作与教材；得到了诸多相关老

师的帮助，在此一并表示深深的谢意。特别感谢丽水职业技术学院朱姝蕊老师为项目 6 提供了初稿和素材，江西农业大学霍光华教授和中国科学院微生物研究所董彩虹研究员对本书的认真审定！

编　者
2021 年 7 月

目录

前 言

项目1 食用菌概述 ·· 1
    任务1-1 认识食用菌的主要类群 ·· 1
    任务1-2 认识食用菌的形态结构 ··· 10
    任务1-3 认识食用菌的生理生态 ··· 21

项目2 食用菌菌种生产技术 ·· 34
    任务2-1 认识菌种 ·· 34
    任务2-2 认识菌种生产的设施条件 ·· 37
    任务2-3 菌种生产 ·· 42
    任务2-4 菌种质量鉴定 ·· 50
    任务2-5 菌种的退化、复壮及保藏 ·· 55

项目3 木腐类食用菌栽培技术 ·· 59
    任务3-1 平菇栽培 ·· 59
    任务3-2 香菇栽培 ·· 70
    任务3-3 黑木耳袋料栽培 ··· 82

项目4 草腐类食用菌栽培技术 ·· 96
    任务4-1 双孢蘑菇栽培 ·· 96
    任务4-2 草菇栽培 ·· 119
    任务4-3 鸡腿菇栽培 ··· 127

项目5 珍稀食用菌栽培技术 ·· 136
    任务5-1 大球盖菇栽培 ·· 136
    任务5-2 金耳栽培 ·· 152
    任务5-3 羊肚菌栽培 ··· 168

项目6 食用菌病虫害防治 ··· 193
    任务6-1 认识食用菌的常见病害 ·· 193

任务6-2　认识食用菌的常见虫害 …………………………………… 208
项目7　食用菌保鲜与采后加工技术 …………………………………… 219
　　任务7-1　食用菌保鲜 …………………………………………………… 219
　　任务7-2　食用菌采后加工 ……………………………………………… 224
参考文献 ………………………………………………………………………… 237

项目1 食用菌概述

学习目标

知识目标
(1) 认识食用菌及其重要作用,了解我国食用菌产业发展现状。
(2) 认识食用菌的主要结构特征,熟悉食用菌生长发育过程及繁殖方式。
(3) 了解食用菌在生物中的分类地位和主要生态类型。
(4) 熟悉食用菌生长所需的各种营养物质及相关环境条件。

技能目标
(1) 能够通过查阅资料了解我国食用菌主要栽培种类和生产区域。
(2) 能够区别食用菌的形态及其所需的营养条件和环境条件。
(3) 能够根据食用的营养需求与生长环境条件,进行栽培原料的选择及环境条件的控制。

任务 1-1 认识食用菌的主要类群

任务描述

通过学习食用菌的概念、价值、生态类型、我国食用菌产业发展现状,基本了解食用菌基础知识;查阅资料,了解食用菌的主要栽培种类及生产区域。

知识准备

1. 食用菌的概念及价值

1) 食用菌的概念

食用菌实际应称为食用与药用菌,是一类可供食用或药用的大型真菌的总称,有较复杂的子实体结构或能产生菌核的一类高等真菌。这类高等真菌,大多子实体硕大,因而又统称为大型真菌。

食用菌与药用菌也叫蕈菌。其中肉质可食用的称为食用菌，如蘑菇、香菇、平菇等；具有药用价值的称为药用菌，如灵芝、茯苓、冬虫夏草等。这种区分是相对的，因为许多菌类可食、可补亦可药用，如猴头菇、银耳等。

食用菌中，90%属于担子菌门（Basidiomycota），如平菇、香菇、木耳等；少数属于子囊菌门（Ascomycota），如冬虫夏草、羊肚菌等。依其营养方式的不同，食用菌可分为腐生、共生和寄生3种类型。

据估计，全球能形成大型子实体的真菌有14万种左右，而已被记载或已知的种类仅14 000种左右，其中可食用的有2000多种，也有学者认为有50%已被描述的食用菌具有不同程度的可食性。目前，可人工栽培的食用菌约200多种，其中60多种可商业化栽培，具有一定规模的商业化栽培的有30多种。

2）食用菌的重要价值

食用菌味道鲜美，质地脆嫩，不仅含有丰富的营养物质，而且含有许多药用和对人体有益的保健成分，被世界公认为"健康食品"。食用菌是人类食物、药物的重要来源，既是一类重要的菌类食物，又是食品和制药工业的重要资源。

(1) 食用菌的营养价值

①蛋白质含量高，氨基酸种类全　蛋白质是食物营养中最重要的成分。食用菌中蛋白质的含量约占可食部分鲜重的4%，占干物质总量的20%～30%。双孢蘑菇的某些品种中蛋白质的含量甚至达40%以上，比瘦猪肉、鸡蛋、牛奶还高。1 kg干蘑菇所含的蛋白质相当于2 kg瘦肉、3 kg鸡蛋或12 kg牛奶。食用菌蛋白质中的氨基酸组成较全面，由20多种氨基酸组成，人体必需的8种氨基酸全部具备，并且所含的必需氨基酸的比例与人体需要接近，极易被人体吸收利用。金针菇中赖氨酸的含量很高，是儿童的良好营养品，有"增智菇"之称。因此，食用菌是一种较理想的蛋白质来源。

②维生素含量丰富　食用菌富含多种维生素，是人体维生素的重要来源。食用菌含有丰富的维生素B、烟酸、生物素、维生素C、麦角甾醇（维生素D源）、叶酸等，含量比植物性食品都高。此外，还有一些植物体中稀有的维生素，含量高于肉类食品。因此，食用菌赢得"植物肉"的美誉。

③低脂肪、低热量　食用菌是低脂肪、低热量食物，一般脂肪含量为干重的4%，其热量比猪肉、鸡肉、大米、苹果、香蕉都低。食用菌的脂肪性质类似于植物油，含有较多的不饱和脂肪酸（如油酸、亚油酸等），其中又以亚油酸的含量为最高，占脂肪酸的40.4%～76.3%，如香菇76%、草菇70%、双孢蘑菇69%。食用菌中不饱和脂肪酸含量高，是其作为健康食品的重要原因之一。

④富含多种矿质元素　人体必须从食物中补充一定量的矿质元素，以保持体内矿质元素的平衡。食用菌含有人体必需的多种矿质元素，如钙、镁、磷、钾、钠、铁、锰、锌、铜、硒等。其中钾、磷的含量较多，钙的含量次之，铁的含量较少。如银耳含有较多的磷，有助于恢复和提高大脑功能。香菇、木耳含铁量较高。香菇的灰分元素中钾占64%，是碱性食物中的高级食品，可中和肉类食品产生的酸性物质。

(2) 食用菌的药用、保健价值

药用真菌如茯苓、冬虫夏草、马勃、猪苓、天麻、羊肚菌、灵芝等，都是我国中药宝库中最珍贵的良药。茯苓可利水渗湿、健脾补中和宁心安神，猪苓常用于治疗小便不利、淋浊带下等症，冬虫夏草可滋肺补肾、止血化痰，马勃散邪消肿、清咽利喉。食用菌除这些药用功能外，还有许多保健作用。

食用菌多糖能够清除自由基、提高抗氧化酶活性和抑制脂质过氧化，起到保护生物膜和延缓衰老的作用。有实验表明，云芝多糖、香菇多糖、虫草多糖、短裙竹荪多糖、猴头多糖、木耳多糖等均有抗氧化、清除自由基和抗衰老作用。

食用菌含有多种生理活性物质，具有调节免疫、调节血脂、调节血糖、保肝健胃、抗衰老等多种药用、保健作用，是生活中不可缺少的食物来源。

2. 食用菌的生态类型

食用菌的生态是指食用菌生活习性与生活环境之间的关系。绝大部分食用菌都能产生大量有性孢子，可借助气流、水流、昆虫等传播、繁殖后代。因此，食用菌的分布极广，凡是有生物残体存在的地方(高山、湖泊、森林、草原、沙漠等)都有它们的踪迹。按大型真菌的生态环境，可将其分为林地真菌、草原真菌、土壤真菌、菌根真菌、粪生真菌、木材腐生菌等。

1）林地真菌

植被种类和成分是森林真菌生态的首要影响因素。林地植物群落不仅为林地真菌提供营养基质，而且为林地真菌创造适宜的小气候环境。

林地真菌的种类与分布与林地植被有关。在不同的树种下，产生不同的真菌。例如，在针叶林中，经常产生松乳菇、灰口磨、红柳钉菇；混交林地常产生蜜环菌、豹斑鹅膏、银耳、木耳等；在山毛榉和栎属林地，常有美味牛肝菌、鸡油菌、毒鹅膏等；在阔叶林内，通常出现皂味口蘑、褐黑口蘑、硫色口蘑等。

除此之外，林地落叶层由于含有大量的营养物质，形成的腐殖层具有保温、蓄水能力，可为食用菌生长繁殖创造优越的生态环境；林地内地形及林地土壤类型等也会影响林地中食用菌的种类及分布。总之，林地一年内，落叶树树冠的覆盖程度是从发芽至枯黄凋落有节奏地循序变化的。树冠覆盖的密度显然影响到雨水渗透到落叶层的程度、遮蔽程度、空气流动的速度和温度的保持等。这些因素又和真菌菌丝蔓延、子实体的形成密切相关。绝大部分真菌都具有多年生菌丝体，这样在一年当中除了较干燥、寒冷季节之外，菌丝体在大部分时间都能在较适宜的环境中蔓延、积累营养物质，一旦条件适宜就能顺利形成子实体。

2）草原真菌

草原上的真菌大致可分为两个类群：一类是草本植物的地下部寄生菌，这类菌往往能够形成蘑菇圈；另一类是以草原动物的粪便为主要营养物质的腐生性粪生真菌。

一般草原牧场上可能出现的大型真菌有杯伞、斜盖伞、粉褶菌、蜡伞、高环柄菇、马勃、脚菇、口蘑等。在粪草较多较肥的草场中，则常出现毛头鬼伞、粗柄白鬼伞、脆伞、硬柄斑褶伞、小脆柄菇、半球盖菇等。

我国北方的草原盛产口蘑，以张家口要最为著名。口蘑盛产于富含腐殖质的草原牧场，形成美丽的"仙人环"，即蘑菇圈。蘑菇圈是由于菌丝体向四周辐射扩散，一旦生态条件适宜，形成圈状分布的子实体，子实体腐烂后，菌丝仍在草地下蔓延，向处扩展，来年又重新在外形成一圈子实体。大约有50种大型真菌可以形成蘑菇圈，分类上包括伞菌、牛肝菌和马勃菌等。

3. 我国食用菌产业发展现状

我国食用菌物种资源丰富，生产方式上传统和现代化种植方式并存，食用菌产量达世界总产量的75%以上，在我国种植业中仅次于粮、油、果、菜，居第五位。

我国食用菌产业生产规模大，产量大，从业人员多，稳居世界首位。由于食用菌生产能把大量废弃的农作物秸秆（麦秸、稻草、棉籽壳、玉米芯、杂木屑、麦麸及米糠等）转化成可供人们食用的优质蛋白与健康食品，变废为宝、化害为利、兴菌成业、业兴菌旺，作为农业的支柱产业、朝阳产业、致富工程，对全国新农村的建设起到了巨大的推动作用。除了丰富的野生菌资源，中国食用菌的栽培种类已达70多种，大宗品种有香菇、平菇、木耳、双孢菇、金针菇、草菇等，一系列的珍稀品种如白灵菇、杏鲍菇、茶树菇、真姬菇、灰树花等也受到市场青睐，成为中国食用菌产业新的增长点。

1）产量持续增长

我国食用菌产量是伴随着改革开放而迅速提高的，不过是40多年的历史。但是，这40年经历了房前屋后的庭院经济、特种蔬菜生产、成片的集约化和工厂化生产四个阶段。

2）栽培种类的多样性

我国传统栽培种类主要是香菇、木耳、银耳、茯苓等木腐菌，产业迅速发展40多年后的今天，形成商业化栽培的已有60种左右，具一定生产规模的有30种以上。据2019年统计，年产30万t以上的有12种，依次是香菇、黑木耳、平菇、金针菇、双孢蘑菇、杏鲍菇、毛木耳、茶薪菇、滑菇、银耳、秀珍菇、真姬菇（图1-1-1）。

3）产业化基地规模日益壮大

我国食用菌产业快速发展，遍及大江南北，从南到北，从山区到平原，食用菌产业在为农业增效、农民增收中发挥了重要作用。但是在区域间发展极不平衡。各食用菌产业大省都已经形成各具特色的产业集群，产业特色鲜明。

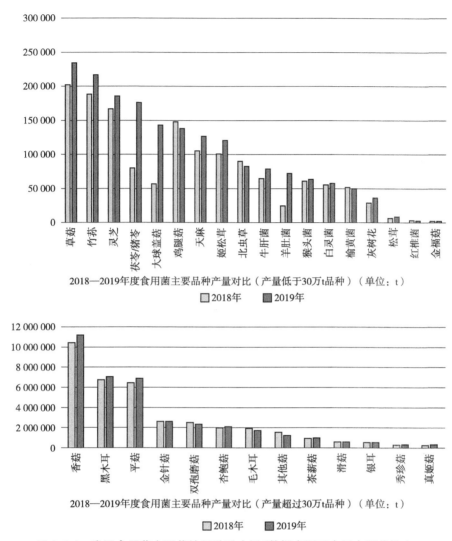

图 1-1-1 我国食用菌主要栽培品种及产量（数据来源于中国食用菌协会）

4）食用菌专业合作社组织化程度提高

食用菌专业合作社是近年来出现的一种新型的合作组织形式。我国食用菌专业合作社已超过4000家，这些专业合作社通过规范自我，建立与菇农有效的利益联结机制，增强了菇农风险抵御能力，并使他们分享到食用菌生产、流通等多层次、多环节的增值收益。

5）循环利用取得成果

食用菌产业是变废为宝的循环农业。近年来，中国食用菌协会不断加大对循环经济的宣传、推广力度，并组织行业利用各种形式进行经验总结交流，以食用菌—有机肥—农作物、食用菌—饲料—养殖—沼气—农作物等多种循环利用模式在全国广泛应用，农村废弃资源得到高效循环利用，实现多元增值，既净化了环境，又增加了农民收入。

任务实施

1. 食用菌鉴别

1) 材料准备

野外采集的大型真菌以及市场上售卖的各类大型真菌,野外生境及子实体清晰照片。

2) 参考书籍准备

各类的大型真菌图鉴,如《中国大型菌物资源图鉴》《蘑菇博物馆》《中国大型真菌彩色图鉴》《中国蕈菌原色图鉴》《中国药用真菌》《中国大型真菌》《江西大型真菌图鉴》《西南大型真菌》等。

3) 食用菌基础鉴定

(1) 基础分类

通过基本特征将食用菌分为以下类群:

①子囊菌门 子囊菌门中食用菌有8科,即块菌科(Tuberaceae)、羊肚菌科(Morchellaceae)、马鞍菌科(Helvellaceae)、盘菌科(Pezizaceae)、肉杯菌科(Sarcoscyphaceae)、肉盘菌科(Sarcosomataceae)、麦角菌科(Clavicipitaceae)及线虫草科(Cordycipitaceae)。下面简要介绍子囊菌门中常见的几个科。

块菌科:块菌科中块菌属(Tuber)包括一些著名的食用菌,如黑孢块菌(Tuber melanosporum)、印度块菌(Tuber indicum)、夏块菌(Tuber aestivum)、白块菌(Tuber magnatum)等。块菌在我国的商品贸易中通常称为"松露"。

羊肚菌科:羊肚菌科中羊肚菌属(Morchella)食用菌是珍稀名贵的食用菌品种,常见的有羊肚菌(Morchella esculenta)、黑脉羊肚菌(Morchella angusticeps)、尖顶羊肚菌(Morchella conica)、变红羊肚菌(Morchella rufobrunnea)、高羊肚菌(Morchella elata)等。还有近年来大规模产业化商业栽培的梯棱羊肚菌(Morchella importuna)、六妹羊肚菌(Morchella sextelata)、七妹羊肚菌(Morchella septimelata)。此外,羊肚菌科还包括波地钟菌(Verpa bohemica)、圆锥钟菌(Verpa conica)等。

虫草科和线虫草科:虫草属(Cordyceps)真菌大多寄生在昆虫体内,如蝉花虫草(Cordyceps cicadicola)、蛹虫草(Cordyceps militaris)、蝉茸虫草(Cordyceps sobolifera)。还有最为名贵的青藏高原野生的冬虫夏草(Ophiocordyceps sinensis)。

马鞍菌科:马鞍菌属(Helvella)中的马鞍菌(Helvella elastica)、黑马鞍菌(Helvella atra)等许多种可食用。新疆著名的野生食用菌"巴楚蘑菇",经分类鉴定为裂盖马鞍菌(Helvella leucopus)。

盘菌科:盘菌属(Peziza)中的泡质盘菌(Peziza vesiculosa),地菇属(Terfezia)中的瘤孢

地菇(*Terfezia arenaria*), 裂盘菌属(*Sarcosphaera*)中的紫星裂盘菌(*Sarcosphaera coronaria*)可食用, 属于食用菌。

②担子菌门 食用菌中绝大多数为担子菌。常见的食用担子菌有蘑菇科(Agaricaceae)、侧耳科(Pleurotaceae)、光茸菌科(Omphalotaceae)、木耳科(Auriculariaceae)、银耳科(Tremellales)、离褶伞科(Lyophllaceae)、光柄菇科(Pluteaceae)、裂褶菌科(Schizophyllaceae)、球盖菇科(Strophariaceae)、口蘑科(Tricholomataceae)、牛肝菌科(Boletaceae)、鬼笔科(Phallaceae)、灵芝科(Ganodermaceae)、多孔菌科(Polyporaceae)、绣球菌科(Sparassidaceae)、猴头菌科(Hericiaceae)等。下面简要介绍担子菌中常见的几个科。

蘑菇科: 蘑菇科中有 25 个属, 其中食用菌有蘑菇属(*Agaricus*)中大规模人工栽培的食用菌双孢蘑菇(*Agaricus bisporus*)、巴西蘑菇(*Agaricus blazei*), 还有近年来生长在新疆被驯化的中国美味蘑菇(*Agaricus sinodeliciosus*)。

侧耳科: 侧耳科侧耳属(*Pleurotus*)食用菌有: 糙皮侧耳(*Pleurotus ostreatus*), 又称平菇; 金顶侧耳(*Pleurotus citrinopileatus*), 常称榆黄蘑; 刺芹侧耳(*Pleurotus eryngii*), 又称杏鲍菇; 白灵侧耳(*Pleurotus eryngii*), 也称白灵菇; 还有近年来驯化的阿魏侧耳(*Pleurotus ferulae*)等。

光茸菌科: 光茸菌科中最为常见的就是全国栽培量最大的食用菌香菇(*Lentinula edodes*), 属于微香菇属(*Lentinula*)。

木耳科: 常见的黑木耳(*Auicularia heimuer*)、毛木耳(*Auicularia polytricha*)、皱木耳(*Auicularia delicata*)等重要栽培种类均属于木耳科木耳属(*Auicularia*)。

银耳科: 常见的栽培种类银耳(*Tremella fuciformis*)属于银耳科银耳属(*Tremella*)。

光柄菇科: 草菇(*Volvariella volvacea*)是光柄菇科中重要的常见的人工栽培食用菌品种。

裂褶菌科: 裂褶菌科代表性的种类是裂褶菌(*Schizophyllum commune*), 也称白参, 分布广泛, 栽培广泛, 味道鲜美。

球盖菇科: 球盖菇科中常见的栽培食用菌种类有: 鳞伞属(*Pholliota*)中的光帽鳞伞(*Pholliota nameko*), 俗称滑菇或滑子蘑; 多脂鳞伞(*Pholliota adiposa*), 又称黄伞; 皱环球盖菇(*Stropharia rugosoannulata*), 俗称大球盖菇。田头菇属(*Agrocybe*)中常见的有: 柱状田头菇(*Agrocybe cylindracea* = *Agrocybe aegerita*), 俗称茶树菇; 柳生田头菇(*Agrocybe salicacicola*), 俗称柳树菇、杨柳菌。

口蘑科: 金钱菌属(*Flammulina*)中的毛柄金钱菌(*Flammulina velutipes*), 又名金针菇。香蘑属(*Lepista*)中的紫丁香蘑(*Lepista nuda*)、花脸香蘑(*Lepista sordida*)是美味的食用菌, 花脸香蘑可人工栽培。口蘑属(*Tricholoma*)中的松口蘑(*Tricholoma matsutake*), 俗称松茸, 是一种珍稀名贵的食用菌。大口蘑属(*Macrocybe*)中的巨大口蘑(*Macrocybe giganteum*), 俗称金福菇、洛巴口蘑。小奥德蘑属(*Oudemansiella*)中常见的栽培食用菌是长根小奥德蘑(*Oudemansiella radicata*), 又称露水鸡枞、黑皮鸡枞。

鬼笔科: 鬼笔科中常见的栽培食用菌有竹荪属(*Dictyophora*)的长裙竹荪(*Dictyophora indusiata*)、棘托竹荪(*Dictyophora echinovolvata*)、红托竹荪(*Dictyophora rubrovolatus*)、白鬼笔(*Phallus impudicus*), 俗名冬荪。

灵芝科: 灵芝属(*Ganoderma*)中的灵芝(*Ganoderma lucidum*)、紫灵芝(*Ganoderma sinensis*)等都是著名的药用菌。

猴头菌科：猴头菇属（*Hericium*）中的猴头菇（*Hericium erinaceus*）是著名的食药用菌，现已经广泛规模化栽培。

白蘑科：白蘑科中玉蕈属（*Hypsizygus*）中的斑玉蕈（*Hypsizygus marmoreus*），又名真姬菇、蟹味菇(褐色)、白玉菇(白色)。

牛肝菌科：牛肝菌科种类繁多，可食用的有美味牛肝菌（*Boletus edulis*）、黄皮疣柄牛肝菌（*Leccinum crocipodium*）、黄褐牛肝菌（*Boletus subsplendidus*）等，还有近年来驯化实现人工栽培的种类暗褐网柄牛肝菌（*Phlebopus portentosus*）。

多孔菌科：多孔菌科中的猪苓（*Polyporus umbellatus*）、茯苓（*Wolfiporia cocos*）是我国传统栽培的药用真菌。奇果菌（*Grifola*）中的灰树花（*Grifola frondosa*），又称栗蘑、舞茸。

绣球菌科：绣球菌属（*Sparssis*）中的广叶绣球菌（*Sparssis latifolia*）可以规模化栽培。

(2)综合鉴定

通过食用菌形态特征做出基本分类之后，找到图鉴中相对应的类别，通过样品与图鉴彩色照片及形态结构描述比对，确定食用菌种类。如果不能准确鉴别，将样品送至分子测序公司测序，最后综合图鉴完成食用菌的鉴别。

2. 野生毒菌的性状辨识

自然界的野生毒菌很多，有文献称世界范围内达千种以上，我国至少达500种以上，已经怀疑有毒的达421种，隶属于39科112属，已知的毒菌毒素达30多种。也有认定毒菌为200余种。在《中国野生大型真菌彩色图鉴》中，明确标识的有毒菌有52种，如褐鳞环柄菇、肉褐鳞环柄菇、白毒伞、鳞柄白毒伞、毒伞、秋生盔孢伞、绿帽草、毒蝇草、鹿花菌、包脚黑褶伞、毒粉褶菌、残托斑毒伞、鹅膏菌、毒蝇鹅膏菌、粉红枝瑚菌、毒粉褶菌等。毒菌没有统一的形态特征，难以通过外观识别，必须经专业人士鉴定。

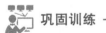巩固训练

观察日常生活中常见的食用菌，并掌握其形态特征，辨别常见食用菌。

知识拓展

1. 误食野生毒菌的主要中毒类型

1）胃肠炎型

比较多见，其中毒潜伏期短，多在10 min至6 h内发病，主要可见急性恶心呕吐、腹泻、腹痛，或伴头昏、头痛、全身无力，甚至吐血、脱水、休克、昏迷和谵语，为极普遍的中毒类型，病程较短，致死率较低，较易恢复。

2）神经精神型

根据毒菌种类及所含成分可分为神经兴奋、神经抑制、精神错乱及幻觉几种不同症状表现，如有的刺激副交感神经系统兴奋、血压降低、心率减慢、胃肠平滑肌蠕动加快，引起呕吐和腹泻、瞳孔缩小、唾液分泌增加；有的表现烦躁不安、精神异常；有的产生触觉和视觉曲解，或如酒醉样、手脸充血，或出汗、发抖、狂歌乱舞、极度兴奋，或烦躁苦闷，喜怒无常。

3）溶血型

中毒潜伏期多在6 h或更长，首先多见恶心、呕吐、腹痛、头痛、瞳孔散大、烦躁不安等症状，1~2 d后即出现急性贫血、血红蛋白尿、尿闭、尿毒症及肝脏、肾脏肿大，或见抽搐、嗜睡，可因肝脏严重受损或心脏衰竭而死亡。

4）肝脏损害型

可引发此类型中毒的毒菌有30多种，且在潜伏期内常无明显自觉症状，但对肾脏、血管内壁细胞、中枢神经系统及其他内脏组织的损害极为严重，多见胃肠道水肿、充血和出血，肝、肾、心、脂肪变性和坏死，多数中毒者可因体内各脏器功能衰竭而导致死亡。

5）呼吸循环衰竭型

其症状主要为中毒性心肌炎、急性肾功能衰竭和呼吸麻痹。

6）光过敏皮炎型

潜伏期为24~48 h。当毒素通过消化系统吸收后，机体细胞对日光敏感性增高，特别是太阳照射的部位出现皮炎，如面部和手臂红肿、嘴唇肿胀等，甚者出现火烧般及针刺样疼痛。

2. 野生毒菌中毒基本救治方法

1）早期应尽快排除毒物，避免机体继续吸收毒素

排毒的方法，一是催吐，二是洗胃，三是导泻。如未出现呕吐，可饮用大量稀盐水或直接用手刺激咽部引起呕吐；或用苦丁香、甘草各适量，研粉，水煎，饮服取吐。未出现呕吐时应立即用1∶2000~1∶5000高锰酸钾水溶液，或活性炭混悬液、浓茶等反复洗胃。无腹泻症状者，可在洗胃后用温盐水行高位结肠灌洗，或用硫酸镁溶液导泻。

2）应尽快采用解毒措施

可饮用浓茶水、酸汤水、淘米水、豆浆等简便措施解毒，也可用紫苏、金银花、鱼腥草、甘草等煎服解毒，或用甘草绿豆汤解毒。对神经精神型中毒，可酌情采用0.5~1.0 mg阿托品皮下注射解毒；对溶血型、肝肾损害型中毒，可用二巯基丙磺酸钠，用葡萄糖注射液稀释后注射。急性肝损害者可用L-半胱胺酸盐注射解毒。

3）支持疗法

首先是补充液体，纠正人体内酸中毒及水、电解质紊乱，如用葡萄糖生理盐水加维生素 C 静脉点滴，以促进肝脏损害恢复；还可采用镇静、镇惊、脱水、控制感染、输血等对症治疗方法。

> **自主学习资源库**
>
> 1. 食用菌栽培与生产．罗孝坤，华蓉，周玖璇等．云南科技出版社，2019．
> 2. 食用菌栽培学．吕作舟．高等教育出版社，2006．
> 3. 中国菇业大典．罗信昌，陈士瑜．清华大学出版社，2016．

任务 1-2　认识食用菌的形态结构

任务描述

通过学习食用菌菌丝体及其组织体、子实体的结构特征，了解食用菌的菌丝类型及子实体结构。

知识准备

食用菌在分类上主要属于担子菌门和子囊菌门，种类繁多，形态各异，但无论是野生的还是人工栽培，都是由菌丝体和子实体两部分组成的（图 1-2-1）。

1. 菌丝体及其组织体

菌丝体是无数纤细的菌丝交织而成的丝状体或网状体，一般呈白色茸毛状，生长于基质内部，是食用菌的营养器官，相当于绿色植物的根、茎、叶。但食用菌是异养生物，菌丝细胞不含叶绿素，不能进行光合作用，没有根、茎、叶的分化。菌丝体的主要功能是分解基质，吸收、转化并输送营养和水分，供子实体生长发育需要（图 1-2-2）。

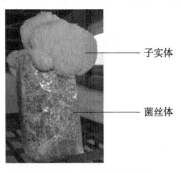
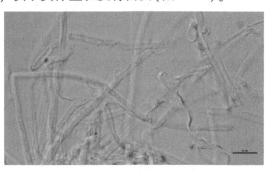

图 1-2-1　食用菌的结构　　　　　图 1-2-2　食用菌的菌丝

1）菌丝的形态

菌丝是孢子在适宜条件下萌发形成的管状细丝，以顶端部分进行生长，但是菌丝的每一个细胞都有潜在的生长能力。食用菌的菌丝是由硬壁包围的管状细丝，有横膈膜，将菌丝隔成多个细胞（图1-2-3）。

根据菌丝的发育顺序，食用菌的菌丝可分为初生菌丝、次生菌丝、三生菌丝三类。

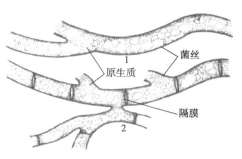

图1-2-3　有隔菌丝和无隔菌丝
（引自《食用菌栽培学》，吕作舟）
1. 无隔菌丝　2. 有隔菌丝

(1) 初生菌丝

初生菌丝是由单核担孢子萌发形成的菌丝，又称单核菌丝。担孢子萌发初期形成芽管，芽管内的核经过多次分裂，因而初期的菌丝是多核的，但迅速形成隔膜，将菌丝分隔，形成许多单核细胞。这种每个细胞只含有一个细胞核的菌丝即为初生菌丝。子囊菌的初生菌丝发达且生活期较长，而担子菌的初生菌丝较纤细、不发达，且生长慢、生长期短。但初生菌丝无论怎样繁殖一般都不会形成子实体，只有一条可亲和的单核菌丝质配之后变成双核菌丝，才会产生子实体。

(2) 次生菌丝

由性别不同的两条初生菌丝经质配而形成。次生菌丝在形成过程中两个单核菌丝细胞原生质融合在一起，但细胞核并没有发生融合，以至于每个细胞中均有两个核，因此次生菌丝又称为二次菌丝或双核菌丝。次生菌丝较初生菌丝粗壮，分支繁茂，生长速度快。它是食用菌菌丝存在的主要形式。

次生菌丝的生长，由顶端细胞产生锁状联合来完成。锁状联合主要存在于担子菌中（子囊菌只有某些块菌的菌丝细胞上能发生锁状联合），是双核菌丝细胞分裂的一种特殊方式。通过锁状联合，一个双核细胞变为两个双核细胞。但不是所有的担子菌的菌丝都能产生锁状联合。

锁状联合的过程（图1-2-4）：先在顶端双核细胞的两核（a，b）之间，伸出一个短分支，母核b进入短分支内，随着a、b两核同时进行有丝分裂。一个子核b′留在伸长弯曲的短分支（即钩状部分）内，另一个子核b″则进入顶部。母核a分裂的一个子核a″随新细胞生长到顶端，和子核b″配在一起。另一个子核a′则和移来的b′配合在一起。然后在细胞中间和

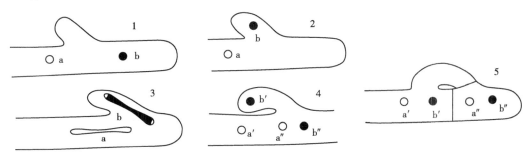

图1-2-4　锁状联合过程（引自《中国大型真菌》，卯晓岚）

钩状突起处，分别各形成一个新隔膜，这样一个双核细胞变为两个双核细胞，在两细胞的隔膜处残留下一个明显突起，好像一把锁，故名锁状联合。

锁状联合除子囊菌中的某些块菌外，只存在于担子菌中，但并不意味着所有的担子菌都有锁状联合，如红菇、蜜环菌就没有锁状联合。在真菌分类上有无锁状联合是担子菌各科属分类的重要依据之一。

(3) 三生菌丝

三生菌丝是次生菌丝进一步组织化了的双核菌丝，又称为结实性双核菌丝。它们已不是散生的无组织的双核菌丝，而是次生菌丝进一步发育，达到生理成熟时按一定排列、一定结构扭结形成的特殊的菌丝组织体，如子实体、菌核、菌索等。

2）菌丝的组织体

在环境条件不良或在繁殖的时候，菌丝体的菌丝相互紧密地缠结在一起，就形成了菌丝的组织体。在环境条件变好时，组织体菌丝萌发成正常的菌丝体。这是生物对环境的一种适应现象。菌丝组织体是一种特殊的菌丝体，我们常把它作为无性繁殖材料或者作为收获对象。

(1) 菌丝束

在食用菌中，正常营养菌丝营养物质的运输是借助于细胞质流动的方式进行的。

菌丝束是由正常菌丝发育而来的简单结构，正常菌丝的分支菌丝快速平行生长且紧贴母体菌丝而不分散开，次生的菌丝分支也照这种规律生长，使得菌丝束变得浓密而集群（合生），而且借助分支间大量的连接而成统一体。简单的菌丝束只是大量菌丝和分支密集排列在一起，一般肉眼可见，它能将基质中的养分和水分及时输送给子实体(图1-2-5)。

(2) 菌索

菌索是由菌丝缠结组成的绳索状结构(图1-2-6)。菌索有厚而硬的外层(皮层)和一个生长的尖端，皮层菌丝排列紧密，角质化，条件恶劣时能够抵抗不良环境，内部菌丝成束排列，具有输导作用，前端类似于植物的根尖，遇到适宜的条件又可以恢复生长，生长点可形成子实体。典型的如蜜环菌、药用天麻(兰科植物)的发育就是依靠蜜环菌的根状菌索输送养分。

图1-2-5　双孢蘑菇的菌丝束
（钟培星绘制）

图1-2-6　红托竹荪的菌索

(3) 菌膜

菌膜是由食用菌菌丝紧密交织而形成的一层薄膜。如香菇的栽培种或者栽培料表面就有一层初期为白色、后期转为褐色的菌膜。在段木栽培各种食用菌的过程中，老树皮的木质层上也往往形成菌膜。

(4) 菌核

菌核是由菌丝密集而成的块状或颗粒状的休眠体（图1-2-7）。菌核质地坚硬，菌外层细胞较小，细胞壁厚；内部细胞较大，细胞壁薄，大多为白色粉状肉质。菌核是食用菌的贮藏器官，又是度过不良环境时期的菌丝组织。我国常见的药材茯苓、猪苓、雷丸的药用部分都是它们的菌核。菌核有很强的再生能力，在条件适宜时，菌核可以萌发产生菌丝，或由菌核上直接产生子实体，释放孢子，繁衍后代，因此，可以作为菌种分离的材料或作菌种使用。

(5) 菌根

真菌的菌丝有的能和高等植物根系生长在一起，组成相互供应养分的一种共生组织。如食用菌中常见的松茸和赤松根形成的共生体。

(6) 子座

子座是由菌丝组织构成的容纳子实体的褥座状结构。子座是真菌从营养阶段发育到繁殖阶段的一种过渡形式。子座可以纯粹由菌丝体组成，也可以由菌丝体和部分营养基质相结合而形成（图1-2-8）。

图1-2-7 猪苓的菌核

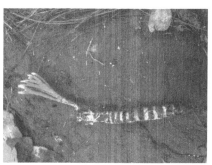
图1-2-8 江西虫草的子座

2. 子实体

子实体是食用菌的繁殖器官生长在土壤或基质物上面的部分，其形态多种多样。担子菌的子实体大多为伞状，表现出明显的菌盖、菌褶、菌柄、菌托、菌环等；子囊菌类无菌褶或菌管，孢子生于子囊中。齿菌类的子实体菌盖和菌柄或有或无，子实层生长在软齿表面；腹菌类子实层包在包被里，成熟后包被破裂，孢子呈粉末状散发出来；胶质类子实体呈耳状或脑状，干燥后收缩，吸水后恢复原状，子实层分布在子实体表面，孢子往往从子实层表面散射出来。伞菌类子实体的外部形态大致包括菌盖和菌柄两个主要部分，典型的子实体外部形态由菌盖、菌褶、菌柄、菌环和菌托五部分组成（图1-2-9）。

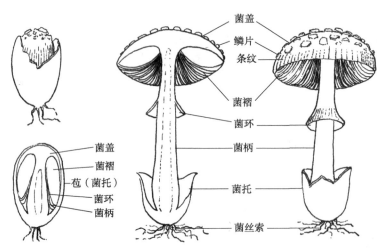

图 1-2-9　食用菌子实体的结构示意图(钟培星绘制)

1)菌盖

菌盖是食用菌子实体的帽状部分,多位于菌柄之上。它是食用菌最明显的部分,是食用菌的主要繁殖器官,也是人们食用的主要部分。菌盖由表皮、菌肉和菌褶或菌管组成。

菌盖的形态、大小、颜色等因食用菌种类、发育时期和生长环境不同而异。有圆形、半球形、圆锥形、钟形或漏斗形、喇叭形或马鞍形等(图1-2-10)。菌盖边缘多全缘,或开裂或花瓣状,内卷或上翘、反卷。不同的食用菌菌盖大小差异也很大。菌盖的特征是食用菌分类的重要依据。

菌盖表皮含有不同的色素,从而使食用菌的菌盖颜色各异。菌盖的颜色与发育阶段、环境条件特别是阳光有关,许多食用菌的菌盖颜色在光线不足时较浅。菌盖表面光滑或粗糙、湿润、黏滑或龟裂干燥,有的具有绒毛、鳞片或晶粒状小片等。

菌肉是食用菌最具有食用价值的部分。菌肉绝大多数为肉质,少数为蜡质、胶质或革质。

2)菌褶和菌管(子实层体)

伞菌的菌褶和菌管生长在菌盖的下方,上面连接着菌肉,这部分称作子实层体。其颜色除它本身以外,往往随着子实体的变老而表现出来的是各种孢子的颜色。菌褶常呈刀片状,少数为叉状。菌褶排列分等长、不等长、分叉、有横脉、具网纹五类,排列有疏有密。菌褶一般为白色,也有黄、红等其他颜色,并随着子实体的成熟而表现出孢子的各种颜色,如褐色、黑色、粉红色、白色等。菌褶边缘一般光滑,也有波浪状或锯齿状。菌管就是管状的子实层,子实层分布于菌管的内壁。菌管在菌盖下面,多呈辐射状排列(图 1-2-11)。

菌褶与菌柄之间的连接方式有离生、直生、弯生、延生等,是伞菌重要的分类依据(图 1-2-12)。

图 1-2-10 食用菌菌盖的形状（钟培星绘制）

1. 半球形　2. 扁球形　3. 斗笠形　4. 漏斗形中部凹陷呈杯状　5. 平展　6. 椭球形　7. 耳形　8. 脑状
9. 珊瑚形　10. 匙形近扇形　11. 笼头形　12. 舌状　13. 杯形　14. 马蹄形　15. 兔耳状　16. 陀螺形
17. 吊钟形　18. 马鞍形　19. 棒状　20. 鸟巢形　21. 盘形　22. 匙形　23. 球形
24. 圆柱形　25. 碗形　26. 笔形　27. 星形

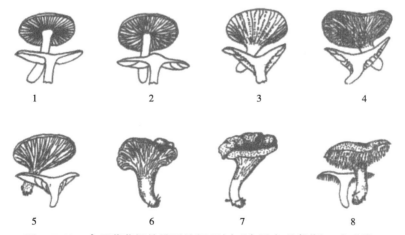

图 1-2-11 食用菌菌褶的排列特征（引自《中国大型真菌》，卯晓岚）

1. 等长　2. 不等长　3. 菌褶间具横脉　4. 交织成网状　5. 分叉　6. 网棱　7. 近平滑无菌褶　8. 刺状

图1-2-12 食用菌菌褶与菌柄着生关系（引自《中国大型真菌》，卯晓岚）
1. 离生　2. 直生　3. 延生　4. 弯生

①离生　菌褶与菌柄不直接相连且有一段距离，如双孢蘑菇和草菇等。
②直生　菌褶与菌柄呈直角状连接，如蜜环菌、滑菇等。
③延生　菌褶向菌柄下延，如平菇和凤尾菇等。
④弯生　菌褶与菌柄呈凹陷弯曲状连接，也称凹生，如香菇和口蘑等。

3）菌柄

菌柄又叫菇柄，生长在菌盖下面，是子实体的支持部分，也是输送营养和水分的组织。菌柄的形状、长短、粗细、颜色、质地等因种类不同而异。菌柄通常生于菌盖下正中央，少数偏生或侧生。菌柄的形状、长短、大小、有无等均为分类的依据。菌柄外形有棒形、圆柱形、基部膨大呈球形等；菌柄表面有网纹、茸毛、颗粒等；菌柄有纤维质、肉质、半肉质或脆骨质；菌柄内部有的种类中空、有的种类实心，有的种类在生长发育的不同时期呈现不同状态。

4）菌幕、菌环和菌托

菌幕是指包裹在幼小子实体外面或者连接在菌盖与菌柄间的那层膜状结构。其中包裹在幼小子实体外面的称为外菌幕，连接在菌盖与菌柄间称为内菌幕。子实体成熟时，菌幕就会破裂、消失，但在伞菌的有些种类中残留。

菌环是内菌幕的遗迹。在子实体生长过程中，内菌幕与菌盖脱离，便遗留在菌柄上形成菌环。有的种类单层、有的种类双层，有的种类随着子实体的生长而消失，有的永不消失。毒伞属的某些种，菌环呈蛛网状，悬挂在菌盖边缘，有少数种类的菌环可与菌柄脱离而移动。一般根据菌环着生位置，可分为上、中、下三处。

在子实体生长发育过程中，随着子实体的长大，外菌幕被撕裂，其余大部分或全部留在菌柄基部，形成一个杯状、苞状或者环圈状的构造，称为菌托（或脚苞）。其形状有鞘状、杯状、苞状、鳞茎状等，有的由数圈颗粒组成（图1-2-13）。

3. 孢子

孢子是真菌繁殖的基本单位，就像高等植物的种子一样。食用菌孢子可分成有性孢子和无性孢子两大类。在食用菌子实体的子实层上会产生有性孢子如担孢子、子囊孢子，无性孢子如分生孢子、厚垣孢子、粉孢子等。

子囊菌的有性孢子称为子囊孢子，担子菌的有性孢子称为担孢子。担孢子产生在担子上，子囊孢子产生在子囊内（图1-2-14）。

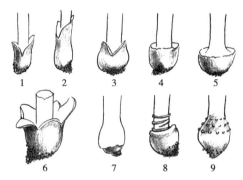

图 1-2-13 食用菌菌托的形状（钟培星绘制）

1. 苞状　2. 鞘状　3. 鳞茎状　4. 杯状　5. 杵状　6. 瓣裂　7. 菌托退化　8. 带状　9. 颗粒状

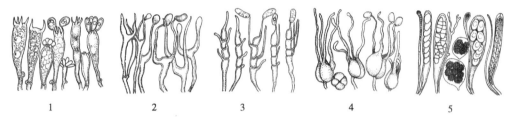

图 1-2-14 食用菌担子及子囊（引自《中国蕈菌》，卯晓岚）

1. 同担子　2. 叉担子　3. 横隔担子　4. 纵隔担子　5. 子囊及子囊孢子

子囊孢子的形成过程包括质配、核配、减数分裂和有丝分裂，一般在一个子囊内形成8个子囊孢子。担孢子的形成过程包括质配、核配和减数分裂，一般在一个担子上形成4个担孢子。担子一般呈棒状，顶端通常具4个小梗，各生1个担孢子，有的只有2个小梗和2个孢子（双孢菇）。有的担子有纵隔（银耳），有的担子有横隔（木耳）。子囊孢子和担孢子均为单细胞、单倍体的有性孢子。

不同种类的食用菌，其孢子的大小、形状、颜色以及孢子外表饰纹都有较大的差异，这也是进行分类的重要特征和依据。孢子多为球形、卵形、腊肠形等。孢子表面常有小疣、小刺、网纹、条棱、沟槽等多种饰纹（图1-2-15）。孢子一般无色，少数有色，但当孢

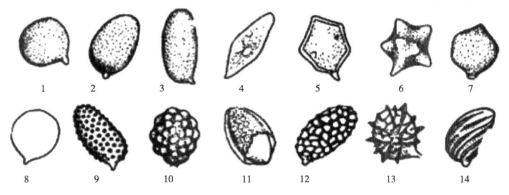

图 1-2-15 食用菌孢子的形状及表面特征（引自《中国大型真菌》，卯晓岚）

1. 近球形　2. 卵圆形　3. 椭圆形　4. 纺锤形　5. 角形　6. 星状　7. 柠檬形　8. 光滑　9. 具麻点　10. 具小瘤　11. 具外孢膜　12. 具网纹　13. 具刺棱　14. 具纵条棱

子成堆时则常呈现出白色、褐色、粉红色或黑色。孢子的传播十分复杂，有的主动弹射传播，有的靠风、雨水、昆虫等被动传播，还有少数种类(如黑孢块菌)靠动物来传播。

任务实施

1. 食用菌宏观形态观察

通过肉眼观察食用菌的形态结构特征并做记录(表1-2-1)。

表1-2-1 宏观形态记录

编号：　　年　月　日　　图：　　　　照片：　　　　采集人：

菌名	地方名：		中名：	
	学名：			
产地			海拔： m	
生境	针叶林、阔叶林、混交林、灌丛、草地、草原		基物：地上、腐木、立木、粪土	
生态	单生、散生、群生、丛生、簇生、迭生			
菌盖	直径： cm	颜色：边缘　　中间	黏、不黏	
	形状：钟形、斗笠形、半球形、漏斗形、平展		边缘：有条纹、无条纹	
	块鳞、角鳞、丛毛鳞片、纤毛、疣、粉末、丝光、蜡质、龟裂			
菌肉	颜色：	味道：	气味：	伤变色：	汗液变色：
菌褶	宽度： mm	颜色：	密度：中、稀、密	等长、不等长、分叉	离生、弯生、直生、延生
菌管	管口直径： mm		管口圆形、角形		
	管面颜色：	管里颜色：	易分离、不易分离、放射、非放射		
菌环	膜状、丝膜状、颜色：		条纹：	脱落、不脱落、上下活动	
菌柄	长： cm	粗： cm	颜色：		
	圆柱形、棒状、纺锤形		基部：假根状、圆头状、杵状		
	鳞片、腺点、丝光、肉质、纤维质、脆骨质、实心、空心				
菌托	颜色：		苞状、杯状、浅根状		
	数圈颗粒组成、环带组成、消失、不易消失				
孢子印	白色、粉红色、锈色、褐色、青褐色、紫褐色、黑色				
附记	食、毒、药用、产量情况：				

2. 食用菌微观形态观察

微观结构是肉眼不可见的，需要借助显微镜来查看，具体步骤如下：
(1) 水浸片的制作
取一载玻片，滴一滴无菌水于载片中央，用刀片切取组织薄片。盖上盖玻片，避免气泡产生。

（2）显微观察

将水浸片置于显微镜的载物台上，先用10倍的物镜观察组织的结构，然后转到40倍物镜下认真观察细胞结构等特点。后取下玻片，用物品轻轻按压盖玻片，将组织打散，再次使用显微镜观察，打散更加利于观察单个组织结构。

巩固训练

观察食用菌子实体结构特征，能够描述子实体的宏观形态和微观形态。

知识拓展

1. 显微镜的主要构造

普通光学显微镜的构造主要分为三部分：机械部分、照明部分和光学部分。机械部分包含：

（1）镜座

镜座是显微镜的底座，用以支持整个镜体。

（2）镜柱

镜柱是镜座上面直立的部分，用以连接镜座和镜臂。

（3）镜臂

镜臂一端连于镜柱，另一端连于镜筒，是取放显微镜时手握部位。

（4）镜筒

镜筒连在镜臂的前上方，镜筒上端装有目镜，下端装有物镜转换器。

（5）物镜转换器（旋转器）

物镜转换器接于棱镜壳的下方，可自由转动，盘上有3~4个圆孔，是安装物镜的部位。转动转换器，可以调换不同倍数的物镜，当调换到位时，方可进行观察，此时物镜光轴恰好对准通光孔中心，光路接通。

（6）镜台（载物台）

镜台在镜筒下方，形状有方、圆两种，用以放置玻片标本，中央有一通光孔。镜台上装有玻片标本推进器（推片器），推进器左侧有弹簧夹，用以夹持玻片标本。镜台下有推进器调节轮，可使玻片标本作左右、前后方向的移动。

（7）调节器

调节器是装在镜柱上的大小两种螺旋，调节时使镜台作上下方向的移动。

①粗调节器（粗螺旋）　大螺旋称粗调节器，移动时可使镜台作快速和较大幅度的升降，能迅速调节物镜和标本之间的距离，使物像呈现于视野中。在使用低倍镜时，先用粗调节器迅速找到物象。

②细调节器（细螺旋）　小螺旋称细调节器，移动时可使镜台缓慢地升降，多在运用高

倍镜时使用,从而得到更清晰的物像,并借以观察标本的不同层次和不同深度的结构。

2. 显微镜的使用方法

1)低倍镜的使用方法

(1)取镜和放置

显微镜平时存放在柜或箱中,用时从柜中取出,右手紧握镜臂,左手托住镜座,将显微镜放在自己左肩前方的实验台上,镜座后端距桌边 3~8 cm 为宜,便于坐着操作。

(2)对光

用拇指和中指移动旋转器(切忌手持物镜移动),使低倍镜对准镜台的通光孔(当转动听到碰叩声时,说明物镜光轴已对准镜筒中心)。打开光圈,上升集光器,并将反光镜转向光源,以左眼在目镜上观察(右眼睁开),同时调节反光镜方向,直到视野内的光线均匀明亮为止。

(3)放置玻片标本

取一玻片标本放在镜台上,一定使有盖玻片的一面朝上,切不可放反,用推片器弹簧夹夹住,然后旋转推片器螺旋,将所要观察的部位调到通光孔的正中。

(4)调节焦距

以左手按逆时针方向转动粗调节器,使镜台缓慢地上升至物镜距标本片约 5 mm 处。应注意在上升镜台时,切勿在目镜上观察,一定要从右侧看着镜台上升,以免上升过多,造成镜头或标本片的损坏。然后,两眼同时睁开,用左眼在目镜上观察,左手顺时针方向缓慢转动粗调节器,使镜台缓慢下降,直到视野中出现清晰的物像为止。

如果物像不在视野中心,可调节推片器将其调到中心(注意移动玻片的方向与视野物像移动的方向是相反的)。如果视野内的亮度不合适,可通过升降集光器的位置或开闭光圈的大小来调节。如果在调节焦距时,镜台下降已超过工作距离(>5.40 mm)而未见到物像,说明此次操作失败,则应重新操作,切不可心急而盲目地上升镜台。

2)高倍镜的使用方法

(1)选好目标

一定要先在低倍镜下把需进一步观察的部位调到中心,同时把物像调节到最清晰的程度,才能进行高倍镜的观察。

(2)转动转换器,调换上高倍镜头

转换高倍镜时转动速度要慢,并从侧面进行观察(防止高倍镜头碰撞玻片),如高倍镜头碰到玻片,说明低倍镜的焦距没有调好,应重新操作。

(3)调节焦距

转换好高倍镜后,用左眼在目镜上观察,此时一般能见到一个不太清楚的物像,可将细调节器的螺旋逆时针移动 0.5~1 圈,即可获得清晰的物像(切勿用粗调节器)。

如果视野的亮度不合适，可用集光器和光圈加以调节。如果需要更换玻片标本，必须顺时针(切勿转错方向)转动粗调节器使镜台下降，方可取下玻片标本。

3. 显微镜使用的注意事项

①持镜时必须右手握臂、左手托座，不可单手提取，以免零件脱落或碰撞到其他地方。

②轻拿轻放，不可把显微镜放置在实验台的边缘，以免碰翻落地。

③保持显微镜的清洁，光学和照明部分只能用擦镜纸擦拭，切忌口吹手抹或用布擦，机械部分用布擦拭。

④水滴、酒精或其他药品切勿接触镜头和镜台，如果沾污应立即擦净。

⑤放置玻片标本时要对准通光孔中央，且不能反放玻片，防止压坏玻片或碰坏物镜。

⑥要养成两眼同时睁开的习惯，以左眼观察视野，右眼用以绘图。

⑦不要随意取下目镜，以防止尘土落入物镜，也不要任意拆卸各种零件，以防损坏。

⑧使用完毕后，必须复原才能放回镜箱内，其步骤是：取下标本片，转动旋转器使镜头离开通光孔，下降镜台，平放反光镜，下降集光器(但不要接触反光镜)，关闭光圈，推片器回位，盖上绸布和外罩，放回实验台柜内。最后填写使用登记表。(注：反光镜通常应垂直放，但有时因集光器没提至应有高度，镜台下降时会碰坏光圈，所以这里改为平放)

自主学习资源库

1. 食用菌栽培与生产. 罗孝坤，华蓉，周玖璇等. 云南科技出版社，2019.
2. 食用菌栽培学. 吕作舟. 高等教育出版社，2006.
3. 蕈菌分类学. 图力古尔. 科学出版社，2018.

任务 1-3 认识食用菌的生理生态

任务描述

通过食用菌的生活史、食用菌生长所需的各种营养物质及环境条件的学习，能够根据待栽培食用菌的营养需求选择相应的栽培原料，并在栽培品种生长的不同阶段采取相应的管理措施。

知识准备

1. 食用菌的生活史

食用菌的生活史是指食用菌一生所经历的全过程。即从有性孢子萌发开始，经单、双核菌丝形成,双核菌丝生长发育,直到形成子实体,产生新一代有性孢子的整个生活周期(图1-3-1)。

1)菌丝营养生长阶段

营养生长阶段是指从孢子萌发或者菌种接到培养料上开始,到菌丝在基质内不断生长蔓延,直至扭结为止的过程。营养生长是子实体分化、生长发育的基础。

(1)孢子萌发期

子实体成熟后散出孢子,孢子在适宜的基质上,先吸水膨大长出芽管,芽管顶端产生分支,发育成菌丝。在胶质菌中,许多菌类的担孢子不能直接萌发成菌丝,如银耳、金耳等,常以芽殖的方式产生次生担孢子或芽孢子(也叫芽生孢子),在适宜条件下,次生担孢子或芽孢子萌发形成菌丝;木耳等担孢子在萌发前有时先产生横隔,担孢子被分隔成多个细胞,每个细胞产生若干个钩状分生孢子,再萌发成菌丝。

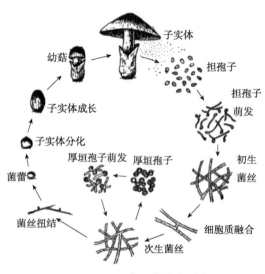

图1-3-1 食用菌的生活史
(引自《食用菌栽培学》,吕作舟)

(2)单核菌丝

由有性孢子萌发的菌丝称为初生菌丝(一级菌丝),萌发初期为多核,这时由于芽管开始多次核分裂,核集中在芽管顶端,后沿细胞壁分布,随原生质流动而运动,继而产生横隔,把细胞核隔开,形成有隔单核菌丝。

单核菌丝是子囊菌菌丝存在的主要形式。担子菌的单核菌丝存在时间很短。单核菌丝细长且易分支稀疏,抗逆性差,容易死亡,故分离的单核菌丝不宜长时间保存。有些食用菌如草菇、香菇等,单核菌丝在生长时期遇到不良环境时,菌丝中的某些细胞形成厚垣孢子,条件适宜时又萌发成单核菌丝。双孢蘑菇的担孢子含有两个核,菌丝从萌发开始就是双核的,无单核菌丝期。

(3)双核菌丝

初生菌丝发育到一定阶段,由两条可亲和的单核菌丝间进行质配(但核不结合),使细胞双核化,形成次生菌丝,又称双核菌丝。双核菌丝是担子类食用菌菌丝存在的主要形式,生产中培养的菌丝体,除少数子囊菌外都是双核菌丝。

初生菌丝结合时,菌丝的前端能分泌一种酶,将另一初生菌丝细胞壁溶解,两菌丝的原生质相互沟通,核相互汇合成为双核。发生配对的两条初生菌丝形态相似,而遗传性存在差异,所以又称异核体。菌丝发生质配并不是随机的,而是在可亲和的菌丝间出现。

双核菌丝的顶端细胞常形成锁状联合,把汇合在一起的两异源核,通过特殊的分裂形式保持下去。双核菌丝是进行质配以后的菌丝,任何一段均可独立、无限地繁殖,产生子实体。双核菌丝经过充分的生长和发育,达到生理成熟后,便形成结实性双核菌丝。结实性双核菌丝相互扭结,在适宜条件下发育为子实体。

2）菌丝的生殖生长期

菌丝体在养分和其他条件适宜的环境下，逐渐达到生理成熟，菌丝开始扭结，形成子实体原基，并进一步发育成子实体，产生有性孢子，这一过程称为生殖生长阶段。从双核菌丝到形成扭结的子实体原基这一过程称为子实体分化。子实体的分化标志着菌丝体从营养生长阶段到生殖生长阶段的转化，标志着由营养器官的生长到生殖器官的产生。栽培食用菌的目的在于获取大量的子实体。所以，尽量促使子实体分化是人们栽培食用菌成功的关键。

(1) 子实体的分化和发育

双核菌丝在营养及其他条件适宜的环境中能旺盛生长，在体内合成并积累大量营养物质，达到一定生理状态时，首先分化为各种菌丝束（三生菌丝），菌丝束在条件适宜时形成菌蕾，菌蕾再逐渐发育为成熟子实体。与此同时，菌盖下层部分细胞发生功能性变化，形成子实层，着生担子。担子是由子实层基双核菌丝的顶端细胞膨大形成的棒状小体。随着发育，担子体中，双核融合成1个双倍体核，接着进行减数分裂（包括两次连续分裂，其中第一次是减数分裂，第二次为有丝分裂），形成4个单倍体子核，此时，担子顶部生出4个小突起。突起的顶端逐渐膨大，担子基部形成一个液泡，随着液泡的增大，4个子核和内容物分别进入突起之中，形成4个担孢子（图1-3-2）。

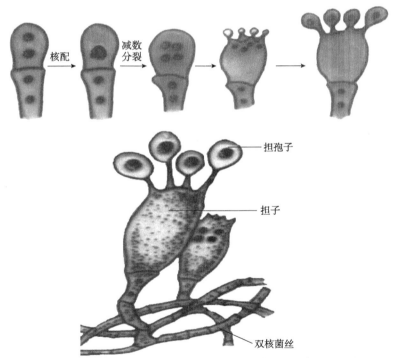

图1-3-2　担子及担孢子的形成（引自《食用菌栽培学》，吕作舟）

以上是典型的无隔担子的发育，但也有只产生2个担孢子的，如花耳科只产生2个单核担孢子，另外2个留在担子中消失。双孢蘑菇则产生2个双核担孢子。有时也会出现特异现象，一个担子上产生1个担孢子或2个、3个甚至5~6个担孢子的。

黑木耳、银耳等胶质菌类，担子在减数分裂之后，其上出现横隔或纵隔，因而属于有隔担子菌纲。

(2) 担孢子的释放与传播

大多数食用菌的孢子，是从成熟的子实体上自动弹射而进行传播的。孢子散布的数量是很惊人的，通常为十几亿到几百亿个。如一个平菇产生的孢子数量高达600亿~855亿个。因此，尽管孢子的个体很小，但数量很大，这是菌类适应环境的一种特性。平菇散发孢子时，无数孢子像腾腾的雾气，称为孢子雾，而且可以连续散发2~3 d。另外，有的菌是通过动物取食、雨水、昆虫等其他方式传播，如竹荪的孢子成熟时，产孢体会产生恶臭的黏液，在十几米外的地方也可闻到其特殊的臭味，强烈地吸引蝇类来传播孢子。

3) 菌丝的有性结合

因菌丝遗传性差异，有性结合形式可分为同宗结合和异宗结合两类。

(1) 同宗结合

同宗结合是指同一孢子萌发形成的两条初生菌丝进行交配，完成有性生殖过程。它是一种雌雄同体、自交可育的有性生殖方式。这类食用菌占已研究的担子菌总数的10%左右，如双孢蘑菇、蜜环菌等。同宗结合的食用菌还可分为两类：

①初级同宗结合　担孢子只有1个细胞核，这种单核担孢子萌发产生的初生菌丝可自行交配，产生子实体，完成有性生殖过程，如草菇。

②次级同宗结合　每个担子上只产生2个担孢子，担孢子内含有2个性别不同的细胞核。担孢子萌发后，形成双核菌丝，由双核菌丝发育产生子实体。如双孢蘑菇为次级同宗结合的代表。

(2) 异宗结合

同一孢子萌发的初生菌丝不能自行交配(不亲和)，只有两个不同交配型的担孢子萌发生成的初生菌丝才能互相交配，完成有性生殖过程，这种结合方式称为异宗结合。异宗结合是担子菌门食用菌有性生殖的普遍形式，占已研究担子菌的90%。在异宗结合中，菌丝的性别分别由不同遗传因子——性基因决定，按其所含的性基因数可将异宗结合分为两种类型：

①二极性异宗结合　这类食用菌的一个担子上产生的担孢子分别属于两类交配型，称为二极性，两类之间的亲和性决定于一对等位基因Aa，只有交配型A和另一交配型a的初生菌丝才能互相结合，完成有性生殖过程。属于这类食用菌的有滑菇、大肥菇、黑木耳等。二极性异宗结合食用菌同一菌株产生的孢子之间进行交配，可育率为50%(表1-3-1)。

表1-3-1　二极性异宗结合

孢子性别	A	A	a	a
A	-	-	+	+
A	-	-	+	+
a	+	+	-	-
a	+	+	-	-

注：+表示可育，-表示不可育。

②四极性异宗结合 这类食用菌一个子实体所产生的孢子或实生菌丝，具有四种不同的交配类型，即 AB、Ab、aB、ab。它们之间的结合决定于 Aa 和 Bb 两对遗传因子。只有两对因子都不同的孢子或菌丝才能结合成 AaBb 型菌丝体。四极性异宗结合在食用菌中占大多数，香菇、平菇、金针菇等都属于这一类，是四极性食用菌。由于只有产生 AaBb 的组合时才能亲和，完成有性生殖过程，其他各组均不能完全亲和，因此，同一菌株所产生的担孢子之间可育率为 25%（表 1-3-2），但来自不同菌株担孢子间则不受此限制，它们的担孢子间随机配对的可育率很高。

表 1-3-2 四极性异宗结合

孢子基因型	AB	Ab	aB	ab
AB	-	-	-	+
Ab	-	-	+	-
aB	-	+	-	-
ab	+	-	-	-

注：+表示可育，-表示不可育。

了解食用菌的有性结合特性，在生产上具有重要意义。属于同宗结合的食用菌，它的单个担孢子萌发生成的菌丝可以直接用于生产作菌种。而异宗结合的食用菌，单个孢子萌发形成的菌丝体则不能作菌种，只有用两种不同交配型的单核菌丝体结合后，形成异核双核菌体才能发育成正常的子实体，用于菌种生产。

2. 食用菌的营养

1）营养物质

食用菌的营养物质种类繁多，根据其性质和作用分为碳源、氮源、无机盐和生长因子等。

（1）碳源

凡用于构成细胞物质或代谢产物中碳素来源的营养物质，统称为碳源。碳源的主要作用是构成细胞物质和提供生长发育所需的能量。食用菌吸收的碳素仅有 20% 用于合成细胞物质，其余均用于维持生命活动所需的能量而被氧化分解。碳源是食用菌最重要的也是需求量最大的营养源。

食用菌在营养类型上属于异养型生物，所以不能利用二氧化碳、碳酸盐等无机碳为碳源，只能从现成的有机碳化物中吸取碳素营养。单糖、双糖、低分子醇类和有机酸均可被直接吸收利用。淀粉、纤维素、半纤维素、果胶质、木质素等高分子碳源，必须经菌丝分泌相应的胞外酶，将其降解为简单碳化物后才能被吸收利用。

葡萄糖是利用最广泛的碳源，但并不一定是所有食用菌最好的碳源。不同食用菌对碳源有不同的选择。如多数食用菌难以利用的果胶，却是松口蘑的良好碳源。食用菌生产中所需的碳源，除葡萄糖、蔗糖等简单糖类外，主要来源于各种植物性原料，如木屑、玉米芯、棉籽皮、稻草等。这些原料多为农产品下脚料,具有来源广泛、价格低廉等优点。

(2) 氮源

凡用于构成细胞物质或代谢产物中氮素来源的营养物质,统称为氮源。氮源是食用菌合成核酸、蛋白质和酶类的主要原料,对生长发育有重要作用,一般不提供能量。食用菌主要利用有机氮,如尿素、氨基酸、蛋白胨、蛋白质等。氨基酸、尿素等小分子有机氮可被菌丝直接吸收,而大分子有机氮则必须通过菌丝分泌的胞外酶,将其降解成小分子有机氮才能被吸收利用。生产上常用的有机氮有蛋白胨、酵母膏、尿素、豆饼、麦麸、米糠、黄豆浆和畜禽粪等。尿素经高温处理后易分解,释放出氨和氰氢酸,易使培养料的pH升高和产生氨味而有害于菌丝生长。因此,若栽培时需加尿素,其用量应控制在0.1% ~ 0.2%,勿用量过大。

食用菌在不同生长阶段对氮的需求量不同。在菌丝体生长阶段对氮的需求量偏高,培养基中的含氮量以0.016% ~ 0.064%为宜,若含氮量低于0.016%,菌丝生长就会受阻;在子实体发育阶段,培养基的适宜含氮量在0.016% ~ 0.032%,含氮量过高会导致菌丝徒长,抑制子实体的发生和生长,推迟出菇。

碳源和氮源是食用菌的主要营养。营养基质中的碳、氮浓度要有适当比值,称为碳氮比(C/N比)。一般认为,食用菌在菌丝体生长阶段所需要的C/N比较小,以20∶1为好;而在子实体生长阶段所需的C/N比较大,以30∶1 ~ 40∶1为宜。不同菌类对最适C/N比的需求不同,如草菇的C/N比是40∶1 ~ 60∶1。而一般香菇的C/N比是20∶1 ~ 25∶1。若C/N比过大,菌丝生长慢而弱,难以高产;若C/N比太小,菌丝会因徒长而不易转入生殖生长。

(3) 无机盐

无机盐是食用菌生长发育不可缺少的矿质营养。按其在菌丝中的含量可分为大量元素和微量元素。大量元素有磷、钙、镁、钾等,其主要功能是参与细胞物质的组成及酶的组成,维持酶的作用,控制原生质胶态和调节细胞渗透压等。其中以磷、钙、镁、钾最为重要,每升培养基的添加量一般以0.1 ~ 0.5 g为宜。实验室配制营养基质时,常用磷酸二氢钾、磷酸氢二钾、硫酸镁、石膏粉(硫酸钙)、过磷酸钙等。微量元素有铁、铜、锌、锰等。它们是酶活性基的组成成分或酶的激活剂,但因需求量极微,每升培养基只需1 μg,营养基质和天然水中的含量就可满足,一般无须添加。在秸秆、木屑、畜粪等原料中均含有各种矿质元素,只酌情补充少量过磷酸钙或钙镁磷肥、石膏粉、草木灰、熟石灰等,就可满足食用菌的生长发育。

(4) 生长因子

食用菌生长必不可少的微量有机物,称为生长因子。主要为维生素、氨基酸、核酸碱基类等物质,如维生素B_1、维生素B_2、维生素B_6、维生素H、烟酸等。生长因子的主要功能是参与酶的组成和菌体代谢;具有刺激和调节生长的作用,当严重缺乏时,就会停止生长发育。有的食用菌自身有合成某些生长因子的能力,若无合成能力,则必须添加。马铃薯、麦麸、玉米粉等材料中含有丰富的生长因子,用其配制培养基时可不必添加。但由于大多数维生素在120 ℃以上高温条件下易分解。因此,对含维生素的培养基灭菌时,应防止灭菌温度太高和灭菌时间过长。

2）生理类型

根据食用菌生活方式的不同，可将其分为腐生、共生和寄生三种类型。

(1) 腐生

从动植物尸体上或无生命的有机物中吸取养料的食用菌为腐生菌。绝大多数食用菌都营腐生生活，在自然界有机物质的分解和转化中起重要作用。根据腐生对象，主要分为木生菌和粪草生菌。

①木生菌 也叫木腐菌，在自然界主要生长在死亡的树木、树桩、断枝或活立木上的死亡部分，从中吸取营养，破坏其结构，导致木材腐朽。但一般不侵害活立木，如香菇、灵芝、平菇、金针菇等。有的对树种适应性较广，如香菇能在200余种阔叶树上生长；有的适应范围较窄，像茶薪菇主要生长在油茶等阔叶树上。人工栽培木腐菌，以前多用段木，现在多用木屑、秸秆等混合料栽培。

②粪草生菌 也称为草腐菌，主要生长在腐熟的堆肥、厩肥、腐烂草堆或有机废料上，如草菇、双孢菇、鸡腿菇等。人工栽培时，主要选用秸草、畜禽粪为培养料。

(2) 寄生

生活于寄主体内或体表，从活着的寄生细胞中吸取养分而进行生长繁殖的食用菌为寄生菌。在食用菌中，专性寄生的十分罕见，多为兼性寄生或兼性腐生。以腐生为主，兼营寄生的为兼性寄生；以寄生为主，兼营腐生的为兼性腐生。如蜜环菌可以在树木的死亡部分营腐生生活，一旦进入木质部的活细胞后就转为寄生生活，常生长在针叶树或阔叶树的基部和根部，造成根腐病。金针菇、猴头菇、灵芝、糙皮侧耳等都是腐生性菌类，但都能在一定条件下侵染活立木，在林地栽培时应采取一定防护措施。

(3) 共生

与相应生物生活在一起，形成互惠互利、相互依存关系的为共生。食用菌与某些植物、动物及真菌之间都存在着共生现象。

菌根是菌根菌与高等植物根系结合形成的共生体，大多数森林蘑菇都是属于菌根菌，如牛肝菌、口蘑、松乳菇、大红菇等。它们和一定树种形成共生关系。菌根菌的菌丝紧密包围在根毛外围，形成菌套，不侵入根细胞内，只在根细胞间隙中蔓延的为外生菌根。外生菌根取代了根毛的作用，比根毛具有更大的吸收表面积，帮助树木吸收土壤中的水分和养料，并能分泌生长素，被植物利用。而树木也能为菌根菌提供光合作用所产生的碳水化合物。菌根菌的菌丝侵入根细胞内部的为内生菌根。如蜜环菌的菌索侵入天麻块茎中，吸取部分养料。而天麻块茎在中柱和皮层交界处有一消化层，该处的溶菌酶能将侵入到块茎的蜜环菌菌丝溶解，使菌丝内含物释放出来供天麻吸收。菌根菌中有不少优良品种，但大多数处于半人工栽培状态，是食用菌开发的一个方向。

3. 食用菌生长发育条件

自然界中任何生物都是在特定的环境条件下生存的，不同种类的食用菌由于原产地的差异，对生活环境的要求也不尽一致，如金针菇喜寒，草菇喜暑；口蘑产于草原，而猴头菇则出现在栎树、核桃等阔叶树的倒木及活树的枯死部分。同一种菌在不同发育阶段，也需要不同的环境条件。影响食用菌生长发育的环境因素有物理因素、化学因素和生物因素，最主要的是水分、湿度、温度、通气、酸碱度（pH）、光照等。

1）水和空气湿度

水不仅是食用菌细胞的重要成分，也是菌丝吸收营养物质和代谢过程的基本溶剂。食用菌的一生都需要水分，首先要求基质有一定的含水量，其次要求生活空间有一定的空气相对湿度。一旦缺水，食用菌将生长不良或不能生长。各种食用菌鲜菇的含水量都在90%左右，这主要来源于培养料中的水分，所以在食用菌第一潮菇采收后，培养料补水是十分重要的。食用菌不同生长期对水分的要求各不相同，营养生长期水分主要从培养料中吸收，受空气相对湿度影响较少；而生殖生长期不仅要从培养料中吸收水分，空气相对湿度对其影响也较大，要求有较高有空气相对湿度。

食用菌生长发育所需要的水分绝大多数都来自培养料。培养料含水量是影响菌丝生长和出菇的重要因素。培养料的含水量可用水分在湿料中的百分含量表示。一般适合食用菌菌丝生长的培养料的含水量在60%左右。如果过高或过低都将使食用菌的生长受到影响，并直接影响到子实体的产量。如蘑菇，要求含水量在60%~65%，这时菌丝生长迅速，能形成菌丝束而正常出菇；如含水量降至40%~45%时，菌丝生长缓慢且数量较少，难以形成菌丝束；如为75%以上，则菌丝停止生长。基质含水量影响食用菌的生长，不仅直接与水相关，还与含水量高低影响基质中含氧量有关。在最适含水量时，不仅能提供给食用菌充足的水分，而且这时基质中含氧量也能满足食用菌生长所需，且其空隙度也较适合，可以得到外界空气的补充。含水量低不影响氧含量与气体交换，但菌丝生长缓慢。含水量高则含氧量减少，会导致厌氧呼吸，在生料栽培时，会使厌氧菌大量生长，而引起大面积污染。

培养料中的水分常因蒸发或出菇而逐渐减少。因此，栽培期间必须经常喷水。此外，菇场或菇房中如能经常保持一定的空气相对湿度，也能防止培养料或幼嫩子实体水分的过度蒸发。

食用菌在子实体发育阶段要求较高的空气相对湿度。适宜的空气相对湿度是80%~95%。据研究，如果菇房的相对湿度低于60%，平菇的子实体就会停止生长；当菇房的相对湿度降至40%~45%时，子实体不再分化，已分化的幼菇也会干枯死亡。但菇房的相对湿度也不宜超过96%，菇房空气过于潮湿，易招致病菌滋生，也有碍菇体的正常蒸腾作用，而菇体的蒸腾作用是细胞内原生质流动和营养物质运转的促进因素。因此，菇房过湿，菇体发育也就不良。据报道，金针菇长期处于过于潮湿的空气中，只长菌柄，不长菌盖或菌盖小、肉薄。不过，这对于金针菇栽培者来说，反倒是一件好事，因为金针菇的主要食用部分是菌柄而不是菌盖。所以金针菇栽培中常利用这一原理来获得更多更好的金针菇。

不同种类食用菌生长发育所需的空气相对湿度略有区别。一般来说，子实体发生时期的空气相对湿度应比菌丝体生长期的空气相对湿度高10%~20%（表1-3-3）。

表 1-3-3　几种食用菌培养料的含水量和空气相对湿度

种类	培养料含水量(%)	空气相对湿度(%)	
		菌丝体生长期	子实体生长期
蘑菇	60~80(料)，58~60(覆土)	60~70	80~90
香菇	60~70(木屑)，38~42(段木)	60~70	80~90
木耳	60~65(木屑)，35~45(段木)	50~70	90~95
草菇	60~70	60~70	85~95
平菇	60~70	70~80	85~90
银耳	55~60(木屑)，40~60(段木)	70~80	85~95
猴头	60~70(木屑)，40(段木)	70~80	85~95
金针菇	60~65	70~80	90~95

2）温度

温度影响生物的代谢速度，对食用菌也不例外。各种食用菌的生长都要求一定的温度，包括最低、最高和最适生长温度。在最适生长温度条件下，菌丝体内酶的活性较高，新陈代谢旺盛，所以生长较快；低于最低温度，生长速度下降；超过最高生长温度时，蛋白质变性，酶钝化或失活，过长时间的高温必然导致菌体死亡。

(1) 菌丝体生长对温度的要求

食用菌的菌丝生长期，一般适温范围为 20~30 ℃。温度对菌丝生长速度有重要的影响。如金针菇菌丝在 4~32 ℃均可生长，低于 3 ℃则停止生长，22~26 ℃时生长最快。28 ℃时生长受到抑制，34 ℃时停止生长。再如香菇，菌丝体在 5 ℃下每天菌丝生长量为 6.4 mm，10 ℃时为 13 mm，15 ℃下为 40 mm，20 ℃下为 61 mm，25 ℃下为 85.5 mm，30 ℃下为 41.5 mm。由此可见，香菇菌丝体生长的最适温度为 25 ℃，若将温度升高 5 ℃或降低 10 ℃，菌丝的生长速度只有 25 ℃下的一半。食用菌的菌丝对低温有较强的抵抗力，0 ℃左右只是停止生长，并不死亡。如香菇菌丝在菇木内能耐 -20 ℃的低温。但草菇是个例外，其菌丝在 5 ℃下很快死亡。

根据各种食用菌菌丝适温情况，可将其大致分为三大类：①低温群，菌丝生长最高温度为 30 ℃，最适为 21~23 ℃，如金针菇、滑菇；②中温群，菌丝生长最高温度为 32 ℃，最适温在 24~28 ℃，如香菇、平菇等；③高温群，菌丝生长最高温度为 45 ℃，最适温在 29~32 ℃，如草菇。有些菇类如平菇，不同品种对温度适应性也有所差别，可分为低温种、中温种、高温种及广温种等。

(2) 子实体分化期对温度的要求

食用菌子实体分化期对温度的要求与菌丝体生长期不同，温度要求是食用菌生长期最低的。如香菇菌菌丝生长的适温为 25 ℃，而子实体分化要求的温度在 15 ℃左右。根据食用菌子实体分化时温度要求，可将其分为三类：①低温型，子实体分化最高温度在 24 ℃以下，最适在 20 ℃以下，如香菇、金针菇、平菇、猴头、蘑菇等；②中温型，子实体分化最高温度在28 ℃以下,最适温在20~24 ℃,如银耳、木耳等;③高温型,子实体分化最高温度在30 ℃以上,最适温在24 ℃以上,如草菇、灵芝等。

另外,根据食用菌对变温的反应,又可分为两类:恒温型,如草菇、灵芝、猴头菇、木耳等;变温型,即变温对子实体分化有促进作用,如香菇、金针菇、平菇等。

(3)子实体发育期对温度的要求

不同种类食用菌子实体发育温度也不相同。一般来说,子实体发育的最适温度比菌丝体生长的最适温度低,但比子实体分化时的温度略高一些(表1-3-4)。

表1-3-4　食用菌在不同发育阶段对温度的需求　　　　　　　　　　　℃

种类	菌丝体生长温度		子实体分化与发育的最适温度	
	生长范围	最适温度	子实体分化温度	子实体发育温度
蘑菇	6~33	24	8~18	13~16
香菇	3~33	25	7~21	12~18
木耳	4~39	30	15~27	24~27
草菇	12~45	35	22~35	30~32
平菇	10~35	24~27	7~22	12~17
银耳	12~36	25	18~26	20~24
猴头菇	12~33	21~24	12~24	15~22
金针菇	7~30	23	5~19	8~14

3)氧气与二氧化碳

氧气与二氧化碳是影响食用菌生长发育的重要因素。食用菌不能直接利用二氧化碳,其呼吸作用是吸收氧气,排出二氧化碳。

大气中氧的含量约为21%,二氧化碳的含量是0.03%。当空气中二氧化碳的含量增加时,氧分压必定减少。过高的二氧化碳浓度必然会影响食用菌的呼吸活动。当然不同种类的食用菌对氧的需求量是有差异的。如平菇在二氧化碳浓度为20%时能正常生长,只有当二氧化碳浓度积累到大于30%时,菌丝的生长量才骤然下降。

在食用菌的子实体分化阶段,即从菌丝体生长转到出菇时,对氧气的需求量略低于菌丝体生长阶段的需求量。但是,一旦子实体形成,由于子实体的旺盛呼吸,其对氧气的需求也急剧增加,这时0.1%以上的二氧化碳浓度对子实体就有毒害作用。

4)光线

食用菌不含叶绿素,不能进行光合作用,不需要直射光。但是大部分食用菌在子实体分化和发育阶段都需要一定的散射光。如香菇、草菇、滑菇等,在完全黑暗条件下不形成子实体;金针菇、侧耳、灵芝等在无光条件下虽能形成子实体,但菇体畸形,常只长菌柄,不长菌盖,不产生孢子(表1-3-5)。

表 1-3-5　几种食用菌对散射光的需求

种类	菌丝体生长	子实体形成
蘑菇	-	-
香菇	-	++
草菇	-	++
平菇	-	+
金针菇	-	+
木耳	-	+
猴头菇	-	+
银耳	+	

注：++表示必须有散射光，暗处不形成子实体；+表示暗处虽能形成子实体，但无散射光子实体生长畸形；-表示不需要光线。

5）酸碱度(pH)

不同种类的食用菌菌丝体生长所需要的基质的酸碱度不同，但大多数食用菌喜偏酸性环境，适宜菌丝生长的 pH 在 3~6.5，最适 pH 为 5.0~5.5（表 1-3-6）。大部分食用菌在 pH>7.0 时生长受阻，pH>8.0 时生长停止。因食用菌利用的大多数有机物在分解时，常产生一些有机酸。如糖类分解后常产生一些柠檬酸、延胡索酸、琥珀酸等。蛋白质常被分解为氨基酸。有些有机酸的产生与积累可使基质 pH 降低。同时，培养基灭菌后的 pH 也略有降低。因此在配制培养基时应将 pH 适当调高，或者在配制培养基时添加 0.2%磷酸二氢钾和磷酸氢二钾作为缓冲剂；如果所培养的食用菌产酸过多，也可添加少许中和剂——碳酸钙，从而使菌丝稳定生长在最适 pH 的培养基内。

表 1-3-6　几种食用菌对 pH 的需求

种类	适宜生长 pH	最适生长 pH
蘑菇	6.0~8.0	6.8~7.2
香菇	4.0~7.5	4.0~6.5
草菇	6.8~7.8	6.8~7.2
平菇	5.0~6.5	5.4~6.0
金针菇	3.0~8.4	4.0~7.0
木耳	4.0~7.0	5.5~6.5
猴头菇	4.5~6.5	4.0~5.0
银耳	5.2~7.2	5.2~5.8
灵芝	4.0~6.0	4.0~5.0

任务实施

平菇菌丝最适生长温度筛选

①菌种准备,准备一株平菇(*Pleurotus ostreatus*)菌种作为实验材料。
②PDA 平板制作,40 个左右。
③设计 7 个处理温度:5 ℃、10 ℃、15 ℃、20 ℃、25 ℃、30 ℃和 35 ℃。
④从活化后的平菇菌丝 PDA 平板上取直径 0.5 mm 的菌丝块,置于 PDA 平板中央,在上述设定的温度下培养,每处理重复 5 次。
⑤每隔 24 h 观察菌丝生长速度及长势。

通过实验发现平菇菌丝在 25 ℃ 及 30 ℃ 生长较快;低于 20 ℃ 生长速度较慢;高于 30 ℃ 生长慢,会有黄水出现。因此,平菇最适生长温度在 25~30 ℃。

巩固训练

学习食用菌的生理生态知识,掌握食用菌营养物质及生长发育条件,能够阐述常见食用菌的营养物质及生长发育条件。

知识拓展

1. 子实体分化温度

为了栽培上的方便,人们根据子实体分化所需要的温度,将食用菌分为以下几个温度型:
①低温型　子实体分化的最适温度在 20 ℃ 以下,如金针菇、双孢蘑菇等。
②中温型　子实体分化最适温度在 20~24 ℃,如猴头菇、银耳。
③高温型　子实体分化最适温度在 24 ℃ 以上,如草菇。
④广温型　子实体分化的温度范围在 3~33 ℃,如近年来培育的平菇广温 831、推广一号等品种。

2. 光线在食用菌生长发育过程中的作用

食用菌不含叶绿素,不像绿色植物那样利用阳光进行光合作用将二氧化碳和水合成有机物。因此食用菌不需要直射光,但需要一定的散射光。

1)菌丝生长阶段

几乎所有食用菌菌丝都能在黑暗条件下正常生长,多数食用菌对光线反应不敏感,如黑木耳等。光照也会抑制某些食用菌菌丝生长。散射光可以促进某些食用菌胞壁色素的转化和沉积，如香菇菌丝在明亮的条件下易形成褐色菌膜；光照强度影响光敏感型食用菌菌丝生长速度，如灵芝。

2）子实体生长发育阶段

光线对食用菌原基分化和子实体形成关系密切。适当光照是子实体形成的必要条件，但不同种类食用菌对光照要求不同。光照还影响子实体色泽、菌柄长度和菌盖宽度的比例，如弱光平菇柄长、菌盖色浅、不伸展，灵芝色泽淡、无光泽。但在金针菇栽培上，利用弱光培养柄长盖小的商品菇。光质对子实体形成的影响正好与菌丝相反。蓝光抑制菌丝，促进子实体分化，红光不能促进子实体形成，但促进菌丝生长。某些食用菌子实体还具有正向旋光性，如灵芝菌盖生长点具有向光性，人为改变光源就产生畸形。

但是，近几年黑木耳全光栽培和香菇室外露地栽培的成功，说明紫外线不仅能够杀伤食用菌，也能杀灭杂菌。总之，光线对食用菌菌丝生长和子实体发育影响较大。

自主学习资源库

1. 食用菌栽培与生产．罗孝坤，华蓉，周玖璇等．云南科技出版社，2019.
2. 食用菌栽培学．吕作舟．高等教育出版社，2006.
3. 中国菇业大典．罗信昌，陈士瑜．清华大学出版社，2016.

项目2 食用菌菌种生产技术

  学习目标

知识目标
(1)掌握食用菌菌种的基本知识。
(2)掌握食用菌菌种生产的主要生产技术流程和技术要点。

技能目标
(1)能制备母种培养基。
(2)能操作接种设备,独立完成母种的转管操作。
(3)能独立开展菌种培养的管理工作。
(4)能根据需要做好菌种的保存工作。
(5)能初步鉴定菌种质量。

 任务2-1 认识菌种

任务描述

菌种是食用菌生产中的"种子",菌种质量的好坏直接影响栽培的成败和产量的高低,只有优良的菌种才能获得高产和优质的产品,因此生产优良的菌种是食用菌栽培的一个极其重要的环节。食用菌菌种是指由食用菌菌丝体及其生长基质组成的繁殖材料。菌种分为母种(一级种)、原种(二级种)和栽培种(三级种)。通过任务学习认识食用菌的菌种,会区分母种、原种和栽培种,能描述菌丝体的生长状态,并画出所观察的菌丝、菌丝分化组织、无性孢子的形态结构图。主要工具和材料:显微镜、平菇的各级菌种。

 知识准备

菌种类型

食用菌菌种可按照菌种的物理状态和培养料性质进行分类。

1）按照分离、提纯菌株的来源，转接的手段和生产目的划分

在生产中，可根据分离、提纯菌株的来源，转接的手段和生产的目的，把食用菌菌种分为母种、原种、栽培种。

(1) 母种

母种又称一级种，是从孢子或子实体组织块萌发获得的纯培养物。母种一般用试管培养和保藏，所以又称试管种。母种主要用于科学研究、保藏以及扩大繁殖形成原种。

(2) 原种

原种又称二级种，是由母种转接到麦粒培养基、玉米粒培养基等更粗放的培养基上培养而成的菌种。原种成本较高，通常不宜直接用作生产种，而需要再次扩大培养后才能用于生产。

(3) 栽培种

栽培种又称三级种，是由原种进一步扩大繁殖而来的菌种。栽培种通常在棉籽壳、木屑等培养基上培养，与栽培料非常相似。栽培种主要用于接种栽培料。

2）按照物理状态划分

(1) 固体菌种

固体菌种是指培养基为固体的菌种。目前，我国食用菌生产使用的各级商品菌种大多为固体菌种，如以试管为容器的斜面母种和以菌种瓶或聚丙烯塑料袋装的原种或栽培种。

(2) 液体菌种

液体菌种是指培养基为液体的菌种。

3）按照培养料性质划分

(1) 麦粒种

麦粒种是以小麦等禾谷类作物种子为培养基的菌种。麦粒种适合食用菌原种的培养。

(2) 木屑种

木屑种是以阔叶树木屑为主料，配以麦麸、米糠等辅料做成的培养基的菌种。木屑种适合于多种木屑菌类的食用菌栽培，如木耳、毛木耳、香菇、灵芝、猴头菇、蜜环菌、杨树菇（柱状田头菇）等。

(3) 木塞种

木塞种是以木塞颗粒为主料，配以一定量的木屑填充物做成的培养基的菌种，适于作段木栽培香菇、木耳的栽培种，也适于作茯苓、猪苓、蜜环菌等的栽培种。

(4) 草料种

草料种是以作物秸秆为主料，适量加入麦麸、米糠等辅料做成的培养基的菌种，适合于多种草本代料栽培的种类，如平菇、凤尾菇、鲍鱼菇、阿魏菇、杨树菇（柱状田头菇）、草菇、猴头菇、金针菇、鸡腿菇等。

(5) 粪草种

粪草种是以畜粪和秸秆为主要原料做成的培养基的菌种，适于作双孢蘑菇、大肥菇、

巴西蘑菇的栽培种。

任务实施

食用菌形态结构的观察

1）菌落形态观察

①观察平菇、草菇、金针菇、木耳、银耳及蘑菇、猴头菇、灵芝等食用菌的试管斜面或PDA平板上生长的菌落，比较其气生菌丝的生长状态，并观察菌落表面是否产生无性孢子。

②观察菌丝体的专门分化组织：蘑菇菌柄基部的菌丝束；蜜环菌的菌索；茯苓的菌核；虫草等子囊菌的子座。

2）菌丝体显微形态观看

(1) 菌丝水浸片的制作

取一载玻片，滴一滴无菌水于载片中央，用接种针挑取少量平菇菌丝于水滴中，用两根接种针将菌丝拨散。盖上盖玻片，避免气泡产生。

(2) 显微观察

将水浸片置于显微镜的载物台上，先用10倍的物镜观察菌丝的分支状态，然后转到40倍物镜下认真观察菌丝的细胞结构等特点，并辨认有无菌丝锁状联合。

巩固训练

观察平菇菌种。通过观察平菇试管种、原种、栽培种，能够正确区分三级菌种。通过制作平菇菌丝水浸片，能正确找到菌丝锁状联合。

知识拓展

随着电子商务的发展，现在可以很方便地在电商平台购买到自己想买的菌种。由于是电商购买，缺少实物观察，时有不良商家以次充好，主要表现为：

①品种太滥、市场混乱　一新品种的育成最快需3年。菌种特性说明书含糊不清；特性应有所指，而非抽象特性。如生物转化率不可能200%以上；大部分食用菌品种的温型不可能38℃仍正常出菇。

②菌种退化问题　菌种传代五代内使用，制备好的栽培种1~2周内使用。菌种生产设施、技术普遍不达标，菌种质量难以保证；菇农菌种知识普遍缺乏，纠纷不断，维权困难。

特别注意：花香菇不是遗传特性而是一个生态学特征，任何一种香菇，只要具备花菇的形成条件——低温、低湿、晴朗、微风、昼夜温差大，都可以形成花菇。一般中高温或中温型品种更易形成花菇。

> 自主学习资源库

1. 食用菌基础及制种技术问答．曹德宾．化学工业出版社，2015.
2. 国家食用菌标准菌株库菌种目录．黄晨阳，张金霞．中国农业出版社，2012.
3. 食用菌菌种生产技术（第2版）．刘晓龙，蒋中华．吉林出版集团有限责任公司，2010.
4. 食用菌栽培学．吕作舟．高等教育出版社，2006.
5. 易菇论坛：https：//bbs.emushroom.net/

任务2-2 认识菌种生产的设施条件

任务描述

食用菌菌种生产需要进行无菌操作，对设施条件有一定的要求。通过本任务的学习，掌握菌种生产的常用设备，能使用这些设备进行菌种的生产作业。所需操作工具和材料：灭菌锅、捆扎绳、接种针、镊子、手术刀。

知识准备

食用菌菌种厂一般布局如图2-2-1所示。

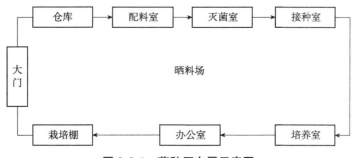

图2-2-1 菌种厂布置示意图

菌种生产的基本设备

1）配料室设备

不同的生产规模，配料所需要的设备有所不同，但配料应在有水、电的室内进行，其主要设备有以下几类：

①衡量器具 配料室一般应配备磅秤、粗天平、量杯、量筒等，以供称（量）取用量较大的培养料、药品和拌料用水等。

②拌料机具　拌料必备的用具有铁铲、铝锅、电炉或煤炉、水桶、专用扫帚和簸箕等。具有一定规模的菌种厂，还应具备一些机械设备，如枝丫切片机、木片粉碎机、秸秆粉碎机和拌料机等。

③装料机具　采用手工装料，无须特殊设备，只要备一块垫瓶(袋)底的木板和一根"丁"字形捣木(供压料时用)即可。具有一定规模的菌种厂，为了提高装料效率，应购置装料机。装料时，以玻璃瓶做容器的要压料和打接种穴，可用瓶料专用打穴器。以塑料袋做容器，制银耳和香菇栽培种，一般装料后随即要在袋壁打接种穴，可用塑料袋专用打穴器。

2) 灭菌设备

灭菌设备，一般是指用于培养基和其他物品灭菌的蒸汽灭菌锅。灭菌锅是制种工序中必不可少的设备。灭菌锅灭菌的原理，是利用水吸收一定的热量之后成为饱和蒸汽。在消毒灭菌时，饱和蒸汽在一定的温度和压力下拥有大量的热量，遇到冷的消毒物体时，冷凝而改变状态随之释放出大量的热量，使被消毒物体受热、受潮，在热和湿的作用下，可在较短时间内有效地将顽抗性的细菌芽孢以及其他杂菌杀死，达到灭菌的目的。

(1) 高压蒸汽灭菌锅

高压蒸汽灭菌锅是一个密闭的、能承受压力的金属锅，在锅底或夹层中盛水，锅内的水煮沸后产生蒸汽。由于蒸汽不能向外扩散，迫使锅内的压力升高，即水的沸点也随之升高，因此可获得高于100 ℃的蒸汽温度，从而达到迅速彻底灭菌的目的。高压蒸汽灭菌锅有以下几种类型：

①手提式高压灭菌锅　如图2-2-2所示，此种灭菌锅的容量较小，主要用于母种斜面培养基、无菌水等灭菌，可用煤气炉、木炭或电炉作热源，较轻便、经济。

②立式和卧式高压灭菌锅(柜)　这两类高压锅(柜)的容量都比较大，每次可容纳750 mL的菌种瓶几十至几百瓶，主要适用于原种和栽培种培养基的灭菌，用电热作热源(图2-2-3至图2-2-6)。

图2-2-2　手提式高压灭菌锅　　图2-2-3　立式高压灭菌锅　　图2-2-4　卧式高压灭菌锅

图 2-2-5　卧式大容量灭菌器　　　　　图 2-2-6　大容量灭菌柜

③自制简易高压锅　菌种生产量较大的菌种厂可自制简易高压锅。采用 10 mm 厚的钢板焊接成内径为 110 cm×230 cm 的筒状锅体,底和盖用 15 cm 厚的钢板冲成半圆形,否则平盖灭菌时棉塞易潮湿。锅口用紧固的螺丝拧紧密封,锅上安装压力表、温度计、安全阀、放气阀、水位计、进出水管等设备。以煤作燃料,用鼓风机助燃升温。将菌种袋(瓶)放入不锈钢提篮内,吊入锅中,一篮放 4~5 层,每锅装 800~1000 袋(瓶)。适合于专业菌种厂制作栽培种培养基的灭菌。

(2)常压蒸汽灭菌锅

①常压蒸汽灭菌锅　外形和柜式高压灭菌锅相似,但不能承受高压,只能低压高温灭菌。

②土蒸锅　用砖砌成灶,灶上用砖和水泥砌成桶状或方形蒸汽室,底部为大铁锅。可从侧面开门,也可以从顶盖进出。门上附有放温度计的小孔,铁锅上沿设有进出水管。每锅装 1200~1400 袋(瓶)不等。土蒸锅形式简单,制作简易,可以就地取材,造价低廉,但杀菌时间较高压锅长。

③蒸笼锅　蒸笼灭菌适宜于农村制种量小、条件差的单位。采用蒸笼灭菌时,密闭条件较差,由于锅内温度最高是 100 ℃,所以灭菌时间从温度达 100 ℃ 开始计时,需保持 6~9 h。

3)接种设备

接种设备,是指分离和扩大转接各级菌种的专用设备,主要有接种室、接种箱、超净工作台及各种接种工具。

①接种室　又称无菌室,是进行菌种分离和接种的专用房间。其设置不宜与灭菌室和培养室距离过远,以免在搬运过程中造成杂菌污染。生产量较大的菌种厂,应充分注意各个工作间的位置安排,总体布局如图 2-2-1 所示。

接种室的面积一般 5~6 m²,高 2~3 m 即可,过大或过小都难以保证无菌状态。接种室外面设缓冲间,面积约 2 m²。门不宜对开,最好安装移动门。接种室内的地面和墙壁要求光滑洁净,便于清洗消毒。室内和缓冲间装紫外线灯(波长 265 nm,功率 30 W)及日光灯各一盏。接种室具有操作方便、接种量大和速度快等优点,适宜于大规模生产。

②接种箱　是供菌种分离、移接的专用木制箱,实际上是缩小的接种室。接种箱有多

种形式和规格,医药器械部门出售的接种箱结构严密、设备完善,但价格较高。目前多数菇农用木材和玻璃自己加工制作成一人或双人操作箱,其箱体规格为上窄下宽,长140 cm,宽88 cm,箱顶至箱低高80 cm,箱腿高66 cm,箱顶宽40 cm,箱低宽88 cm,箱体正背面用可供观察箱内操作的玻璃窗,正面的玻璃窗是可开闭的,以便放取培养基和相关物品,接种箱内顶部装紫外线杀菌灯和日光灯各一盏。箱前(或箱后)的两个圆孔装上40 cm长的布袖套或橡皮手套,双手由此伸入箱内操作。圆孔外要设有推门,不操作时随即关门。箱体玻璃、木板均要注意密封,箱的内外均用油漆涂刷。

接种箱结构简单、制造容易、造价较低、移动方便、易于消毒灭菌。由于人在箱外操作,气温较高时也能维持作业,适合于专业户制作母种、原种。

③超净工作台 是一种局部层流装置,能够在局部造成洁净的工作环境。室内的风经过滤器送入风机,由风机加压送入正压箱,再经高效过滤器除尘,洁净后通过均压层,以层流状态均匀垂直向下进入操作区(或以水平层流状态通过操作区),以保证操作区有洁净的空气环境。由于洁净的气流是匀速平行地向着一个方向流动,故任何一点灰尘或附着在灰尘上的杂菌均很难向别处扩散转移,只能就地排除掉。因此,洁净气流不仅可以营造无尘环境,而且可以营造无菌环境。使用超净工作台的好处是接种分离可靠、操作方便。

④接种工具 是指分离和移接菌种的专用工具,样式很多。用于菌种分离、母种制作和转接母种的工具,因大多在试管斜面和平板培养基上操作,一般用细小的不锈钢丝制成。用于原种和栽培种转接的工具,因培养基比较粗糙紧密,可用比较粗大的不锈钢制成。

4)菌种培养设备

菌种培养设备主要是指接种后用于培养菌丝体的设备,如恒温培养室、恒温培养箱、摇瓶机(摇床)等。

①恒温培养室 用于培育栽培种或培育较多的母种和原种。恒温培养室的大小视菌种的生产量而定。室内放置菌种培养架。加温可采用电加温器或安装红外线灯加温,最好在电加温的电源上安一个恒温调节器,使之能自动调节温度。

②恒温培养箱 在制作母种和少量原种时,可采用恒温培养箱,根据需要使温度保持在一定范围内进行培养。

③摇瓶机(摇床) 食用菌进行深层培养或制备液体菌种时,需设置摇瓶机。摇瓶机有往复式或旋转式两种。往复式摇瓶机的摇荡频率是80~120次/min,振幅(往复距)为8~12 cm。旋转式的摇荡频率为180~220次/min。旋转式的耐用,效果较好。

④塑料袋 在食用菌生产中,进行熟料栽培或制作栽培种,常常用到塑料袋。进行常压蒸汽灭菌,可用聚乙烯塑料袋,厚度以0.05~0.06 mm(5~6丝)为宜。其中高压聚乙烯塑料袋透明度高于低压聚乙烯塑料袋,但低压聚乙烯塑料的抗张强度是高压聚乙烯塑料的2.2倍(厚度相同时),且低压聚乙烯能耐120 ℃高温。食用菌生产中应首先选用低压聚乙烯塑料袋。进行高压蒸汽灭菌时,宜用聚丙烯塑料袋,厚度以0.06 mm(6丝)为宜。聚丙烯能耐150 ℃高温,但其冬季柔韧性差,低温时使用应小心。聚氯乙烯塑料有毒,不到100 ℃就软化。熟料栽培或制种时不能使用聚氯乙烯塑料袋。

任务实施

高压灭菌锅的使用

1）操作步骤

第一步，将内层灭菌桶取出，再向外层锅内加入适量的水，使水面与三角搁架相平。

第二步，放回灭菌桶，并装入待灭菌物品。注意不要装得太挤，以免妨碍蒸汽流通而影响灭菌效果。三角烧瓶与试管口端均不要与桶壁接触，以免冷凝水淋湿包口的纸而透入棉塞。

第三步，加盖，再以两两对称的方式同时旋紧相对的两个螺栓，使螺栓松紧一致，勿使漏气。

第四步，加热，并同时打开排气阀，使水沸腾以排除锅内的冷空气。待冷空气完全排尽后，关上排气阀，让锅内的温度随蒸汽压力增加而逐渐上升。当锅内压力升到所需压力时，控制热源，维持压力至所需时间。母种培养基用103.4 kPa、121.3 ℃灭菌20 min；原种和栽培种培养基用103.4 kPa、121.3 ℃灭菌120 min。

第五步，灭菌所需时间到后，切断电源，让灭菌锅内温度自然下降，当压力表的压力降至0时，打开排气阀，旋松螺栓，打开盖子，取出灭菌物品。如果压力未降到0时打开排气阀，就会因锅内压力突然下降，使容器内的培养基由于内外压力不平衡而冲出烧瓶口或试管口，造成棉塞沾染培养基而发生污染。

第六步，将取出的灭菌培养基放入37 ℃温箱培养24 h，经检查若无杂菌生长，即可待用。

2）注意事项

①锅内必须要有充足的水；
②锅的气密性一定要很好；
③使用后一定要放到适合温度才可以打开；
④要定期对高压灭菌锅进行安检和备案；
⑤操作人员要取得相应等级的高压灭菌容器操作证书。

巩固训练

利用立式高压灭菌锅消毒接种工具，要求能正确设定灭菌时间、温度和压力，能正确把握开锅时间，能正确包扎需要消毒的接种用具。

知识拓展

目前生产中还在大量使用常压灭菌锅，在选择和使用常压灭菌锅时需要注意以下问题：

①灭菌锅一定要够大，烧煤以正方形锅底为好，烧柴以长方形锅底为好。锅内加足水，尤其是第一锅，可以防止烧干锅，并且烧下一锅的时候不用烧很长时间就上蒸汽。

②无论简易锅、土蒸锅还是铁皮锅，灭菌仓摆放密度不要过大，最好每个周转筐中都

保留一定的空隙，便于热空气流通。

③带探头的压力温度表要将探头插入最下层筐中的菌袋内部。直到这个温度表显示温度达到100 ℃时再开始计时(恒温100 ℃保持8~10 h)。实际生产中，3000袋以下的常压灭菌锅保持8 h，3000~5000袋的常压灭菌锅需要保持10 h，5000~10 000袋的常压灭菌锅保持12 h。

④温度表需要校准，常用的校准方法是将探头插入到滚开的开水中。不同海拔开水温度也不同，例如，海拔高度0 m沸水温度100 ℃，海拔高度500 m沸水温度98 ℃，海拔高度1000 m沸水温度97 ℃。

⑤闷制。达到灭菌温度以后不要急于打开锅门降温，最好闷制6~10 h再出锅。

自主学习资源库

1. 食用菌基础及制种技术问答．曹德宾．化学工业出版社，2015.
2. 国家食用菌标准菌株库菌种目录．黄晨阳，张金霞．中国农业出版社，2012.
3. 食用菌菌种生产技术(第2版)．刘晓龙，蒋中华．吉林出版集团有限责任公司，2010.
4. 食用菌栽培学．吕作舟．高等教育出版社，2006.
5. 易菇论坛：https：//bbs.emushroom.net/

任务 2-3　菌种生产

任务描述

通过任务学习，掌握PDA培养基的制备。学会母种专管操作，能按要求配制原种和栽培种培养基。所需操作工具和材料：灭菌锅、电炉、铝锅、漏斗、纱布、菜刀、砧板、烧杯、捆扎绳、硅胶试管塞、试管(18 mm×180 mm)、马铃薯、葡萄糖、琼脂、通用pH试纸、培养箱、超净工作台、接种工具(图2-3-1)。

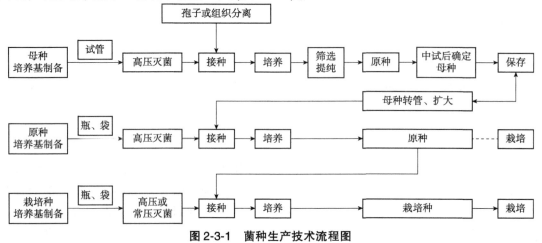

图2-3-1　菌种生产技术流程图

> 知识准备

在菌种生产中,培养基最为重要。培养基就是按照一定比例配制各种营养物质以供给食用菌生长繁殖的基质。培养基必须具备三个条件:含有该菌生长发育所需的营养物质;具有一定的生长环境;必须经过严格的灭菌,保持无菌状态。

1. 母种常用培养基

①马铃薯葡萄糖培养基(PDA 培养基) 马铃薯 200 g、葡萄糖 20 g、琼脂 18~20 g、水 1000 mL。

②马铃薯综合培养基 马铃薯 200 g、葡萄糖 20 g、磷酸二氢钾 3 g、硫酸镁 1.5 g、琼脂 18~20 g、维生素 B_1 10 mg、水 1000 mL。

2. 原种常用培养基

①木屑培养基 木屑 78%,麸、糠 20%,石膏 1%,糖 1%,水适量。适用于平菇、木耳、香菇、猴头菇。

②棉子壳培养基 棉子壳 78.5%,麸、糠 20%,石膏 1.5%,水适量。适用于平菇、猴头菇、金针菇、鸡腿菇。

③粪草培养基 稻草(切碎)78%,干粪 20%,石灰、石膏各 1%,水适量。适用于蘑菇、草菇、鸡腿菇、姬松茸。各种培养料应无霉烂、新鲜、干燥。各种培养基的含水量应保持在 60% 左右。

将培养料拌匀装入菌种瓶(或袋)内,装料松紧适宜,上下一致,装料高度以齐瓶(袋)肩为宜。然后用锥形木棒在瓶的中央向下插一个小洞,塞上棉塞。装好的料瓶(袋)要当天灭菌,以免培养料发霉变质。

3. 栽培种培养基

①木屑培养基 木屑 78%,麸、糠 20%,石膏 1%,糖 1%,水适量,适用于平菇、木耳、香菇、猴头菇。

②棉子壳培养基 棉子壳 78.5%,麸、糠 20%,石膏 1.5%,水适量,适用于平菇、猴头菇、金针菇、鸡腿菇。

③粪草培养基 稻草(切碎)78%,干粪 20%,石灰、石膏各 1%,水适量,适用于蘑菇、草菇、鸡腿菇、姬松茸。各种培养料应无霉烂、新鲜、干燥。各种培养基的含水量应保持在 60% 左右。

将培养料拌匀装入菌种瓶(或袋)内,装料松紧适宜,上下一致,装料高度以齐瓶(袋)肩为宜。然后用锥形木棒在瓶的中央向下插一个小洞,塞上棉塞。装好的料瓶(袋)要当天灭菌,以免培养料发霉变质。

任务实施

1. 制作母种斜面培养基（PDA 培养基）

母种培养基（PDA）制备流程详见图 2-3-2。

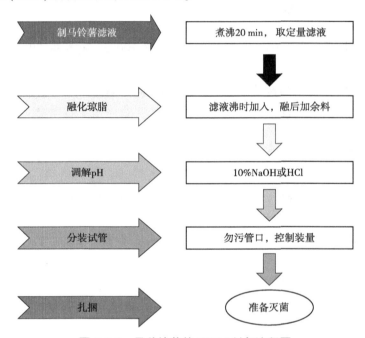

图 2-3-2 母种培养基（PDA）制备流程图

(1) 称取

用天平称取培养基各种成分的用量。

(2) 配制溶液

把选好的马铃薯洗净挖去芽眼去皮，切成薄片或 1 cm 大小的方块，称取 200 g 放在容器中，加水 1000 mL，加热煮沸 20~30 min，至软而不烂的程度，用四层纱布过滤，取其滤液。在滤液中加入琼脂，小火加热，用玻璃棒不断搅拌，以防溢出或焦底，至琼脂全部溶化，再加入葡萄糖使其溶化，最后加水至 1000 mL 即成。

为避免发生沉淀，一般是先加缓冲化合物，溶解后加入主要元素，然后是微量元素，再加入维生素等。最好是一种成分溶解后，再加入下一种营养成分。若各种成分均不发生沉淀，也可以一起加入。若用马铃薯、玉米粉、苹果、米粉、木屑等作原料，应先制取这些原料的煮汁，然后把煮汁与其他成分混合。

(3) 调 pH

一般用 10%HCl 或 10%NaOH 调 pH，用 pH 试纸或 pH 计进行测试。

(4) 分装

培养基配制好后，趁热倒入大的玻璃漏斗中，打开弹簧夹，按需要分装于试管或三角瓶内(图2-3-3)。

注意事项：

①将漏斗导管插入试管或三角瓶中下部，以防培养基沾在试管口或瓶口。

②分装体积：试管以总长的1/4为宜，三角瓶以容量的1/3为宜。

（5）塞硅胶塞

（6）封装

将试管用牛皮纸包住头部，5根一捆用橡皮筋捆扎封装好。

图2-3-3 分装装置及操作

（7）灭菌

将包扎好的试管直立放入手提高压灭菌锅内，盖上牛皮纸，在103.4 kPa压力下，灭菌30 min。

（8）摆斜面

灭菌后冷却到60 ℃左右，从锅内取出，趁热摆成斜面。一般斜面长度达试管长度的2/3为宜，待冷却后即成斜面培养基。

（9）无菌检查

取数支斜面培养基放入28 ℃左右的恒温箱中培养2~3 d，若无杂菌生长便可使用。若暂时用不完，用纸包好放入4 ℃冰箱保存。

2. 接种与培养

食用菌菌种的接种与培养是指在严格的无菌条件下大量培养繁殖菌种的过程。一般食用菌制种都需要经过母种、原种和栽培种三个培养步骤(表2-3-1)。

表2-3-1 菌种生产流程

菌种	母种	原种	栽培种
培养容器	试管	菌种瓶	塑料袋、菌种瓶
培养基	斜面	固体	固体
数量	少	不多	多
转接	1支转30~40支(再生母种)	1支再生母种转8瓶	1瓶转20袋(瓶)

1）菌种接种

从外地购进或分离获得的母种数量有限，不能满足生产的需要时，要对初次获得的母种进行扩大繁殖，以增加母种数量。

（1）母种扩大

把接种物移至培养基上，在菌种生产工艺上称为接种。条件：无菌操作(接种箱或超净工作台，酒精灯火焰周围10 cm)。母种扩接方法(超净工作台内接种，由试管到试管)将试管菌种接到新的试管斜面上扩大繁殖，称为继代培养或转管。

主要程序：

第一步，消毒手和菌种试管外壁；

第二步，点燃酒精灯；

第三步，用左手的大拇指和其他四指并握要转接的菌种和斜面培养基，在酒精灯附近拔掉硅胶塞；

第四步，用酒精灯火焰灼烧接种锄和试管口；

第五步，冷却接种锄，取少量菌种(绿豆大小)至斜面培养基上；

第六步，塞上硅胶塞，贴好标签。

整个过程要快速、准确、熟练。1支母种可以转接出30~40支母种。

(2) 原种扩接

在超净工作台内接种，由试管到瓶或塑料袋，主要程序如下：

第一步，消毒手和母种试管外壁；

第二步，点燃酒精灯；

第三步，拔掉母种硅胶塞，在酒精灯火焰上灼烧试管口和接种锄，将母种固定；

第四步，拔掉菌种瓶棉塞(或硅胶塞)，待接种锄冷却后取2块1 cm^{2}菌种，至菌种瓶内；

第五步，塞上棉塞，贴好标签。

1支母种可以转出10瓶原种。

(3) 栽培种扩接方法

第一步，消毒处理原种瓶棉塞；

第二步，消毒手和原种瓶外壁；

第三步，点燃酒精灯；

第四步，拔掉原种棉塞，在酒精灯火焰上灼烧原种瓶口和接种匙，将原种瓶固定；

第五步，拔掉菌种瓶棉塞，将表面的老菌种块和菌皮挖掉，用接种匙捣碎菌种，取满勺菌种至栽培袋内；

第六步，塞上棉塞，贴好标签。

1瓶原种可扩增20瓶栽培种。

2) 菌种培养

接种后要精心培养，创造有利于菌丝生长的各种环境条件(主要是温度、空气湿度)：培养场所(培养室)清洁，事先要杀虫消毒；光线暗；空气清新；保持温度20~25 ℃、空气相对湿度60%~70%。

(1) 母种培养

将斜面朝下斜置、叠放于瓷盘中，放于培养箱中培养。2~3 d后每天都要检查菌丝生长情况。及时挑拣污染试管(出现黏膜或杂色)。纯化试管中的菌丝长至斜面1/2时，挑尖丝转管，培养成再生母种。菌龄适宜菌丝即将长满斜面(一般7~10 d)终止培养。分别用于菌种保藏或繁衍原种。

出菇试验：将再生母种扩成原种、栽培种，使其出菇。看产量、质量、形态、长势、抗性如何，再决定是否取用。这里特别要强调的是分离的母种一定要纯化后做出菇试验。

（2）原种、栽培种培养

勿堆放过挤。菌种瓶或菌种袋根据气温可单层或多层叠放，隔 4~5 d 转动或调换位置，以利于受温一致，并避免培养料水分的沉积。常挑拣及时去除出现杂色、黏液及菌种死亡的瓶或袋。逐渐降温。当菌丝长至料深的 1/2 时，降温 2~3 ℃，以免料温升高，并有壮丝作用。注意菌龄。原种 30~40 d、栽培种 20~30 d 菌丝长满，再继续培养 7~10 d 是使用的最好菌龄。

巩固训练

平菇试管种的转管和扩大培养：要求能正确开展接种空间和接种设备的消毒、灭菌工作，能正确进行接种操作。一支试管种接种量不低于 30 支，污染率控制在 5% 以内。能正确开展平菇菌种培养工作，会设定平菇试管种的培养条件。

知识拓展

液体菌种生产

1）液体菌种概况

液体深层发酵技术属于生物工程范畴，将微生物应用于工业生产，是从 19 世纪末 20 世纪初开始的。而逐步应用于食用菌领域，始于 1948 年美国的 H. Humfeld 等科学家，成功地对蘑菇进行深层发酵。在我国最早是 1960 上海植物生理研究所陈美津等进行了香菇深层发酵研究。80 年代后，用于生产食用菌的各种发酵设备研制的报道日益增多。我国目前液体菌种在国内部分厂家已成功应用到杏鲍菇工厂化栽培上，先后在辽宁、北京、上海、广州、福建、江苏等地应用推广，得到较好效果。

2）液体菌种的特点

液体菌种生产技术之所以被人们所关注，是由于它比传统方法生产食用菌子实体或菌种的方法有明显的优越性。在液体深层培养过程中，菌丝体能在发酵罐内处于最适温度、酸碱度、氧气和碳氮比的条件下生长，呼吸产生的废气又能及时排出，故新陈代谢旺盛，菌丝生长迅速，在 3~5 d 内就可获得大量的用于生产的液体菌种，液体菌种接入固体培养基进行培养时，流动快、分散性好、萌发迅速、菌丝生长快、覆盖料面大，可使杂菌污染得到有效控制，缩短了生产周期，提高了生产效益。其所具备的优点是固体菌种不能比拟的。

3）液体菌种的生产设备

(1) 基本设备

包括两个部分：空气净化设备和培养设备。空气净化设备有空气压缩机、空气过滤器、油水分离器等。培养设备有摇床、种子罐、发酵罐。

(2) 发酵罐

发酵罐体分内外双层，外层电加热（兼作蒸汽发生器和降温用），内层做发酵罐，由提升管、通气道、空气过滤系统、压缩机、减压阀、油水分离器、粗过滤、精过滤、电控系统、温控仪、温度探头、时间继电器等组成。

①液体菌种发酵罐　设计压力 0.25 MPa。灭菌压力≤0.15 MPa。灭菌温度 121~126 ℃。培养过程中，培养器压力 0.03~0.05 MPa。夹层冷却水压力≤0.13 MPa。

②空气过滤系统　气泵转速 v = 1400 r/min、排气量 125 L/min；滤芯的过滤精度为 0.01 μm，过滤效率 99.99%，耐蒸汽 125 ℃±2 ℃、200 h。

③发酵温度根据品种不同，可自行设定，然后由温控器自控。

4）液体菌种制作工艺流程

生产操作的程序：罐的清洗检查→培养基的制作→上料→培养基的灭菌→降温→接种。

(1) 罐的清洗检查

发酵罐在每次使用后或再次使用前都必须对罐内进行彻底的清洗后才能使用。操作方法：用自来水管冲洗发酵罐的内壁并将提升管气道上的异物彻底清除；检查各个阀门、加热器、温度计保护套、控制柜、气泵是否正常，如有故障，需及时排除。

正常情况下，上一批生产完后，只需将罐清洗就可进入下一批生产，一般不需要空消，只有下列情况需要空消：新罐初次使用时；上一罐染杂菌时；更换生产品种时；罐长时间不用时。

空消的方法：关闭各部的阀门，加水至视镜中线，启动加热器加热，微开排气阀加热到 120~126 ℃，维持 30~40 min 后，把煮罐的水放出即可进行正常生产。

(2) 培养基的制作

①培养基配方　基础配方为：马铃薯 10%、麸皮 3%、磷酸二氢钾 0.2%、硫酸镁 0.075%、红糖 1%、蛋白胨 0.2%、消泡济 0.035%。

根据不同的品种采用不同的培养基配方，在没有确定最佳配方时，多数品种都可以用这个基础配方。

②培养基制作　马铃薯挖芽、去皮洗净后，切成厚 0.2~0.4 cm 的薄片和麸皮同放一起，用直径 34~30 cm 的不锈钢锅（或铝锅）分批煮至马铃薯酥而不烂时，用 6~8 层纱布过滤取液，放入较大的塑料桶后，再煮一锅红糖和其他物料，搅拌熔化即可。

注：用于制作培养基的器具要单独使用，不要沾染油污。

③上料　把制作好的培养基加入发酵罐中，再加入自来水调整料液至标准线，即可灭菌。

(3) 培养基和精过滤器的灭菌

设定好灭菌温度在 121~126 ℃，打开排气阀，按启动开关，两加热管开始加热工作。当温度达 100 ℃，把冷空气排除后，有大量蒸汽排出时，方可关闭排气阀。当温度达到 126 ℃，压力为 0.15 MPa 时，要立即微开排气阀，这时开始计时 30~40 min。气路和精过滤器要同时用饱和蒸汽进行灭菌，消除所有死角和杂菌，确保系统处于无菌状态。

(4) 降温

达到灭菌时间后，关闭所有的阀门，设定好培养温度 22~26 ℃，这时应立即通入冷水降温。当压力降至 0.03~0.05 MPa 时开始通气，调整发酵罐内压力为 0.03~0.05 MPa。温度降至 22~26 ℃时开始罐内接种。根据不同品种降低到不同温度，一般为 22~26 ℃。

(5) 发酵罐内接种

将提前培养好的 300~500 mL 的三角抽滤瓶装液体种准备好，先把发酵罐上的接种口用 95% 的酒精火圈封上，逐渐开大接种阀门使罐内压力降至 0 MPa，立即把液体抽滤瓶装的菌种通过滤嘴，快速地倒入罐内。接种过程在火焰保护下进行。关闭接种阀，调整罐内的压力到 0.03~0.05 MPa，并检查发酵罐温度和空气流量，即可进入培养阶段。

(6) 培养

依据不同品种设定不同培养温度，一般为 22~26 ℃。空气流量调至 1.2~2.0 m^3/h，罐内压力在 0.03~0.05 MPa 之间即可。

培养期间不用专人管理，自接种 24 h 以后，每隔 12 h 可自接种口取样一次，观察菌种萌发和生长情况。一般观测以下几个指标：

①菌液颜色澄清度　正常菌液颜色纯正，虽有淡黄、橙黄、浅棕等颜色，但不浑浊。
②菌液的气味　正常的菌液有一种香甜味，随着时间增长味道越来越淡。
③菌液中菌球数量的增长情况　从无到有小菌球逐渐增多变大。

5）液体菌种接种方法

(1) 菌种发酵终点判断依据

当液体菌种达到质量要求后即可接种。菌种发酵终点的判断依据是：

①从生产周期来看，一般品种生产周期为 3~5 d。
②菌液取样静置 5 min，菌球占整个菌液的 80%~90%。菌球与菌液界线分明，周边毛刺明显，菌丝活力强。
③液体的香甜味前期较浓，随着培养时间的延长会越来越淡，取而代之的是菌丝的特有味道。
④菌液的颜色变浅，澄清透明，营养耗尽。

(2) 接种的具体做法

①将接种管和接种枪接好，接种管及接种枪头用 8~10 层纱布包好，在 121~126 ℃ 的条件下灭菌 40 min。
②在火焰的保护下将接种管装到接种口上。
③调整发酵罐内的压力 0.03~0.05 MPa 后，打开接种阀，在接种室的超净台前接种。

④三个人配合较为理想，其中一人搬筐，一人开袋，一人用枪接种，要求孔内和料面都有菌种，每袋接种量10~15 mL。

> 自主学习资源库

1. 食用菌基础及制种技术问答．曹德宾．化学工业出版社，2015.
2. 国家食用菌标准菌株库菌种目录．黄晨阳，张金霞．中国农业出版社，2012.
3. 食用菌菌种生产技术（第2版）．刘晓龙，蒋中华．吉林出版集团有限责任公司，2010.
4. 食用菌栽培学．吕作舟．高等教育出版社，2006.
5. 易菇论坛：https：//bbs.emushroom.net/

任务2-4 菌种质量鉴定

 任务描述

食用菌菌种在栽培使用过程中会因遗传变异而导致优良性状下降。具体表现为：培养过程中菌落形状不规则，菌丝稀疏或出现扇变菌落，菌落过早产生色素；栽培时出菇潮次不明显，畸形菇比例上升，产量下降，对不良环境或杂菌的抗性降低等。通过任务学习，能通过观察接种块长出的菌落及菌丝体长势作出母种质量评价。所需设备和材料：平菇试管种。

知识准备

菌种质量的优劣是食用菌生产成败的关键，也关系到栽培者的经济利益。引进或分离的菌种必须通过鉴定后方可投入生产。菌种鉴定可从形态、生理、栽培及经济效益等方面进行综合评价。经检验符合质量标准的菌种，应在出售时贴明质量合格标签，注明菌种种类、级别、品种、生产单位、接种日期等。

1. 母种质量的鉴定

1）菌种表现

质量较好的母种外观丝白、整齐、粗壮、有弹性、萌发快。反之，菌丝干燥、收缩或自溶、产生红褐色液体的菌种质量差，勿用。

2）耐温湿性鉴定

(1) 耐温性

适温培养1周→高温(30~35 ℃)培养24 h→适温培养。恢复快、不发黄、不倒伏、不萎缩，则为良种。

(2)耐干湿性

母种培养基琼脂量小于1.5%偏湿,大于2%偏干,均能正常生长;母种培养基含水量小于50%偏干,大于70%偏湿,均能正常生长。

3)出菇鉴定

扩成原种、栽培种→出菇,测定其农艺性状。该方法是最可靠、有效的菌种质量鉴定方法。

2. 原种、栽培种质量的鉴定

质量较好的原种、栽培种,菌丝白(符合该菌种的颜色)、均匀、粗壮、整齐、有菇香味,无杂色、黄水、结皮,一般要求无原基,接种后萌发快。培养基湿润,不干缩脱壁等。

任务实施

1. 常见食用菌一级种质量鉴定

①平菇、姬菇、金针菇、白灵菇、杏鲍菇、鲍鱼菇、阿魏菇 菌丝洁白,爬壁力强,菌丝壮、旺,培养基无干缩,气生菌丝不倒伏,反面观察除接种块点外无任何斑点、条纹或阴影。

②鸡腿菇 菌丝灰白,较平菇稀疏,菌丝成熟后略有土黄色,接种块色素较重,其余同平菇。

③草菇 菌丝灰蓝,伸长度大,呈半透明状,成熟后大多发生厚垣孢子。

④猴头菇 菌丝白色、稍发暗,培养基不丰富时呈节状生长,气生菌丝少,爬壁力弱。

⑤姬松茸、双孢菇 菌丝白色,初期呈绒球状,后期绒毛状生长,气生菌丝数量多,充盈整个试管。

⑥杨树菇、柳松菇、大肥菇、大球盖菇 菌丝白色,稍有土黄暗色,营养不良或水分偏大时呈树枝状生长,其余同平菇。

2. 常见食用菌二级种质量鉴定

①平菇、姬菇、金针菇、白灵菇、杏鲍菇、鲍鱼菇、阿魏菇 菌瓶洁白,上下基本一致,瓶口处气生菌丝旺盛,瓶底部菌丝特浓白,普通旧罐头瓶每个重550~600 g,无任何斑点、条纹或异色。

②鸡腿菇 菌瓶色泽一致,瓶口处有气生菌丝,较平菇稀疏、纤细。其他同平菇等。

③草菇 透过菌瓶明显可见菌丝,一般品种菌丝成熟后即发生厚垣孢子。

④猴头菇 菌丝纤细、节短，色泽白，成熟后瓶壁发生白点如同蕾点。
⑤姬松茸、双孢菇 外观洁白、整齐，同平菇类。
⑥杨树菇、柳松菇、大肥菇、大球盖菇 瓶壁可见菌丝暗白色，瓶口处气生菌丝数量较少，无任何斑点、条纹或暗点。

3. 常见食用菌三级种质量鉴定

①平菇、姬菇、金针菇、白灵菇、杏鲍菇、鲍鱼菇、阿魏菇 菌袋洁白一致，两头接种口处菌丝稍疏，手感硬实，手敲有弹性，一般采用长35 cm、宽15 cm、厚0.5丝的料袋，发菌后重800~900 g。无任何斑点、条纹或异色。
②鸡腿菇 色泽同二级种，其他同平菇等。
③草菇 瓶装、袋装表现同二级种，但厚垣孢子发生量少，菌丝成熟后纽结从接种口处伸出，结菇。
④猴头菇、姬松茸、双孢菇、杨树菇、柳松菇、大肥菇、大球盖菇 质量鉴定同二级种。

 巩固训练

根据以下方法对提供的平菇菌种进行质量判断：
①优质母种 菌落呈规则圆形、菌丝粗壮、长势良好，符合本品种母种应有的特征，可用于生产。
②老化、退化母种 部分菌落菌丝生长不规则或出现明显扇变角或分泌色素较多，可用于提纯复壮。
③淘汰母种 具备下列特征之一的均应淘汰：接种块菌丝体停止生长或死亡；部分菌落出现黑褐色、青灰色、黄褐色或红色等颜色的孢子堆，或与母种菌丝体之间存在颉颃反应；菌丝生长缓慢，散发出难闻的酸臭气味。

 知识拓展

菌种培育中出现的异常现象及处理

制作、培养原种和栽培种时，因种种因素，会出现异常现象，如杂菌污染、菌丝不萌发、不生长或发生萎缩衰退等。发生异常现象，一定要尽快查明原因，及时采取有效措施加以解决。

1）杂菌污染

(1) 杂菌污染的原因

在制备原种及栽培种的过程中很容易感染杂菌，根据杂菌开始发生的部位，大致有以下几种污染原因：

①如果杂菌同时在培养基的上、中、下部发生，主要是由于培养基灭菌不彻底造成的。

②如果杂菌开始发生在接种块上，很可能是母种或原种已经感染了杂菌，或者是由于接种工具灭菌不彻底，把杂菌带入接种瓶内造成的。

③如果杂菌先在培养基表面发生，是由于接种过程中无菌操作不严格而引起的。

④如果杂菌是在接种后若干天才发生的，并首先发生在从瓶口往下生长的菌丝上，说明杂菌是从棉塞侵入培养基的。原因是培养室湿度过大，通风换气不良，棉塞受潮。

（2）杂菌污染的防治措施

防止菌种被杂菌污染，应当采取综合措施，并贯穿在整个操作过程中，环环扣紧，一抓到底。具体措施如下：

①搞好环境卫生　制种人员必须建立起正常的清洁卫生制度，不断清除污物，并加以药剂消毒，不让杂菌有滋生的余地。

②处理好原料　应严加管理，杜绝任意堆放原料，不加保护，使上下受潮霉变、中间生虫、肮脏不堪的现象；木屑、草料、马粪等堆藏，上下要垫薄膜或油毛毡防潮，料面要遮盖，以防雨淋和杂物落入；米糠、麸皮、饼料易生霉菌，应密封贮藏。

③调整用水量和酸碱度　培养基的水分适当，酸碱度适宜，则发菌顺利，不易生杂菌。常见的问题是：用水时不称量，不测量酸碱度，更不进行调节。应该经常检测含水量，随时调整酸碱度。

④保护培养基　灭菌后的培养基应该加以保护。常出现的问题是：以为灭过菌，马虎了事，不遮不盖，污染严重。应该将出锅的培养瓶（袋）料加盖纱布或薄膜，入箱熏蒸前还要用新洁尔灭或来苏儿等药水擦洗，防止灰尘污染。

⑤严格执行无菌操作规程　接种工作技术性强，一要耐心，二要细致，切忌碰擦。经常出现的问题是：器械只熏不洗，只熏不擦酒精，或只擦酒精不灼，被污染后不重新烧等。正确的做法是：对接种的一切用具及容器，能洗的要洗干净，能熏的要熏蒸，能擦酒精的要擦酒精，能用酒精灯火焰烧的要用火焰烧。对大量的栽培种可以两人协作接种，把好火焰封锁关，一人持料瓶（袋），一人专接种，不离开火焰周围无菌区，配合默契，动作敏捷。

2）"断菌"

接种后，若菌种瓶内首先出现的是线状菌丝，在生长过程中某段发生"断裂"不相连现象叫"断菌"。引起"断菌"的原因是：培养料发酵过热、含水量过高、培养期间持续高温等。基于以上原因，要不断地调节培养料的温度与水分含量，以达到正常的范围，以杜绝"断菌"发生。

3）"退菌"

在菌种瓶内的培养基上，已长好的菌丝萎缩衰退的现象叫"退菌"。其原因是培养料中营养不足，料过干或过松，培养时温度过高，通风不良或遇虫害等。改善上述不良条件即可防止"退菌"的发生。

4）菌丝徒长

在菌种培养过程中，往往产生菌丝徒长结块的现象，这是由于菌种本身的气生菌丝生长过于旺盛，培养料中碳氮比例不当，氮素过多，料过湿，以及培养室空气湿度过大所致。预防方法：移植母种时少选气生菌丝，多选基内菌丝；培养料中含氮素多的物质要少用；料要稍干，并降低室内湿度。

5）"不吃料"

接种后有时菌丝出现"不吃料"现象。所谓菌丝"不吃料"，就是接入菌种瓶（袋）内的母种或原种块的菌丝不生长，有些菌种块上的菌丝虽然生长，但不往料内生长，以后逐渐萎缩变黄。此种现象发生的原因及预防方法是：

①培养料过干，菌丝不能长进料内。预防方法是补加水分。

②接种箱内消毒时，熏蒸药量过多或温度过高，致使菌丝受药害死亡。要求消毒用药必须按规定量，防止过量，接种箱在连续接种时，必须有一个通风冷却的间歇时间，防止箱内温度过高和氧气缺乏。

③高压灭菌以后，菌种瓶（袋）内温度尚未冷却即接种，致使菌种块菌丝遇高温而死亡。预防方法是：高压灭菌后，菌种瓶（袋）必须在室内自然冷却至30 ℃以下。

④接种工具未冷却或菌丝块靠酒精火焰太近，菌种菌丝被烫死或烧死。预防方法是：在接种时，接种工具在火焰上灼烧后伸入菌种试管、瓶（袋）内，应在管壁或瓶壁上冷却后再取菌种，取出的菌种块不要靠火焰太近，要迅速通过火焰上方送入菌瓶（袋）内，以免菌丝被烧伤。

⑤培养基配方不合理、配制不科学。如碳氮比不合理、pH不适、有不良气味等，致使菌种块不萌发或"不吃料"。因此，要选择科学配方，原料要新鲜无霉变，调整适宜的酸碱度。

⑥接入的母种或原种的菌丝体，因在不良环境条件下长期贮藏，已经衰老，生活力极差，失去生长能力。接种前必须仔细选择菌丝生长正常、生命力强的母种或原种来接种。

⑦菌种瓶（袋）内潜入螨类，咬食接种块，致使菌丝消失。应仔细检查菌种瓶（袋）内是否有螨类滋生并及时采取杀螨措施。

> **自主学习资源库**

1. 食用菌基础及制种技术问答．曹德宾．化学工业出版社，2015.

2. 国家食用菌标准菌株库菌种目录．黄晨阳，张金霞．中国农业出版社，2012.

3. 食用菌菌种生产技术（第2版）．刘晓龙，蒋中华．吉林出版集团有限责任公司，2010.

4. 食用菌栽培学．吕作舟．高等教育出版社，2006.

5. 易菇论坛：https：//bbs.emushroom.net/

任务 2-5　菌种的退化、复壮及保藏

任务描述

食用菌菌种是一类重要的自然资源。优良的菌种被分离选育出来后，必须采用适当的保藏方法尽可能地保持其原来的性状，防止菌种退化，以便随时为生产提供菌种服务。通过任务学习，能够按要求做好菌种的保藏工作，学会判断菌种是否衰退，能够对衰退的菌种按要求开展复壮操作。所需设备与材料：高压灭菌锅、鼓风干燥箱、冰箱、超净工作台、液体石蜡、斜面刚长满的平菇试管种。

知识准备

菌种保藏与复壮是生产中不可缺少的重要环节。选育出的菌种必须进行适当的保藏及复壮，才能减少变异与衰退，确保菌种的优良性能。

1. 菌种保藏

1）保藏目的及原理

目的：使菌种不死亡、不生长、不污染，保持其优良性状，尽可能长时间地在生产上应用。死亡和生长都是保藏失败的结果。

原理：创造低温、干燥、缺氧、少营养等不利于菌种生长的一切条件，使其代谢降到休眠状态。

2）食用菌母种保藏方法

①斜面低温法　即将长满的斜面种，放入 4~6 ℃冰箱保藏，一般可保藏 3~6 个月。特点：简便，可随时取用。但保藏时间短，易污染及退化。冰箱是保藏菌种的基本设备，靠它的低温降低菌种的代谢。一般每 3 个月转管一次，用时适温培养 12~24 h 再转管。注意：草菇不耐低温，须在 10~15 ℃下保藏，或注入防冻剂(10%甘油)再放入冰箱。

②矿油保藏法　将无色透明、黏稠、不被微生物分解的矿油注入菌种管中，淹没斜面，以隔绝空气、防止水分散失、抑制菌种代谢，达到菌种保藏目的。保藏 2 年，用时转管、再转管。该法创造了隔绝氧气的条件，防止培养基水分蒸发。缺点是矿油易燃，只能直立放置。

③自然基质保藏法　采用麦粒、麦麸等自然基质进行食用菌菌种保藏。主要包括以下步骤：

第一步，自然基质原料处理。麦粒处理方法：清水浸泡约 5 h，然后煮沸约 15 min，沥去明水，装管(一般装 2/5 管)，灭菌(152 kPa，1 h)，控制含水量不高于 25%。麦麸处理方法：拌湿、装管(一般装 2/5 管)、灭菌(152 kPa，30 min)。

第二步，接种。将菌种接种到处理好的自然基质上。

第三步，菌丝培养。根据菌种特性，在适当条件下培养菌种至菌丝长满基质。

第四步，干燥去水。将长好的菌种放在干燥器中 1 个月以上进行干燥。

第五步，把试管的棉塞换成硅胶塞，放冰箱中保藏。一般可以保藏 1 年以上。

自然基质保藏法的特点：防衰老、保藏时间长、接后生长旺。但易污染，灭菌要彻底。

2. 菌种衰退与复壮

菌种经长期人工培养及保藏，难免引起某些优良性状的减弱或丧失，必须及时进行菌种复壮。菌种的使用、保藏、复壮应密切结合。保藏、复壮都是为使用服务的，不保藏、复壮菌种，就容易使好种退化或绝种。

确保或恢复菌种优良性能的措施，称为复壮。菌种复壮是菌种生产中不可缺少的一项重要技术，是防止菌种退化的有效措施。

1）衰退表现及根源

表现：生长慢、抗性差、形态变、产量及质量下降。

根源：外因是传代过多，条件不适宜；内因是菌种遗传物质发生了不良变异。

2）复壮法

无性繁殖与有性繁殖交替，转管多次的菌种改用组织分离，可有明显复壮作用。无性繁殖较多的品种应改用孢子分离法，重新获得优良菌株后再转管使用。

改变培养条件：经常变换营养成分或添加酵母膏、氨基酸、维生素等，以提高菌种活力。反复使用单一配方，易导致菌种退化。

挑尖丝转管：每当接种时，都要取接年幼的尖端菌丝，以不断淘汰老化菌丝。

3. 防止衰退的有效措施

保证菌种的纯培养，不用被杂菌污染的菌种。严格控制菌种传代次数，尽量减少机械损伤，保证菌种活力。菌种不宜过长时间使用，应使用适宜菌龄的菌种。

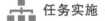
任务实施

母种保藏

1）保藏

(1) 斜面低温保藏法

利用增加了氮源和 K_2HPO_4 的保种培养基移接平菇母种，待菌丝长至斜面 2/3 时，选择菌丝生长细小整齐的母种试管，将试管口的棉塞用剪刀剪平。利用酒精灯在坩埚里溶化固体石蜡，用以密封试管口，在外包扎一层塑料薄膜。最后将试管斜面朝下，置于4 ℃冰箱里保藏。

(2)木屑培养基保藏法

提早两周，将母种移接入已灭菌的木屑培养基的菌种瓶内，待菌丝长满培养基1/2时，剪平瓶口棉塞，用蜡密封，包扎牛皮纸后置于4 ℃冰箱内保藏。

(3)矿物油保藏法

选择优良的母种试管放进已消毒的接种箱内，在无菌条件下操作。将种管竖立于试管架或铁丝筐内，将已灭菌的液体石蜡注入种管内，埋住菌苔，液体石蜡的量以高出斜面尖端1 cm为宜。最后用牛皮纸包扎试管口，立放，闭光保藏。

(4)孢子滤纸保藏法

将蘑菇或灵芝置入已消毒的接种箱里的插菇铁丝架上，插菇铁丝架立于装有灭菌滤纸条的培养皿内，待担孢子弹射在滤纸条上之后，用无菌镊子将载有担孢子的滤纸条移入灭菌的空试管内，塞入棉塞剪平，用石蜡融封，干燥、低温保藏。

2)注意事项

①用保种培养基增加有机氮含量；糖降至2%以下，以防产生能量及酸。琼脂增至2%～2.5%，以增加持水性。

②即将长满2/3时及时保藏。

③最好换胶塞。

④用前活化(重新移至新斜面上，活化前应适温放置12～24 h)。

⑤防止棉塞受潮、琼脂培养基干缩、杂菌污染等现象。

巩固训练

平菇试管种的液体石蜡保存法：选择合适的试管种进行液体石蜡保存法操作，应能按要求对液体石蜡进行消毒灭菌和脱水，会正确将液体石蜡添加到试管中，会正确摆放和保存添加了液体石蜡的试管种。

知识拓展

二级菌种、三级菌种质量鉴定

大体可分为以下三方面的内容：

①凡菌种瓶中出现被吞噬的斑块或直接发现有螨类活动，表明菌种已遭受螨类污染；凡菌种瓶中出现红、黄、黑、绿等各色杂菌孢子，瓶壁出现两种或两种以上明显不同菌丝构成的大大小小的分割区，瓶中散发出各种腐败、发臭等异味，都是遭受霉菌或细菌、酵母等杂菌污染的表现。均应予以淘汰，并及时进行妥善处置。

②凡菌种表面出现过厚的、致密的坚韧的菌皮，菌柱发生萎缩、脱壁，菌丝出现自溶

现象,菌种底部积存大量黄褐色液体,菌种表面及四周出现过多的原基或耳芽,都是菌种老化或某种生理状况欠佳的表现,不宜使用。

③严格剔除上述两类不合格菌种后,余下菌种中,符合该种食用菌的基本特征,且菌柱吃料彻底,上下长透,生长均匀,富有弹性者,即是合格菌种。

需要指出的是,上述二、三级菌种的质量鉴定,是针对菌种生产环节本身的质量管理而言的。至于菌种的生产性能,即在高产优质方面的表现如何,不能仅靠上述鉴定结果作出判断,而必须靠出菇试验和栽培实践去检验和证实。

自主学习资源库

1. 食用菌基础及制种技术问答. 曹德宾. 化学工业出版社,2015.
2. 国家食用菌标准菌株库菌种目录. 黄晨阳,张金霞. 中国农业出版社,2012.
3. 食用菌菌种生产技术(第2版). 刘晓龙,蒋中华. 吉林出版集团有限责任公司,2010.
4. 食用菌栽培学. 吕作舟. 高等教育出版社,2006.
5. 易菇论坛:https://bbs.emushroom.net/

项目3　木腐类食用菌栽培技术

学习目标

知识目标
（1）掌握常见木腐菌中平菇、香菇、木耳的生物学特性。
（2）了解木腐菌生产菌种制作及常见栽培技术。
（3）熟悉木腐菌的栽培管理技术。

技能目标
（1）掌握常见木腐菌中平菇、香菇、木耳的生产工艺流程。
（2）根据本地区气候特点因地制宜合理安排木腐菌的栽培生产，提高出菇的产量和质量。

任务3-1　平菇栽培

任务描述

要求掌握平菇的制种技术、栽培料配方和加工工艺、平菇的养菌和出菇管理技术、平菇病虫害防治技术、平菇保鲜、加工技术。主要工具和材料：棉籽壳、玉米芯、锯木屑、麦麸皮或米糠，蔗糖、石灰粉、过磷酸钙、石膏粉，平菇栽培种，菌袋，捆扎绳，接种工具，杀菌剂等。

知识准备

平菇营养丰富，含有多种抗肿瘤细胞的活性成分，具有提高人体免疫力等功能。常吃能有效抵抗流感和病毒性肺炎等病毒感染导致的疾病。平菇又名侧耳、糙皮侧耳、蚝菇、黑牡丹菇，种植范围广，目前主要栽培的国家有中国、日本、意大利等。20世纪初，意大利首先进行木屑栽培平菇的研究。1930年前后，我国在长白山林区开始栽培平菇。现在我国大部分省份均有平菇的商业化栽培。随着我国经济水平提高和人民生活水平改善，且我国的农业政策扶持加大，平菇产业的前景非常广阔。

广义的平菇是指担子菌门（Basidiomycota）伞菌亚门（Agaricomycotina）伞菌纲（Agaricomycetes)伞菌亚纲(Agaricomycetidae)伞菌目(Agaricales)侧耳科(Pleurotaceae)侧耳属[*Pleurotus*(Fr.)P. Kumm.]中可以食用和人工栽培的所有种类;而狭义的平菇专指糙皮侧耳[*Pleurotus ostreatus*(Jacq.)P. Kumm.]。平菇含有丰富的蛋白质、纤维素、8种人体必需的氨基酸和酸性多糖,经常食用平菇能改善人体新陈代谢、增强体质,对身体虚弱的人有营养补充功能。平菇人工栽培历史不长,却是全世界栽培最广泛的食用菌之一。因其具有适应性强、生长快、产量高、成本低、生产周期短、栽培方式多样、经济效益高等特点,是一种鲜嫩可口、肉质肥厚、高蛋白、低脂肪、药用价值高、有特殊风味的优质食用菌。近20年来我国大量栽培,且对其进行加工,产品远销海外。

1. 平菇的形态特征

平菇由菌丝体和子实体两部分组成。菌丝体是其营养结构。子实体是繁殖结构,既是产生孢子的结构也是我们食用的部位。

1)菌丝体

菌丝体(Mycelium)由大量菌丝组成,主要功能是分解和吸收培养料中的营养物质,以供子实体生长的需要。菌丝(Hyphae)是由孢子萌发产生或菌丝片段再生形成的中空的管状、丝状体。平菇的菌丝根据其生产阶段可分为三个阶段:初生菌丝、次生菌丝及三生菌丝。

(1)初生菌丝

孢子刚萌发而形成的菌丝称为初生菌丝,也可称作一次菌丝。平菇的初生菌丝较为纤细,生长速度缓慢且生活力差,初期呈单细胞多核的管状,后生产隔膜,变成多细胞单核菌丝,无锁状联合,不能产生子实体。

(2)次生菌丝

平菇的次生菌丝是由两条交配型不同的初生菌丝发生细胞质配合形成的双核菌丝。平菇的次生菌丝具有大而明显的锁状联合,在PDA培养基上生长快,呈绒毛状,洁白、粗壮、浓密、整齐,气生菌丝发达,爬壁力极强。

(3)三生菌丝

三生菌丝就是已经组织化了的次生菌丝,即组成平菇子实体的菌丝。

2)子实体

平菇子实体(图3-1-1)在自然基质或在配料上丛生或叠生,由菌盖和菌柄两部分组成。菌盖侧生于菌柄顶部,幼时扁半球形,后呈扇形或漏斗形。糙皮侧耳的菌盖一般为灰色至黑色,其他平菇属的种类则有白色、粉色、金黄色等各种颜色。菌肉较厚,菌褶延生。菌柄侧生,

图3-1-1 平菇的子实体形态(钟培星绘制)

实心。担子无隔，可产生4个担孢子。担孢子通常无色、光滑、长圆柱形或长椭圆形。孢子印多为白色。

2. 平菇的生活史

平菇为四极性异宗结合的食用菌，其整个生活史可人为划分为以下7个阶段：担孢子萌发，初生菌丝形成，细胞质配合，次生菌丝体形成，子实体形成，减数分裂，担孢子产生。在这7个阶段中，子实体形成阶段即平菇子实体的生长发育过程，是平菇栽培过程中最重要的阶段，这个阶段又可细分为以下几个阶段。

1）原基期

菌丝体生理成熟后，在适宜环境条件下扭结成团，在培养基质上形成一个个小凸起的时期。

2）桑葚期

平菇的原基进一步生长发育，形成白色或浅蓝色的米粒状结构，外形上看上去就像桑葚一般，所以叫桑葚期。

3）珊瑚期

桑葚期的子实体进一步生长发育，伸长成短杆状，顶端形成扁球形的菌盖，下部为圆柱状的菌柄，整体形态看上去如珊瑚一般，因此称为珊瑚期。

4）成型期

珊瑚期的子实体进一步生长发育，顶端的菌盖快速生长成扇形或漏斗形，形态上与菌柄具有明显差异，菌褶逐渐形成，子实体分化完成。

5）成熟期

此时期菌盖逐渐伸展开来，边缘逐渐变薄，光泽逐渐暗淡，担孢子逐渐成熟并开始弹射。

3. 平菇的生长发育条件

1）营养条件

平菇所需的营养包括碳源、氮源、无机盐、生长因子和水分。平菇是木腐类食用菌，具有较强的木质素和纤维素降解能力，用于栽培平菇的碳源常用的有木屑、棉籽壳等；在培养平菇母种时，也用葡萄糖、蔗糖等作为其碳源。氮源主要使用有机氮源，常用的包括麸皮、米糠、豆饼、豆粕等。碳氮比对平菇的生长发育具有重要影响，在配制平菇栽培料时，碳氮比一般约为 23∶1。在配制平菇栽培料中，通常加入石灰、石膏、磷酸二氢镁等来满足其无机盐的需要。由于生长因子需求量很少，且木屑、棉籽壳、麸皮等天然基质中通常含有足够平菇生长所需的生长因子，因此无须额外添加。栽培料的含水量控制在 65% 左右。

2) 温度

平菇菌丝生长温度范围为 3~35 ℃，最适生长温度一般为 28 ℃ 左右。平菇是变温结实性食用菌，其子实体的形成需要一定的温差刺激。不同平菇品种的子实体生长温度差异较大，但是它们的最适生长温度一般在 8~17 ℃ 范围内。根据不同品种原基形成阶段温度要求的不同，通常可以将平菇分为低温型、中温型、高温型和广温型 4 类：

(1) 低温型

子实体分化最高温度一般不超过 15 ℃，最适温度一般为 8~13 ℃。代表品种有 831 和白灵菇等。

(2) 中温型

子实体分化的温度为 16~22 ℃，最适分化温度为 15~20 ℃。代表品种有 4195、99 等。

(3) 高温型

子实体分化温度为 21~26 ℃。代表品种有高温 831、测 5 等。

(4) 广温性

子实体分化的温度为 3~34 ℃。代表品种有 792、802、推广 1 号等。

3) 基质含水量及空气湿度

平菇属喜湿性菌类，耐湿能力较强。野生平菇常在多雨或潮湿的环境中发生。人工栽培平菇，在菌丝生长阶段要求培养料含水量在 65% 左右。基质含水量过大会造成培养基透气不良，菌丝呼吸、代谢作用受影响，影响平菇长势。基质含水量过低，影响子实体发育，导致发育缓慢，长势干枯。菌丝生长期，对空气湿度要求不高，通常 70% 以下都可以，但是在子实体分化阶段则需要较高的空气湿度，一般需要 85%~95%。如果空气湿度过低，平菇的原基难以形成，已经形成的幼菇也会干枯死亡；反之，如果空气湿度过高，也不利于子实体的生长发育，而且还容易导致病害的发生。

4) 空气

平菇是好气性真菌，平菇的菌丝和子实体的生长发育都需要氧气，高浓度的二氧化碳会影响平菇的生长发育。因此栽培平菇时应尽量加强通风换气。如果通风不足，二氧化碳浓度过高，则可能导致原基难以形成，或形成菌柄细长、菌盖小、菌肉薄的畸形菇，严重时甚至形成只有菌柄无菌盖的珊瑚状畸形菇，完全丧失其商品价值。

5) 光照

平菇菌丝生长阶段不需要光线，平菇的菌丝体在黑暗中能正常生长，光线对平菇菌丝生长有抑制作用。平菇子实体生长发育则需要一定的散射光，光照强度一般在 200~1000 lx，无光照会影响平菇质量，光照过强则会抑制平菇生长，导致减产。

6）酸碱度

平菇对酸碱度的适应较广，pH 3~10 范围内均能生长，但喜欢偏酸环境，菌丝生长的最适 pH 为 6.5 左右。平菇生长发育过程中由于代谢作用会使培养料的 pH 逐渐下降，所以在配制平菇栽培料时应调节 pH 至 7~8，这样偏碱的环境还有利于防止杂菌的发生。

任务实施

平菇通常采用代料栽培的方式进行生产，代料栽培就是通过利用各种农林的副产品，如阔叶树木屑、秸秆、棉籽壳、落地棉等作为主要原料，再添加适量的辅助材料（如麸皮、米糠、菜籽饼、石膏粉、糖等），从而制作为适合平菇生长发育的栽培料。根据对栽培料处理方式的不同，又可以分为熟料栽培、发酵料栽培和生料栽培三种方式。

规模化栽培平菇为了保证产量、降低污染率、出菇整齐等，最普遍且广泛使用的栽培方法还是熟料袋栽技术，因此，本次主要介绍熟料袋栽技术。

熟料栽培是指将配制好的平菇栽培料先进行灭菌处理后，再用来栽培平菇的方式。平菇的熟料栽培通常采用袋栽模式。

1. 工艺流程

工艺流程如图 3-1-2 所示。

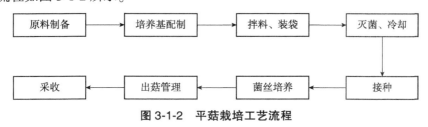

图 3-1-2　平菇栽培工艺流程

2. 栽培前准备

1）栽培场地

平菇栽培在培养室（棚）进行。培养室（棚）除新建外，应充分利用或改造空闲的房舍，其结构形式不拘。基本要求是：培养室周围 300 m 以内无畜禽养殖场、垃圾场、医院、排粉尘多的工厂，远离公路、人员活动较少的地方。培养室应坐北朝南，每间 30 m² 左右，地势高、干燥，环境卫生，空气新鲜。

出菇场地可选闲置房舍或遮阴大棚，要求有散射光，能保温保湿，通风换气方便，并且水源干净无污染（图 3-1-3）。室内栽平菇有利于控制温度，减少害虫、杂菌危害，生

图 3-1-3　平菇培养棚

产环境稳定，产量高等优点。大规模生产可搭建遮阴大棚立体出菇，效果较好。

2）栽培季节

平菇的栽培季节根据栽培方式而定，季节性栽培需根据菌丝生长和子实体形成时期的温度要求而定，不同的季节选择不同温型的栽培品种。设施化、工厂化栽培则可通过设备调控出菇环境因子，实现周年生产。

3. 栽培原料准备

1）主料

平菇栽培以木屑、稻草、玉米芯、棉籽壳、麦草、谷壳、甘蔗渣等为主料。稻草、麦草和玉米芯用粉碎机粉碎，以 2 cm 左右的筛孔为宜，若过细，料筒内的孔隙度过低，将影响菌丝的生长速度。可用2种及2种以上的主料混合使用。棉籽壳、玉米芯在拌料前需用石灰水浸泡过夜备用。

2）辅料

平菇栽培常以麸皮、米糠、玉米粉为辅料。主要提供平菇生长发育的氮素营养，同时还含有能促进菌丝生长的维生素。辅料应选择新鲜、无虫害的麸皮、米糠、玉米粉。其他辅料有石灰、石膏、碳酸钙、糖、过磷酸钙、尿素等。

3）栽培容器

一般选择聚乙烯或聚丙烯塑料袋，长×宽×厚度规格为（40～55）cm×（22～24）cm×（0.0025～0.003）cm。

4）其他

套环，封口纸，皮筋等。

4. 培养料配方

平菇栽培原料丰富，可根据当地资源情况选择培养基配方。常用配方有：

①稻草75%，麦麸（或米糠）20%，蔗糖1%，石膏粉1%，过磷酸钙1%，石灰2%。含水量65%。

②稻草30%，麦草15%，玉米芯30%，麦麸（或米糠）20%，蔗糖1%，石膏粉1%，过磷酸钙1%，石灰2%。含水量65%。

③稻草30%，麦草30%，棉籽壳20%，麦麸（或玉米粉）15%，蔗糖1%，石膏粉1%，过磷酸钙1%，石灰2%。含水量65%。

④玉米芯40%，稻草20%，棉籽壳20%，麦麸（或玉米粉）15%，蔗糖1%，石膏粉1%，过磷酸钙1%，石灰2%。含水量65%。

⑤玉米芯80%，麦麸（或玉米粉）18%，蔗糖1%，石膏粉1%。含水量65%。

⑥玉米芯60%，木屑20%，麦麸（或玉米粉）18%，蔗糖1%，石膏粉1%。含水量65%。

⑦棉籽壳50%，杂木屑30%，麦麸（或玉米粉）15%，蔗糖1%，石膏粉1%，过磷酸钙1%，石灰2%。含水量65%。

⑧甘蔗渣75%，麦麸（或米糠）20%，石膏粉1%，过磷酸钙1%，石灰3%。含水量65%。

⑨甘蔗渣45%，木屑30%，麦麸（或米糠）20%，石膏粉1%，过磷酸钙1%，石灰3%。含水量65%。

⑩杂木屑78%，麦麸（或玉米粉）20%，蔗糖1%，石膏粉1%。含水量65%。

5. 拌料与装袋

1）拌料

根据配方比例，适量称取各种原料。主料先加水预湿，然后沥去多余水分，加入辅料后，充分搅拌均匀，最后将石灰、石膏、过磷酸钙等溶于水后加入。拌料前期不宜加水过多，等所有原料加入并搅拌均匀后，通过加水控制含水量。

拌料采用人工拌料或机械拌料（图3-1-4）。正确掌握培养料的含水量是培养粗壮菌丝的关键。水分偏高，培养料内空气相对减少，菌丝由于缺氧生长速度缓慢，易老化、发黄，产量明显降低；水分太少，菌丝生长速度也会缓慢，纤细、瘦弱，密度低、松散，出菇迟，产量低。平菇培养料的含水量以65%左右最适宜，料水比一般为1:(1.3~1.4)。按照配方要求称量好各种培养料。首先预湿主料，与辅料充分搅拌均匀，将石膏粉、过磷酸钙、蔗糖、石灰溶于水中，与主料和辅料混合拌均匀，再按料水比加水充分拌匀。拌料加水时要边拌料边加水，要拌得均匀。简易测试含水量的方法是用手紧握料成团，松开即散为宜。

图 3-1-4 人工拌料

2）装袋

在装袋时要注意随时翻动料堆，以免料干湿不均匀。机械装袋要用力均匀，松紧适当，以免菌袋胀破。人工装袋先将袋的一端 6~8 cm 处折叠，然后装袋，边装袋边用手压实，注意尽量装紧。每袋装干料 1~1.2 kg。袋口用绳或橡皮筋扎紧，也可以套环，再用纸封口（图 3-1-5）。

图 3-1-5 人工装袋扎口

6. 灭菌与冷却

培养料装好袋后，应及时灭菌，防止基质变酸。可采用常压灭菌或高压灭菌。常压灭菌的原则是"攻头、保尾、控中间"，初期用大火猛攻，使温度迅速升高，4 h 内将仓内温度达 100 ℃后维持 8~12 h，灭菌结束后，在锅内闷 12 h（图 3-1-6），待料温降至 60 ℃以下后搬入冷却室进行冷却。要求冷却室干净卫生，并进行消毒。

图 3-1-6　常压灭菌

高压蒸汽灭菌，当温度达到 121 ℃时开始计时，稳压时间 2~3 h。灭菌时间达到后，切断电源，使压力自然下降，当压力表指针为 0 时，待料温降至 60 ℃以下搬入冷却室进行冷却。要求冷却室干净卫生，并进行消毒。

7. 接种

待袋料温度降到 25 ℃以下时，即可接种。接种可采用超净工作台、无菌接种箱或半开放式接种。接种前挑选合格的适龄菌种，用 75%酒精擦拭菌种外壁，将棉塞在火焰上方转动过火 2~3 圈，拔去棉塞，固定在瓶袋架上，让火焰封锁瓶口。右手执接种工具，经 75%酒精消毒和灼烧后，把菌种瓶内菌种捣成小块，把菌种接种到菌袋两头。如果用袋装菌种，可用大号镊子夹取适量菌种，接到菌袋两头。也可以把菌种瓶(袋)内的菌种捣碎，倒入已消毒的器皿中，尽量靠近火焰的无菌区，把菌种接入菌袋两头，接种量 1~2 匙。

8. 菌丝培养

接种后菌袋放入清洁、干净、已进行消毒处理的培养室(棚)进行菌丝培养。菌丝培养应根据气温采取相应的管理措施。温度低可单排堆叠，6~8 层，排与排之间相距 30 cm。若气温超过 25 ℃，应将菌袋散置或以井字形堆放 6 层，堆与堆之间要留出 40 cm 左右的距离，以利散热，防止菌袋烧菌(图 3-1-7)。也可用架子单排堆叠 3~4 层。

翻堆是菌丝培养期间的一项重要管理工作，一般每隔 7~10 d 翻 1 次堆，使堆内菌袋受温均匀，发菌整齐，出菇一致。菌丝培养 30~35 d，菌丝即可长满菌袋，有的表面已出现原基，表明菌丝已进入生理成熟，可适时地将菌袋移入出菇场地，进行出菇期的管理。

9. 出菇期管理

出菇场地要求洁净，通风良好，使用前进行消毒杀虫处理。当菌丝长满菌袋，菌丝表面分泌出黄色积液时，去掉两端的封口纸，单行堆放，室温控制在 15~25 ℃，保持空气

图 3-1-7 堆叠培养

图 3-1-8 出菇

相对湿度在 90% 左右，4~7 d 就可大量现蕾出菇（图 3-1-8）。当菌盖有 3~4 cm 大时每天轻喷、勤喷细雾水 2~3 次，适当通风换气。

10. 采收

一般在子实体发育达到八成熟，菌盖边缘尚未完全展开，孢子未弹射时及时采收（图 3-1-9）。此时采收，韧性好、破损率低、纤维质低，商品外观好，经济价值高。采收后要轻拿轻放，并尽量减少停放次数。

 巩固训练

平菇在食用菌中是一种较容易栽培的品种，由于其抗逆性强、易出菇等优势通常作为入行者首选品种。要求能够掌握平菇熟料袋料栽培技术，最终栽培出优质平菇，并且熟知平菇的生物学特性。

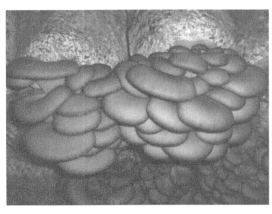 

图 3-1-9 采收平菇

 知识拓展

1. 平菇病虫害防治

1）虫害防治

虫害主要有菇蚊、菇蝇、瘿蚊、螨类等。

一旦发现虫害,就要准确了解各种虫害发生的特征及规律,尽可能早地采取相应的科学措施,以确保平菇栽培产量、质量双高。

虫害防治方法

①栽培场所要彻底消毒,各种培养料选择新鲜、无霉变、无害虫的,受潮变质的不可以用;

②用防虫网阻挡多种害虫入侵;

③重视培养料的前处理,拌料时加入高效低毒杀虫剂,减少发菌期幼虫繁殖;

④采用物理方法,在菇房内悬挂灭虫灯、张贴黄色黏虫板等诱杀成虫,减少成虫数量;

⑤药剂控制,对症下药,如虫螨一熏、康宁、甲维盐等高效低毒农药。

2）病害防治

根据危害方式及病原物类型不同可分为两种：非侵染性病害和侵染性病害。

（1）非侵染性病害

如畸形菇等。主要指栽培的过程中,由于其自身的生理缺陷或遗传性疾病,或者由于生长环境中不适宜的生理等因素直接或间接地造成反差生理活动的现象。这种病害没有病原物,不会传染,所以称生理性病害。

（2）侵染性病害

如木霉、链孢霉、黄斑病、软腐病;侵染性病害其实就是子实体被其他杂菌污染致使发病或者死亡。

在平菇栽培时，菇房内绝对禁用敌敌畏(子实体遇敌敌畏就会软蔫而死亡)。如果发生了苍蝇一类虫害的危害，只能用诱杀成虫，加强通风的方法防治。

自主学习资源库

1. 食用菌栽培学．杨新美．中国农业出版社，1996.
2. 食用菌病虫害识别与防治．刘克钧．江苏科技出版社，1992.
3. 食用菌栽培．张锐捷．高等教育出版社，1992.
4. 云南食用菌．张亚光．云南人民出版社，1984.
5. 食用菌生产技术图解．潘崇环．中国农业出版社，1999.

任务 3-2　香菇栽培

任务描述

历史上，香菇只在少数地区用段木或原木进行栽培，由于受到树木、地区、季节的限制，发展速度很慢。木屑栽培法为发展香菇生产开辟了一条新途径，代料栽培得以迅速发展。本任务通过对香菇的生物学特性、栽培管理技术等来了解、学习、掌握香菇知识及栽培技术。

知识准备

香菇[*Lentinula edodes*(Berk.)Pegler]，又名花菇、香蕈、香信、香菌、冬菇、香菰、椎茸(日本)、厚菇、板栗菇、椎菇、香蘑、薄菇、平庄菇(广东)等，属于真菌门(Eumycota)担子菌亚门(Basidiomycota)伞菌纲(Agaricomycetes)多孔菌目(Polyporales)多孔菌科(Polyporaceae)小香菇属(*Lentinula*)。香菇是世界第二大食用菌，也是我国特产之一，在民间素有"山珍"之称。

中国是最早栽培香菇的国家，距今有800多年的历史，经历了砍花栽培、近代段木接种栽培和现代代料栽培3个阶段。目前我国已成为世界上最大的生产国和出口国。主产地是福建、浙江、广东、湖北等南方省份。近十年来，我国北方香菇业也正在悄然兴起，并有蓬勃发展的势头。香菇的全球生产地主要分布于北半球的温带到亚热带地区，包括我国及日本、朝鲜、俄罗斯等。1958年，上海科学院陈梅朋研究出纯菌种木屑栽培，进而有了孢子分离培育纯菌丝制纯菌种，纯菌种接种段木栽培法和木屑菌砖栽培法。

香菇是食用兼药用菌，也是我国重要的出口产品。香菇肉质新鲜紧实，色香味俱全且含有丰富营养物质，是不可多得的绝佳健康食品，广受国内外消费者喜爱。

1. 香菇食药用价值

根据研究，每100 g干香菇含蛋白质18.5 g，脂肪1.8 g，碳水化合物54 g，粗纤维

7.8 g，灰分4.9 g，维生素和矿物质的含量也十分丰富。香菇含有18种氨基酸，其中7种是人体必需氨基酸。香菇中所含的碳水化合物以半纤维素也较多，包括甘露醇、海藻糖（菌糖）、葡萄糖等。香菇还有促进钙的吸收、降血脂、降胆固醇、抗病毒、抗肿瘤的作用。香菇多糖具有提高人体免疫机能的功能，同时香菇对癌细胞也有较强的抑制功效。香菇还具有延缓衰老的作用，香菇的水提取物对过氧化氢有清除作用。香菇还对糖尿病、肺结核、传染性肝炎、神经炎等具有治疗作用，又可用于消化不良、便秘等。主治食欲不振、身体虚弱、形体肥胖、肿瘤疮疡等病症。

2. 香菇生物学特性

1）形态特征

香菇由菌丝体和子实体两部分组成，是一种低温型变温结实性食用菌，在寒冷和干燥的条件下，菌盖表面开裂形成菊花状或龟甲状且露出白色的菌肉，叫花菇。

香菇子实体单生、丛生或群生，子实体中等大至稍大。菌盖直径5~12 cm，有时可达20 cm，幼时半球形，后呈扁平至稍扁平，表面浅褐色、深褐色至深肉桂色，中部往往有深色鳞片，而边缘常有污白色毛状或絮状鳞片。菌肉白色，稍厚或厚，细密，具香味。幼时边缘内卷，有白色或黄白色的绒毛，随着生长而消失。菌盖下面有菌幕，后破裂，形成不完整的菌环。老熟后盖缘反卷，开裂。菌褶白色，密，弯生，不等长。菌柄常偏生，白色，弯曲，长3~8 cm，粗0.5~1.5(2) cm，菌环以下有纤毛状鳞片，纤维质，内部实心。菌环易消失，白色。孢子印白色。孢子光滑，无色，椭圆形至卵圆形，(4.5~7) μm×(3~4) μm。双核菌丝有锁状联合。

2）生活史

香菇的生活史概括起来为：异宗结合，双因子控制，四级性。担孢子的性别是受两对遗传因子控制。单核菌丝或双核菌丝都能产生厚垣孢子，因此在香菇生活史中，除了从担孢子到担孢子的大循环外，尚有单核菌丝→厚垣孢子→单核菌丝，双核菌丝→厚垣孢子→双核菌丝的两个小循环（图3-2-1）。香菇整个世代所需要的时间，因营养和环境条件不同而异，在自然条件下完成一个世代通常1~2年，而在人工室内培育的条件下只需4个月至1年，甚至更短的时间。

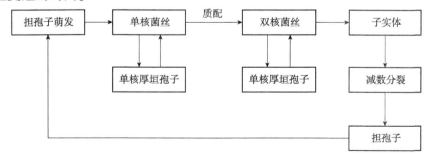

图3-2-1 香菇生活史

3. 香菇子实体发育

1）原基期

白色、黄豆大。

2）菇蕾期

菌柄与菌盖同粗，盖浅褐色；最好的观察时期是菌丝刚满块但还没有形成菌膜之前，因形成菌膜后菌丝扭结成团和菌膜的颜色差不多，不便于观察。

3）成型期

菌盖直径约 4 cm，未开伞；褐变以后，香菇子实体原基生长速度进一步加快。褐变部分形成菌盖，此时可以看到褐变部分和下面没有褐变的部分形成一条环状不太明显的分界，分界处可以看到原始菌褶。接着菌盖开始向下卷，菌柄明显分化，变粗加长，此时菌柄直径比菌盖直径大。当菌柄生长到一定阶段，菌盖生长加快，下卷到和菌柄连到一起，菌盖直径开始超过菌柄直径，长成伞形，形成我们一般看到的子实体的形态。此期称为成型期。

4）成熟期

盖开伞，边内卷，形似铜锣边。菌盖生长迅速，菌柄进一步生长变粗，最后菌幕破裂，子实体层完全裸露于空中，此时子实体上发育完全的担子有节奏地弹射出孢子。最后菌盖几乎完全开展，甚至平卷，最后衰老腐烂。

从以上可以看出，香菇子实层开始于褐变期原基的外侧，成型期时则包于菌幕之内，到成熟期时又裸露于空中。

4. 生长发育条件

1）营养条件

香菇是一种木腐菌。许多木材中含有香菇生长发育所需要的全部营养物质，壳斗科树种所含的养分最适合香菇的需要。早先用段木栽培，品质好、产量低、周期长、原料局限性大。代料栽培时，常以木屑为碳源，以麸皮、米糠、玉米粉等为氮源，并提供维生素等营养。使用木屑是为了确保香菇风味和商品质量。尽量不要添加化学合成物质。

（1）氮源

香菇菌丝能利用有机氮，也能利用无机氮的铵态氮，如硫酸铵，但不能利用硝态氮和亚硝态氮。氮源以氨基酸、蛋白质为最好，其次是铵态氮。在香菇菌丝营养生长阶段，碳源和氮源的比例以 $(25\sim40):1$ 为好，出菇阶段是 $(73\sim260):1$，氮含量过高会抑制香菇原基分化。

(2) 碳源

碳源的作用是构成细胞物质和供给能量。香菇所需要的碳源主要为葡萄糖、蔗糖、淀粉、木质素、纤维素和半纤维素等。香菇分泌相应的酶分解利用包括纤维素，半纤维素及木质素等有机碳源。

(3) 维生素类

香菇菌丝的生长必须吸收维生素 B_1，不需要其他维生素。

(4) 矿质元素

铁、锌、锰同时存在能促进香菇菌丝的生长，并且有相辅相成的效果。而钙元素和硼元素会抑制香菇菌丝的生长。

2) 环境条件

(1) 温度

温度对香菇的生长发育影响很大。香菇是变温结实性的低温型食用菌，菌丝体生长最佳温度为 25 ℃左右。子实体分化的最适温度因品种不同而不同，低温型品种为 5~15 ℃，中温型为 15~20 ℃，高温型为 20~25 ℃。

(2) 水分和空气湿度

香菇菌丝生长所需基质含水量因基质类型不同而异，木屑培养料含水量以 58%~65% 为宜，段木中的含水量以 35%~45% 为宜。香菇菌丝生长阶段的空气湿度以 60%~70% 为宜，而子实体发育与形成阶段的空气湿度通常要求不低于 85%。如果在菇蕾发生后，将空气湿度保持在 55%~68%，其他条件适宜，则能形成品质优良的花菇。

(3) 空气

香菇是好气性菌类，通风条件良好，菌丝生长速度快、健康苗壮、不易被污染；产生的子实体肥厚、柄偏短而粗，且不易形成畸形菇。通风条件好，也有利于空气相对湿度的降低，促进花菇的形成。

(4) 酸碱度(pH)

香菇是较为典型的喜酸性菌类，偏酸的环境有利于香菇菌丝生长。香菇在 pH 3~7 范围内均可生长，但是以 pH 4.5~5.5 最合适。由于香菇在菌丝生长过程中会产生酸性物质，导致基质逐渐变酸，因此，在配制香菇栽培料时，通常用石灰、石膏粉等将 pH 调至 7.0 左右。

(5) 光照

光会抑制菌丝的生长，菌丝体黑暗条件下生长迅速且浓密洁白；在强光条件下则生长缓慢。子实体分化和生长发育阶段需要一定的散射光。一定量的散射光能促进菌盖的生长和着色，并有利于子实体的分化。光线过暗会影响子实体的菌盖和菌褶的发育，并且其颜色浅、盖小柄长，品质较差。实际生产时，原基即使在直射阳光下，只要温度不高，子实体就能够正常发育，且易形成花菇。

5. 香菇的品种

香菇品种很多，根据不同的分类方式，可以分为不同的品种。

1）根据适用的栽培基质类型不同划分

(1) 段木种

段木栽培是最优良方式，耐干旱效果好，出菇期时长短。241、8210 等属于较好品种。

(2) 木屑种

木屑栽培较为适合，耐湿性较强，出菇期较短。Cr-04、Cr-63、L-66、241-1、135、939、856 等为较好品种。

(3) 草料种

木屑和一定比例的秸秆混合料栽培比较适合此类品种，Cr-04、L-66 为较好品种。

(4) 两用种

可以使用段木或木屑、草料等代料栽培。8001、241-4、7402 等为常见品种。

2）根据生长周期不同划分

(1) 早生种

接种后 70~80 d 出菇，大多数出菇温度较高，常见品种有闽丰 1 号、武香 1 号等。

(2) 晚生种

一般在接种后 120 d 出菇，大多数出菇温度较低，常见品种有 241-1、135 等。

3）根据适宜的温度划分

(1) 低温品种

属于冬季品种，适宜的出菇温度为 5~15 ℃。该类品种菌肉结构紧密，盖厚柄短，品质优良。

(2) 中温品种

该类品种适合在秋季种植，适宜的出菇温度为 10~20 ℃。该类品种菌肉质地较紧实，菌盖比较厚，柄较短，品质优良。

(3) 高温品种

该类品种适合在春季种植，适宜的出菇温度为 5~25 ℃。该类品种菌肉质地松软，菌盖较薄，菌柄较长，品质一般较差。

(4) 广温品种

适宜的出菇温度为 8~28 ℃，代料种多数为这类品种。菌肉质地常随温度改变而异，低温时质地紧密，柄短肉厚，品质优良；高温时菌盖小而薄菌，柄细长。

1. 栽培工艺流程

香菇栽培工艺流程如图 3-2-2 所示。

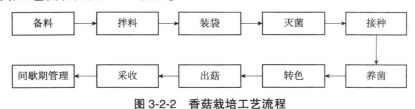

图 3-2-2　香菇栽培工艺流程

2. 栽培前准备

1）栽培场地

香菇栽培场地要求清洁卫生，地势平坦，排灌方便，水源丰富无污染，通风良好，生态环境良好，周边无化工厂、扬尘工厂、矿厂等污染，50 m 内无垃圾场、畜禽舍等，避开学校、医院等公共场所。

香菇栽培需要厂房，包括原料储存库、拌料装袋间、灭菌间、接种室（接种棚）、培养室（棚）、出菇室（棚）。也可采用遮阴大棚（北方采用保温大棚）进行栽培（图 3-2-3）。出菇场地应根据香菇的生物学特性进行选择，选择温度、湿度及温差等有适宜条件的场地。

常遭冰雹袭击、易遭洪水淹没的场地不适合选做菇场。东西走向的畦，可以适当偏南或者偏北，生产季节的安排要根据市场行情地势较高的地块或坡地应做低畦，地势低洼的地块应作平畦或高畦。

图 3-2-3　香菇出菇大棚

2)栽培季节

香菇栽培在中温条件下培养菌丝,在低温条件下出菇,根据香菇的生物学特性,特别是温度特性选择适宜的栽培季节。香菇从菌丝培养到出菇(也称菌龄)需要 90~120 d,根据不同品种龄和适宜出菇温度选择菌棒生产及出菇季节。香菇根据出菇时间可以分为春菇、夏菇和秋菇。春栽香菇多在 3~5 月出菇,夏栽香菇多在 5~9 月出菇,秋栽香菇多在 9~11 月出菇。

生产季节的安排要根据市场行情、品种特性和栽培方式综合决定。根据目前栽培状况看,我国绝大部分香菇主产区的正常生产季节分秋菇和春菇两季,秋菇多在 9~11 月出菇,春菇在第二年 3~5 月出菇。

3)栽培原料准备

香菇生产中常以质地坚硬的阔叶树杂木屑为主要原料,以麦麸、米糠、玉米粉等为主要辅料,要求新鲜、洁净、干燥、无虫、无霉、无异味。同时添加少量糖、石灰、石膏、碳酸钙、过磷酸钙等物质。

4)菌种选择

应根据不同栽培季节选择适宜的栽培品种,常见栽培品种有 L808、庆科 20、庆科 212、武香 1 号、申香系列等。在引种进行栽培前需先进行品比试验后再大规模栽培。菌种需选择种性明确、表现优良、菌龄合适、无污染的优质菌种作为栽培生产使用。

香菇栽培种通常采用固体菌种。为了提高接种效率,也可用胶囊菌种和液体菌种。

3. 培养料配方

常用培养料配方有:
①杂木屑 80%,麦麸 15%,石膏 2%,普钙 1%,白糖 1%,石灰 1%。含水量 60%。
②杂木屑 78%,麦麸(米糠)20%,石膏 1%,白糖 1%。含水量 60%。
③杂木屑 80%,麦麸 19%,石膏 1%。含水量 60%。
④杂木屑 78%,麦麸 18%,石膏 1%,碳酸钙 1%。含水量 60%。

4. 拌料、装袋

1)拌料

拌料可人工拌料或机械拌料。栽培生产中,通常采用机械拌料,拌料设备与装袋通常为成套设备,根据规模大小选择不同规格的拌料设备。根据培养料配方称取原材料,将各培养料混合混匀,使培养料初始含水量为 60% 左右,即手抓一把,用力一握,培养料在掌中能成团,用力一抖培养料自然散开,表明干湿合适。

2）装袋

香菇长棒袋料栽培菌袋规格为直径(15~18)cm×长(55~60)cm×厚度(0.05)cm。料拌均匀后，为防止培养料酸败，应抓紧时间进行装袋，一般从原料搅拌到装袋结束最好不超过6 h。香菇装袋通常采用冲压装袋机，装袋要求在袋不破裂的情况下料袋尽量装紧。装料结束后采用扎口机进行封口，快速方便(图3-2-4)。随后人工检查菌棒并扎一直径3~5 mm小孔，贴上带有微孔的胶布，使在灭菌时菌袋不易胀破。培养料装好袋后，应及时灭菌，防止基质变酸。

5. 灭菌与冷却

菌袋灭菌可采用常压灭菌或高压灭菌。常压灭菌形式多样，简单方便，投入低，被普遍使用。

(1)常压灭菌

常压灭菌的原则是"攻头、保尾、控中间"，初期用大火猛攻，使温度迅速升高，4 h内将仓内温度达100 ℃后维持20 h以上(海拔高，气压低、水沸点低，灭菌时间应相应增加，云南地区采用常压灭菌通常保持36 h，灭菌效果较好)，灭菌结束后，待料温降至60 ℃以下出锅，进行冷却(图3-2-5)。

图3-2-4 装袋、扎口

图3-2-5 常压灭菌

(2)高压灭菌

高压蒸汽灭菌，当温度达到121 ℃时开始计时，稳压时间2~3 h。灭菌时间达到后，切断电源，使压力自然下降，当压力表指针为0时，待料温降至60 ℃以下出锅，进行冷却。

6. 接种

香菇菌棒接种可采用人工接种和机械接种。目前多数采用人工接种。常采用接种箱接种(图3-2-6)或设施条件好的企业在净化条件下流水线接种。规模化生产企业，也使用香菇固体菌种自动接种机器接种。

香菇菌棒的接种需严格按照无菌操作要求进行，接种环境、工具、手等需要严格消毒。接种箱接种方法：将灭菌后的菌棒和接种工具放入接种箱，采用气雾消毒剂熏蒸消毒，接种时使用75%酒精擦拭手、工具、菌种瓶（袋），然后用打孔棒（器）在菌棒一面打3个接种穴，相对面错开2个接种穴，也有的在菌棒一面打4个接种穴（图3-2-7），然后将成块菌种放入接种穴，压紧，使菌种与料充分贴合，菌种略高出料面。然后迅速套上菌筒外袋或在接种口用专用胶布封口，防止杂菌污染。净化流水线接种是在净化层流罩下进行接种操作方法，操作与接种箱接种相同。

图3-2-6 接种箱接种

图3-2-7 接种（四穴接种）

7. 菌丝培养

接种后，菌棒移入培养室或培养棚（也称发菌室或发菌棚）进行菌丝培养。菌棒培养可在大棚内码堆培养，或直接上架避光培养（图3-2-8）。发菌室（棚）使用前要提前消毒杀菌处理。室内温度控制在20~25 ℃，空气相对湿度不高于60%。

翻堆：菌棒培养7 d后进行一次翻堆，检查发菌情况和菌袋是否有杂菌感染，污染袋及时处理。以后每隔7~10 d翻堆一次。

脱外袋、刺孔：菌棒培养过程中，当菌丝直径8~10 cm时，即可脱掉外袋（图3-2-9），此时通常也会进行刺孔放气，在菌圈外缘内侧2 cm处打4~5个深1~2 cm的小孔，增氧促进菌丝生长（俗称放小气）。

当菌棒基本满袋，用刺孔设备在菌棒四周进行刺孔放气（俗称放大气）（图3-2-10）。刺孔放气后菌棒氧气增加，菌丝生长呼吸代谢增强，会使菌棒温度升高，此时要注意加强通风，防止"烧包"情况发生。因此，尽量选择环境温度较低时刺孔，环境温度高于28 ℃以上时，尽量不要刺孔。

图3-2-8 上架培养

图3-2-9 脱外袋

图3-2-10 菌丝满袋刺孔

8. 转色

香菇菌棒经过 60~70 d 的培养,菌丝长满菌袋。此时,菌棒表面出现瘤状物,可进行转色管理。转色是指随着香菇菌丝生长,表面白色菌丝倒伏后,分泌色素使菌棒表皮逐渐形成褐色或茶褐色菌皮的过程,是香菇栽培最为关键的过程(图3-2-11)。转色是否正常直接影响到香菇的产量与质量,转色太浅、不均或太深都不利于香菇出菇。

图3-2-11 转色

(1)转色开始标志

菌丝表面起蕾发泡,接种穴周围出现不规则小泡隆起;接种穴和袋壁部分出现红褐色斑点;用手抓起菌袋有弹性感时,就表明菌丝已生理成熟。

(2)转色管理

转色可脱袋转色和不脱袋转色。菌棒转色温度控制在 20~24 ℃,空气湿度控制在 80% 左右,有适当散光照射,通风良好。

9. 出菇管理

菌袋经过培养、转色、营养积累,使菌丝达到生理成熟后,当外界气温达到 8~21 ℃ 时,应进入出菇管理阶段。栽培出菇模式常有地摆出菇模式、层架出菇模式和覆土出菇模式(图 3-2-12 至图 3-2-14)。空气比较干燥的地区通常采用大棚地摆出菇模式,菌棒与菌棒距 5 cm 左右。空气湿润可采用大棚层架出菇,一般 5~6 层,层距 30~40 cm,层架宽 35~45 cm,层架过道 50~60 cm。

图 3-2-12　地摆出菇模式

图 3-2-13　层架出菇模式

图 3-2-14　覆土出菇模式

(1)催蕾

香菇属于变温结实型食用菌,在催蕾阶段,出菇棚内温度控制在 10~22 ℃,昼夜温差达 5~10 ℃,空气相对湿度控制在 85%~90%。

(2)育菇

子实体生长阶段,棚内温度控制在 8~20 ℃,空气相对湿度控制在 85%~90%,加强通风保持新鲜空气,有一定散光照射。适宜花菇形成的湿度是50%~70%,最适湿度为50%~55%,最适温度为12~16 ℃,最高温度控制在20 ℃左右。保持10 ℃以上温差,适宜培育花菇。

10. 采收

香菇从现蕾到采收,所需时间因品种、温度、湿度等条件不同有一定差异,一般7~10 d菌盖展开60%~70%。边缘内卷,菌膜未开仍清晰可见,即可采收(图3-2-15)。采收坚持先熟先采的原则。菇的干燥法有烘干和晒干两种,目前多采用烘干和烘晒结合法。香菇烘干后,应立即按菇的大小、厚薄分级,而后迅速装箱或装入塑料袋密封,置干燥、阴凉处保藏。

11. 间歇期管理

香菇采收后,要充分养菌,一般需要7~10 d,如果菌棒水分消耗较多,水分不足,应及时进行水分补充。香菇菌棒补水方式有注水和浸水两种方式。一般补水至出菇前菌棒重量的90%左右,补水后再进行催蕾出菇。

图3-2-15 采收

 巩固训练

香菇栽培技术较为复杂,需掌握整个栽培管理技术,尤其是萌发后的脱袋透气、刺孔转色、补水等重要流程,与是否出菇以及出菇产量息息相关。要求掌握技术,并能栽培出优质香菇。

 知识拓展

香菇的药用成分

香菇多糖:是具有特殊生理活性的物质,也是香菇中最有效的活性成分。它能抑制癌细胞活性和提高人体免疫功能,被认为是T淋巴细胞的特异性免疫佐剂,能增强对抗原刺激的免疫反应,使T淋巴细胞功能得以恢复,有效抗癌。

核糖核酸:可产生抗癌的干扰素,达到预防癌症的作用。

硒:能有效清除体内的自由基,增强人体免疫功能,预防胃癌、食管癌等多种消化系统疾病。

哪些人不宜食用?香菇中含有丰富的嘌呤,会增加血液中的尿酸,痛风患者不宜食用;香菇性腻滞,产后、病后和胃寒有滞者不宜食用。

自主学习资源库

1. 中国的真菌．邓叔群．科学出版社，1963．
2. 食用菌学．张雪岳．重庆大学出版社，1988．
3. 食用菌栽培．王立泽．安徽科学技术出版社，1995．
4. 药用菌物学．李玉．吉林科学技术出版社，1996．
5. 食用菌生产技术手册．吕作舟．中国农业出版社，1992．

任务 3-3　黑木耳袋料栽培

任务描述

本任务主要介绍了黑木耳的相关理论知识及栽培管理技术，包括黑木耳介绍、生物学特性、栽培技术、出菇管理技术等。通过学习本任务了解黑木耳，掌握栽培技术。

知识准备

1. 概述

1）分类学地位

黑木耳（*Auricularia heimuer*）又称木耳、光木耳、细木耳、耳子、川耳、云耳等，隶属于担子菌门（Basidiomycota）伞菌纲（Agaricomycetes）木耳目（Auriculariales）木耳科（Auriculariaceae）木耳属（*Auricularia*）。因形似耳，加之其颜色黑褐色而得名。

2）形态特征及分布

生长于阔叶树的腐木上，单生或群生。新鲜的黑木耳呈胶质片状，半透明，侧生在树木上，耳片直径 5~10 cm，有弹性，腹面平滑下凹，边缘略上卷，背面凸起，并有极细的绒毛，呈黑褐色或茶褐色。干燥后收缩为角质状，硬而脆，背面暗灰色或灰白色；入水后膨胀，柔软而半透明，表面附有滑润的黏液。

黑木耳人工栽培始于我国，我国木耳的自然分布北至黑龙江、吉林，南到广西、贵州，西起陕西、甘肃，东至福建、台湾，遍及 20 多个省份的广大地区。黑木耳是我国传统的出口商品之一，产量居世界首位。

3）食药用价值

黑木耳作为一种胶质食用菌，质地鲜脆，嫩滑爽口，蛋白质含量、维生素 B 含量丰富，具备人体必需的 8 种氨基酸。黑木耳被营养学家誉为"素中之荤"和"素中之王"，每

100 g 黑木耳中含铁 185 mg，它比绿叶蔬菜中含铁量最高的菠菜高出 20 倍，比动物性食品中含铁量最高的猪肝还高出约 7 倍，是各种荤素食品中含铁量最多的。黑木耳中含有丰富的纤维素和一种特殊的植物胶原，这两种物质能够促进胃肠蠕动，促进肠道脂肪食物的排泄，减少食物中脂肪的吸收，从而防止肥胖；同时，由于这两种物质能促进胃肠蠕动，有利于体内大便中有毒物质的及时清除和排出，从而预防直肠癌及其他消化系统癌。经常便秘的老年人坚持食用黑木耳，常食木耳粥，有助于预防多种老年疾病、抗癌、防癌和延缓衰老。

黑木耳还有多种药用价值，是一种珍贵的药材。明代著名医药学家李时珍在《本草纲目》中记载黑木耳性味甘平，是优质天然补血品：黑木耳有补气血、润肺、止血、乌发的功效。黑木耳用于气虚血亏，四肢搐搦，肺虚咳嗽，咯血，吐血，衄血，崩漏，高血压病，便秘。

鲜木耳不宜直接食用。因其含有一种卟啉光感物质，人食用后经过阳光照射可引起皮肤瘙痒和水肿。但干木耳经过水发后，卟啉会溶于水，可安全食用。

2. 生物学特性

1) 菌丝体

黑木耳菌丝体无色透明，由许多具有横隔和分枝的绒毛状菌丝所组成，菌丝空间充满胶状物质，使它具有对干湿气候剧烈变化的适应能力。单核菌丝只能在显微镜下观察到。菌丝是黑木耳分解和摄取养分的营养器官，生长在木棒、代料或斜面培养基上，如生长在木棒上则木材变得疏松呈白色；生长在斜面上，菌丝呈灰白色茸毛状贴生于表面，若用培养皿进行平板培养，则菌丝体以接种块为中心向四周生长，形成圆形菌落，菌落边缘整齐。菌丝体在强光下生长，分泌褐色素使培养基呈褐色，在菌丝的表面出现黄色或浅褐色。另外，培养时间过长，菌丝体逐渐衰老，也会出现与强光下培养的相同特征。

2) 担孢子

子实体成熟后产生大量担孢子，担孢子还能产生分生孢子。担孢子通常是一个核的单位体结构，肾形，长 9~14 μm，宽 5~6 μm。大量担孢子聚集在一起时形成一层白色粉末。

3) 生态习性

黑木耳在自然条件下，生于枯死的阔叶树枝干、树桩上，对垂死的树木有一定的弱寄生能力。黑木耳喜欢温暖、潮湿的气候，一般在雨后发生。一般春季至冬季密集成丛，丛生于榆树、杨树、柳树、枫香树、栎树、榕树、槐树等 120 多种阔叶树的朽木上。主要分布于温带和亚热带地区。中国木耳的生产区是湖北北房和随州，四川青川，云南文山、红河、保山、德宏、丽江、大理、西双版纳、曲靖等地州市，河南省卢氏县、伏牛山，陕西秦岭、巴山，湖北神农架。大别山、武夷山等地也出产优质的黑木耳。

4）生活史（图 3-3-1）

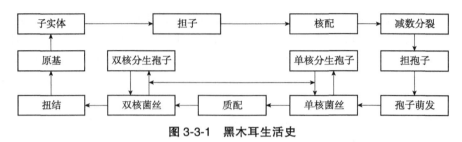

图 3-3-1　黑木耳生活史

3. 生长发育条件

黑木耳在我国很多地区都有野生，以黑龙江、吉林、湖北、浙江等地产量最多，多生长于枯死的阔叶树上。一般在气温达到 10 ℃ 以上、雨水充足的季节生产。随着人工种植的发展，人们逐渐摸索出了黑木耳最适的生长发育条件，包括营养、温度、湿度、光照、酸碱度等。

1）营养条件

(1) 碳源（主料）

木屑是人工栽培黑木耳的主要原材料，主料是平常的阔叶杂木木屑。在东北地区，柞木木屑是其主要原料。在柞木资源缺乏的地区，白桦、枫桦、榛柴在经过粉碎处理后同样可以当作主料使用。在水果主产区，枣树、苹果树、板栗、核桃树等树种经过粉碎之后同样能够作为黑木耳人工种植时的主要原材料。随着森林资源的不断减少，用来自农业生产中的下脚料来代替部分木屑进行试验也取得了巨大成效，如棉籽皮、玉米芯、大豆秸秆等。

(2) 氮源（辅料）

为了提高产量，需要在人工生产中加入一些辅料从而增加培养料的营养含量，其菌丝才能生长旺盛。常见的辅料有麦麸、稻糠、豆粕、玉米面等。也有部分地区会补加尿素、菇大壮等化学肥料。

(3) 微量元素

微量元素在黑木耳的生长的过程中不可或缺，如铁、锌、磷、维生素等，这类元素在普通培养料中就可以满足黑木耳的正常生长要求。生产过程中，一般加入石膏、白灰等矿物质元素，不仅可以补充钙质和微量元素，还能够调节培养料的酸碱度。

2）环境条件

(1) 温度

黑木耳属于中温型恒温结实性菌类，孢子萌发的适宜温度为 22~28 ℃，对温度的要求主要集中分为两个时期：①菌丝生产期，也就是常说的发菌期。黑木耳在发菌期最适的温度为 25 ℃，但在实际生产中分为几个阶段进行控制，一般在接种前三天为了促进菌丝快速萌发吃料，温度控制在 28~30 ℃，菌丝萌发后温度以 25 ℃ 为宜，菌丝满袋后一般控制在15 ℃以下。②子实体生长期，也就是出耳期。黑木耳出耳期一般适应温度为10～30 ℃，因品种不同最适温度也不尽相同。

（2）湿度

黑木耳培养料在拌料过程中一般要求含水量为60%左右，但要根据原材料的材质和颗粒大小灵活掌握。在出耳阶段黑木耳对湿度的要求比较高，一般要求湿度在95%以上，但要注意采用干干湿湿，干湿交替管理，有利于木耳优质高产。由于木耳子实体含有丰富的胶质，当木耳遇到短期干旱环境也不会干死，耐旱力强。

（3）光照

黑木耳菌丝可以在完全黑暗的环境下生长，光线对黑木耳菌丝的生长有抑制作用，所以在养菌期不需要光照。但黑木耳子实体生长过程中需要有充足的光照，如果光照不足会造成耳片变焦，抗病能力下降等现象，所以黑木耳出耳场地要尽量选择有太阳的地方。

（4）酸碱度

黑木耳菌丝生长喜欢在微酸性环境中生活，在pH 5.5左右生长最快。但在实际生产中为了提高对杂菌的抵抗能力和延缓培养料的酸变，一般把pH调整到7.5～8.0。

任务实施

我国黑木耳栽培方式有两种，段木栽培和代料栽培，由于加强林业建设、保护生态环境，所以目前木耳以代料栽培为主。

1. 工艺流程

工艺流程如图3-3-2所示。

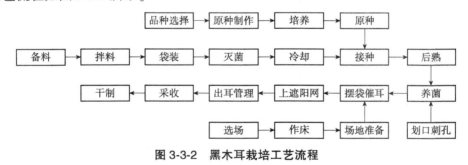

图3-3-2 黑木耳栽培工艺流程

2. 栽培前准备

1）栽培场地

黑木耳栽培场地要求清洁卫生，地势平坦，排灌方便，水源丰富无污染，通风良好，生态环境良好，周边无化工厂、扬尘工厂、矿厂等污染，50 m内无垃圾场、畜禽舍等，避开学校、医院等公共场所（图3-3-3）。

图 3-3-3　黑木耳栽培场地

黑木耳栽培需要厂房，包括原料储存库、拌料装袋间、灭菌间、接种室（接种棚）、培养室（棚）、出耳场或出耳棚、晾晒区（棚）。一般采用露天地摆出耳或立体吊袋出耳（图 3-3-4）。

①露天出耳　选好场地，平整作畦。畦高 10~15 cm，宽 1.2~2.4 m，长度根据场地而定，过道宽 40~50 cm。在畦床中间安装微喷灌，每隔 2.0 m 安装一个雾化喷头，或在畦床中间按喷水袋。畦面上铺一层塑料薄膜或遮阳网，防止杂草生长。

②立体吊袋出耳　需建设出耳大棚，用钢架结构或木质结构搭建南北走向大棚，要求结构坚固，有立柱、吊梁、斜拉等，两端开门，门宽 2 m 以上，大棚两侧设地锚用于压实棚膜和遮阳网。常规大棚，宽 6~10 m，棚中心点高 3.5~4 m，吊梁高度（棚肩高）2.5 m，长度 30~40 m 或根据场地而定。棚内宽边每隔 2.0 m 一根立柱，长边每隔 1.0 m 一根立柱，四周立柱下设预埋件，棚的四周打斜拉；棚上 2.5 m、离棚边 0.3 m 处设置第一排吊杆，与第一排吊杆间隔 0.5~0.6 m 设置第二排吊杆，两排吊杆为一组，留 0.6~0.7 m 过道设置第二组吊杆，依次类推设置多组吊杆。横梁上安装微喷灌，2 m 一个雾化喷头。覆盖棚膜与遮阳网，遮阳网要求双层，第一层遮光率 85%，第二层遮光率 95%。大棚地面铺上沙子或者碎石。

2）栽培季节

春秋两季可生产袋装黑木耳。2 月末至 4 月末培育菌袋是春季栽培最适宜的时机，长耳发生在 4 月初至 6 月初；8 月初至 9 月末是秋季培

图 3-3-4　露天地摆出耳、立体吊袋出耳

育菌袋的最佳时机，长耳发生在 9 月初至 10 月末。培育菌袋是袋栽黑木耳的首要步骤，需 40~50 d，再转入出耳，50~60 d 是生长期。

3）栽培原料准备

黑木耳是典型的木腐菌，在栽培生产中常以阔叶树杂木屑为主要原料，以麦麸、米糠、玉米粉等为主要辅料，要求新鲜、洁净、干燥、无虫、无霉、无异味。同时添加少量糖、石灰、石膏、碳酸钙、过磷酸钙等物质。

4）菌种选择

目前，小孔出耳是黑木耳栽培的主要出耳方式，小孔出耳栽培的菌种应选择耳根小、出耳整齐、耳片黑厚、单片耳、耐高温高湿、抗逆性强、产量高且稳定的品种。常见栽培品种有黑木耳916、黑29、新科等。在引种进行栽培前需先进行品比试验后再大规模栽培。菌种需选择种性明确，表现优良，菌龄合适，无污染的优质菌种作为栽培生产使用。

3. 培养料的配方

①杂木屑80%，麦麸15%，石膏2%，普钙1%，石灰2%，含水量60%。
②杂木屑78%，麦麸(米糠)20%，石膏1%，石灰1%，含水量60%。
③杂木屑80%，麦麸18%，石膏1%，石灰1%，含水量60%。
④杂木屑78%，麦麸18%，石膏0.5%，石灰0.5%，碳酸钙1%，含水量60%。
⑤桑枝木屑50%，杂木屑30%，麦麸(米糠)17%，石灰1%，石膏1%，碳酸钙1%，含水量60%。
⑥玉米芯60%，木屑25%，麸皮13%，石膏粉1%，蔗糖1%，含水量60%。
⑦玉米芯粉49.5%，杂木屑37%，麦麸10%，豆饼粉2%，石灰粉0.5%，石膏粉1%，含水量60%。
⑧棉籽壳44%，硬杂木屑43.5%，麦麸10%，糖1%，石灰粉0.5%，石膏粉1%，含水量60%。
⑨硬杂木屑86.5%，麦麸10%，豆饼粉2%，石灰粉0.5%，石膏粉1%，含水量60%。

在培养配料过程中，要杜绝污染源，拌料力要求均匀，严格控制水量。

4. 拌料、装袋

1）拌料

拌料可人工拌料或机械拌料。栽培生产中通常采用机械拌料，根据规模大小选择不同规格的拌料设备。根据培养料配方称取原材料，将各培养料混合混匀，使培养料初始含水量为60%左右，即手抓一把，用力一握，培养料在掌中能成团，用力一抖培养料自然散开，表明干湿合适。

2）装袋

(1) 菌袋选择

菌袋分为短袋和长袋。短袋通常是(16~17)cm×(34.0~37.0)cm的聚乙烯菌袋；长棒袋料通常是(15~18)cm×(55~60)cm×0.05 cm的聚乙烯菌袋。

(2)装袋方法

料拌均匀后,为防止培养料酸败,应抓紧时间进行装袋,一般从原料搅拌到装袋结束最好不超过 6 h。黑木耳装袋通常采用冲压装袋机(短袋、长袋)进行装袋,装袋要求在袋不破裂的情况下,料袋尽量装紧。装料结束后采用扎口机进行封口,快速方便。长袋通常扎一直径 3~5 mm 小孔,贴上带有微孔的胶布,使灭菌时菌袋不易胀破。培养料装好袋后,应及时灭菌,防止基质变酸。

5. 灭菌与冷却

1)常压灭菌

常压灭菌的原则是"攻头、保尾、控中间",初期用大火猛攻,使温度迅速升高,4 h 内将仓内温度达 100 ℃后维持 20 h 以上(海拔高、气压低、水沸点低,灭菌时间应相应增加。云南地区采用常压灭菌通常保持 36 h,灭菌效果较好)。灭菌结束后,待料温降至 60 ℃以下出锅,进行冷却。

2)高压灭菌

高压蒸汽灭菌,当温度达到 121 ℃时开始计时,稳压时间 2~3 h。灭菌时间达到后,切断电源,使压力自然下降,当压力表指针为 0 时,待料温降至 60 ℃以下出锅,进行冷却。

6. 接种

1)短袋接种

黑木耳短袋接种通常采用液体菌种或枝条菌种接种,接种速度快、效率高。液体菌种和枝条菌种制作参照本教材任务 2-3。通常采用液体菌种接种枪进行接种,每袋接液体菌种量为 15~20 mL,接种在净化层流罩下进行操作。

2)长袋接种

黑木耳长菌棒接种与香菇菌棒接种相同,可采用人工接种和机械接种。目前,多数采用人工接种。常采用接种箱接种,设施条件好的企业在净化条件下流水线接种。规模化生产企业,也使用固体菌种自动接种机器接种。

黑木耳菌棒的接种需严格按照无菌操作要求进行,接种环境、工具、手等需要严格消毒。接种箱接种方法:将灭菌后的菌棒和接种工具放入接种箱,采用气雾消毒剂熏蒸消毒,接种时使用75%酒精擦拭手、工具、菌种瓶(袋),然后用打孔棒(器)在菌棒一面打 3 个接种穴、相对面错开打 2 个接种穴,也有的在菌棒一面打 3~4 个接种穴,然后将成块菌种放入接种穴,压紧,使菌种与料充分贴合,菌种略高出料面。然后迅速套上菌筒外袋或在接种口用专用胶布封口,防止杂菌污染。净化流水线接种是在净化层流罩下进行接种操作方法,接种操作与接种箱接种相同。

7. 菌丝培养

接种后,短袋通常直接在菌种框内移入培养室进行培养。长袋培养可在培养室(棚)内码堆培养(图3-3-5)。发菌室(棚)使用前要提前消毒杀菌处理。室内温度控制在20~25 ℃,空气相对湿度不高于60%。

图3-3-5 菌丝培养

菌棒培养7 d后进行一次翻堆,检查发菌情况和菌袋是否有杂菌感染,污染袋及时处理。以后每隔7~10 d翻堆一次。菌棒培养过程中,当菌丝直径8~10 cm时,即可脱掉外袋,增加菌棒氧气含量,促进菌丝生长。

8. 刺孔、催耳

1)刺孔

菌袋培养40~60 d,菌袋长满白色菌丝,且有少量黑色原基形成,即达到生理成熟,进行刺孔(开口)(图3-3-6)。短菌袋每袋刺孔160~200个,孔径4~6 mm,孔深5~8 mm。长菌袋每袋刺孔190~220个,孔径4~6 mm,孔深5~8 mm。刺孔放气后菌棒氧气增加,菌丝生长呼吸代谢增强,会使菌棒温度升高,此时要注意加强通风,防止"烧包"情况发生。

2)催耳

刺孔后,进行集中催耳。长袋通常采用"井"字或三角形堆放,短袋放回原筐。温度15~22 ℃,空气相对湿度85%~90%,避光培养5~7 d,让菌丝快速恢复及生理成熟。待打孔完全愈合,孔眼菌丝变白即可进行吊袋或下地排场。

图 3-3-6 刺孔

9. 排场

1）吊袋

立体栽培吊袋，即在棚内吊杆上，系两根细尼龙绳或按品字形系紧三根尼龙绳，每组尼龙绳可立体吊袋 6~8 袋，袋与袋采用铁丝钩或三角片托盘进行固定，距离约 0.1 m，相邻两串距离 0.25~0.3 m，吊袋（挂袋）密度平均每平方米 60~70 袋。菌袋离棚顶的最高点约 1.5 m，离地面 0.4~0.5 m，保持棚内温度低于 27 ℃（图 3-3-7）。

2）地摆排场

在畦床上覆地膜，短袋直立摆放在地膜上，菌袋间距 10 cm，每平方米放置菌袋 25~30 棒（袋）。在准备好的畦床上，长菌袋斜靠在铁线上与地面呈 60°~70°，菌棒间距 6~10 cm，均匀排布，每亩排场 8000~10 000 棒（袋）（图 3-3-8）。

图 3-3-7 吊袋栽培　　　　　　　图 3-3-8 排场

10. 出耳管理

黑木耳出耳管理主要是水分管理。应根据天气情况灵活控制浇水量，做到晴天多浇水，阴天少浇水，下雨天不浇水。一般早晚浇水，晴天中午不浇水，以避免高温高湿烧包或流耳、烂耳。采用喷灌或微喷设施浇水，要求间歇性喷水、干湿交替的管理方法。

1）地摆出耳管理

菌袋催芽排场后，菌袋需要晒 2~4 d 后，再进行浇水。耳基形成期，早晚浇水，每次 5~10 min，早晚各 2~3 次。耳芽长大后，早晚浇水，每次 10~15 min，每天 3~4 次。当耳片直径 2~3 cm 以上时，每天浇水 3~4 次，每次浇水 20~30 min。阴天少浇水，雨天不浇水，掌握"看天喷水""看耳喷水"相结合，"干干湿湿"的原则。当耳片生长至 3~4 cm 时，停止喷水，晒 2~3 d，以利于袋内菌丝积累营养，然后喷水。至耳片不再生长时，再晒 2~3 d，这样反复 3~4 次，干干湿湿，耳片就可达到成熟。采收前 1~2 d，停止喷水。每潮黑木耳采收后视天气情况停止喷水 5~8 d，然后开始喷细水，使耳棒保持湿润，以利于料内菌丝恢复，待新耳基形成后，再进行育耳水分管理(图 3-3-9)。

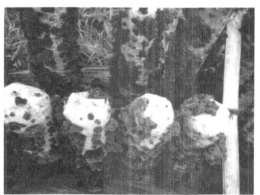

图 3-3-9 地摆全日光迷雾喷水及出耳

2）吊袋出耳管理

(1) 耳基形成期

吊袋 2~4 d 后，再喷雾状水，以轻喷、微喷为主，保持空气相对湿度 80%~90%，温度 15~25 ℃，促进耳基形成。清晨打开遮阳网 1~2 h 增加光照，每天通风多次，保持棚内空气新鲜。正常管理直到形成木耳原基(图 3-3-10)。

(2) 耳片分化期

此阶段喷雾状水，以耳片湿润不收边为宜，保持棚内空气相对湿度 80%~90%，保持原基表面潮湿不干燥，温度 15~22 ℃。全天通风，保持棚内空气新鲜，适当的散射光。

(3) 耳片展片期

此阶段加大喷水量，连续喷水 3 d，每天 3~4 次，每次 30~40 min。停水 2 d，干湿交

图 3-3-10　吊袋全日光迷雾喷水及出耳

替，保持棚内空气相对湿度 85%~95%。全天通风，保持棚内空气新鲜。这样反复 3~4 次，干干湿湿，耳片就可达到成熟。

图 3-3-11　晾晒

11. 采收及晾晒

根据产品用途和市场需求，适时采收。一般当黑木耳耳片达 3~4 cm，七八成熟时，应及时采收。采收前 1~2 d 应停止浇水，让耳片自然收干，可有效防止干制过程中由于耳片卷曲形成拳耳。采收最好选在雨后初晴，晴天要趁早在晨露未干、耳片处于潮软状态时采收。采收后将木耳置于晒耳床上及时晾晒（图 3-3-11），不能淋雨，晒干后按要求进行储存或销售。

12. 段木栽培

1）工艺流程

耳场的选场和清理→段木准备→接种与发菌→散堆排场→起棚上架→出耳管理→采收。

2）耳场的选择

应符合以下几个条件：

①耳场附近有丰富可以利用的耳木资源。

②耳场通风良好，以利于通风换气及排湿降温，防止霉菌滋生。

③光照充足，避北风，具有冬暖夏凉的特点。

④选择在不易受水害的砂质地面或平坦草地。

⑤靠近水源，最好是引水自流的小型水库、池塘的下方，以便取水喷雾、喷浇。

⑥选址在果园、菜园附近，进行多种经营，则更为理想。

3）耳场处理

①做好清理工作　除去地面灌木、刺藤、茅草。保留少量枝叶不繁茂而树体较高的阔叶树，适当遮阴。

②挖好排水沟　在耳场内挖一蓄水池，以备必要时进行喷雾。

③保留草皮　地面上的草皮、苔藓等不易腐败的植被物，不必铲除，以利保持湿度，防止水土流失和泥水溅污耳木。

④进行消杀　喷氯石灰（漂白粉），撒生石灰、敌百虫，进行菇场地面消毒。还可采取冬季火烧耳场的方法以减少来年的杂菌和害虫。

4）段木准备

①选树　耳树的种类很多，但不同的树种或同一树种在不同环境中生长，由于质地和养分不同，产耳量也有很大的差距。应尽量选择当地资源丰富、树皮厚度适中、不易剥离、树木和黑木耳亲和力强，能获得高产的树种。选段木时应注意保护好林木资源，特别是保留经济树种。大多数的阔叶树种均可用来进行栽培，我国主要是栎树、桦树。

在选树时，要考虑树龄在9年左右、直径在8~12 cm最合适。木质疏松、吸水性和通气性较好的树种，接种后出的菌丝定植、出耳早，但产耳年限短、产量低。木质坚硬的树种，通气和吸水性能差，接种后不易定植，菌丝定植则出耳晚，生长慢，但产耳年限较长。树龄小，树皮薄，则产耳年限短；树龄过大，养分不足，则出耳慢。生长在土壤肥沃和向阳坡上的树种，因养分足，生长快，边材大，心材小，木质松，栽培的黑木耳朵大肉厚，产量高。选树时，应根据实际情况进行综合考虑。

②砍树　树木处于落叶到新叶初发前都可砍树。一般选在冬至到立春，此时树木处在冬眠阶段，砍伐后皮层不易爆裂和脱落，不易受到杂菌感染，可保证黑木耳健康生长。

③剔枝　树砍倒后，不要立即剔枝，留住枝叶可以加速树木水分的蒸发，促使树干很快干燥，使其细胞组织死亡，同时有利于树梢上的养分集中于树干。因为北方较南方干燥，树木含水量也少，剔枝需在砍树后10~15 d再进行。剔枝时，要用锋利的砍刀从下而上贴住树干削平呈圆形，不能削得过深伤及皮层。削后的伤疤最好用石灰水涂抹，防止杂菌侵入和积水，还便于上堆排场。

④截段　放倒耳棒时便于贴地吸潮和耳棒的上堆、排场、立架、管理和采收。截时用手锯或油锯截成齐头，用石灰水涂抹消毒，可以减少杂菌感染。把树权收集起来用于栽培黑木耳，可减少浪费和保护环境。

⑤架晒　架晒是把截好的木棒，选择地势高燥、通风、向阳的地方，堆成1 m高左右的"井"字形或"鱼背形"小堆。可以很快地促进段木组织失水死亡。在架晒过程中，应该每隔10 d左右把上下里外翻动一次，促使耳棒干燥均匀。架晒的时间，要根据树种、耳棒的粗细和气候条件等灵活掌握。晒到30~45 d时，段木含水量水分约在50%以下，敲击段木时有清脆的声音，满足这个条件即可接种。

5）接种与发菌

(1) 木屑菌种

用打孔机、手电钻等打孔设备在段木上打直径 1.3~1.6 cm、深入皮下木质部内 1.5~2 cm 的洞，接入木屑菌种块。菌种应尽量成块，塞满孔穴，按紧，使菌种与穴内壁接触，然后盖上树皮盖。树皮盖的直径大于穴口直径，用小锤敲紧，使之与段木表面相平或用封口蜡涂抹，保证菌种的成活率(石蜡 70%、松香 20%、猪油 10%，加热溶化至沸，稍冷后用毛笔蘸抹)。

(2) 枝条菌种

要求大致与木屑菌种相同。接种时要求木条和耳木表面平贴，以免出现霉菌。

6）散堆排场

这个步骤的目的是使菌丝长成子实体，由营养生长转为繁殖生长。

(1) 接地平放

耳木间距 5~8 cm，使耳木吸收地潮；若是湿度不够，则早晚各喷一次，使其保持水分。之后以 10 d 为一个周期翻动耳木一次，大约一个月后，就可进行起棚上架。

(2) 离地平放

相较于接地平放，喷水量要多、感染的杂菌也少，通风效果更好。

(3) 半离地平放

和离地平放管理方法相似。坡向要朝阳，使耳木均匀接受阳光。

7）起棚上架

耳木上有过半数的耳芽长出时，黑木耳就进入了子实体生长发育阶段，即可起棚上架。起架时要因水分情况变化而变化：

①少雨耳木要竖平、注意补水。
②多雨耳木要更陡、不补水分。
③早晚都喷，每天两次。

注意，采耳后为了加强耳木通气，菌丝恢复，应减少喷水次数和喷水量，菌丝恢复后再喷水。

8）出耳管理

段木栽培出耳管理类似代料栽培的管理，具体可参照前文。

9）采收

在耳片展开的时候，边缘也会同步内卷，当耳腹中出现白色孢子粉，就到了采收的时刻。必须做到勤采、细采。生长期较长是黑木耳段木栽培的重要特点，在木耳生长的不同季节，采收方法也会相应不同。春耳的特点是朵大肉厚且色深质优，因而吸水效率特别高；秋耳的特点是朵形稍小，吸水率也较小，质量方面则次之。在春秋季采耳时，应该做到采大留小以及分次采收。雨后初晴，木耳收边或者晴天早晨露水未干以及木耳潮软时是采耳的最佳时机。采收时要注意使用手指将大耳齐基部一并摘下，同时要摘除耳木上所残留的耳根，否则会出现烂根留耳的情况。但耳芽需要留下，因为耳芽需要进行继续生长。在潮湿的天气时，需要及时采收成熟的木耳，否则也会出现烂掉的情况。

 巩固训练

木耳的栽培管理技术主要是菌丝长满菌袋后需要刺孔催芽，后期管理需要干湿交替，需要太阳光照射色泽才黑等，管理不当容易造成菌袋感染杂菌以及流耳、烂耳。因此，需要掌握出菇管理技术，最终栽培出优质黑木耳。

 知识拓展

1）正常情况下泡发木耳

可以用温水或冷水泡发一到两个小时，然后用开水焯 5~6 min，捞出后控干水分到不滴水的状态，再放到盆或者碗里用保鲜膜盖好，放入冰箱冷藏。5~7 d 内要吃完。

2）改善心肌缺氧

木耳多糖能延长小鼠常压耐缺氧实验的生存时间，提高生存率，提示木耳多糖对改善缺血心肌对氧的供求。

3）不适宜人群

有出血性疾病、腹泻者的人应不食或少食；孕妇不宜多吃。

4）选购忌

朵型小而碎，耳瓣卷而粗厚或有僵块，身湿肉薄、表面色暗，体质沉重，朵灰色或褐色的为次。选购黑木耳时要选择朵大适度、体轻、色黑、无僵块卷耳、有清香气、无混杂物的干黑木耳。黑木耳不应混有其他杂物。取适量黑木耳入口略嚼，应感觉味正清香。如果有涩味，说明用明矾水泡过。有甜味是用饴糖水拌过。有碱味是用碱水泡过。

自主学习资源库

1. 食用菌生产新技术. 张水旺. 中国农业出版社，1994.
2. 食用菌制种指南. 张普安. 上海科学技术出版社，1989.
3. 地栽黑木耳图册. 刘永宏等. 台海出版社，2000.
4. 食用菌制种技术. 汪昭月. 金盾出版社，1996.

项目4 草腐类食用菌栽培技术

 学习目标

知识目标
(1)掌握草腐菌的生物学特性。
(2)了解草腐菌常见栽培方式。
(3)全面掌握草腐菌的栽培管理方法。

技能目标
(1)能做好双孢蘑菇生产场地的规划。
(2)能够采用常用的发酵技术进行培养料的处理。
(3)能够合理按照操作流程进行草腐菌的生产。

任务 4-1 双孢蘑菇栽培

 任务描述

草腐菌是生长在粪草基质或腐草基质上的菌类,以纤维素和半纤维素为碳源,不能利用木质素。人工栽培用发酵腐熟的农作物秸秆、木腐菌栽培后的菌渣、家畜禽粪等作为培养料。草腐菌类主要有双孢蘑菇、草菇、姬松茸、鸡腿菇、金福菇等。

随着国家大力倡导秸秆综合利用和发展循环经济政策的出台,草腐菌栽培技术推广已经超过木腐菌,特别是秸秆资源丰富地域,发展草腐菌替代消耗木材资源的木腐菌已经成为发展绿色生态农业、建设节约型社会的重要抓手。

通过本任务的学习,掌握双孢蘑菇的生物学特性,了解双孢蘑菇生产概况和常用的栽培品种,熟悉双孢蘑菇栽培模式,掌握双孢蘑菇培养料发酵制作技术和栽培管理技术。

知识准备

1. 概述

1）双孢蘑菇的价值

双孢蘑菇[*Agaricus bisporus*(J. E. Lange)Imbach]简称蘑菇,俗称口蘑、白蘑菇、洋菇等。双孢蘑菇色质白嫩,肉质鲜美,营养丰富,蛋白质含量高(与牛乳相当),脂肪含量低(牛乳的1/10),富含精氨酸、亮氨酸、维生素 B_1、维生素 B_2、维生素 C、磷、钠、锌、钙、铁等人体必需营养,具有助消化、降血压、防癌抗肿瘤、保肝、增强免疫力等食疗价值。其栽培原料丰富,技术简单,投资少,见效快,效益高,是农民脱贫致富的好生计。

2）生产概况

(1)国外生产概况

双孢蘑菇是世界上栽培规模和产量最大的食用菌类。人工栽培最早起源于1707年的法国,1902年组织分离纯菌种获得成功后,纯菌种技术和后发酵技术在英国、荷兰、美国、德国等国得到迅速推广,目前有100多个国家在进行双孢蘑菇生产。当代,以荷兰为代表的发达国家,双孢蘑菇产业已经从劳动密集型产业跨入了规模化、机械化、智能化的发展道路。以机械化代替人工,双孢蘑菇生产内部分工明确,菌种生产、培养料制备和栽培生产是独立的三个分支;同时,专业的设备生产厂和覆土生产厂成为食用菌产业的配套服务机构。产品优质,生产高效,周年均衡供应。

(2)中国生产概况

我国双孢蘑菇栽培始于1935年,上海是主要生产地区,1958年推广稻草加牛粪栽培技术,种植面积迅速扩展,福建和浙江成为我国双孢蘑菇主产区。20世纪80年代后,推广二次发酵,使用合成培养料、增温发酵剂、河泥砻糠土代替粗细土粒覆土等技术;菌种方面采用麦粒种、棉籽壳种代替粪草种,使蘑菇产量逐步提高。近30年来,双孢蘑菇产业完成了标准化、规范化、集约化的规模扩张,实现了自动化周年生产,技术水平达到国际先进水平。年产量达到300万t以上,仅次于美国,名列世界第二。

2. 生物学特征

1）双孢蘑菇的形态

(1)菌丝

菌丝由担孢子萌发而来,萌发时先在担孢子上长出1~2个以上的球形泡状芽体,然后产生 1 至多个棒状凸起,凸起延伸形成芽管,芽管进一步伸长形成菌丝。菌丝由管状细胞组成,无锁状联合,粗 1~10 μm,多细胞,有横隔,依靠尖端生长,蛛网状分叉形成绒毛状的菌丝体,进而形成巨大菌落。菌丝分泌胞外酶,分解死亡有机质,并吸收、运转养分,成熟后扭结形成子实体。

菌丝体在不同生长阶段,又可分为绒毛菌丝(一级菌丝或初生菌丝)、线状菌丝(二级菌丝或次生菌丝)和束状菌丝(索状菌丝或三生菌丝)三种类型。

①绒毛菌丝 纤细,绒毛状,在菌种制作和栽培过程中的发菌阶段,主要是培养绒毛菌丝,尽量防止线状菌丝产生。

②线状菌丝 粗壮的发育菌丝,可直接形成子实体,双孢蘑菇覆土调水后,尤其在喷结菇重水前后,要求形成线状菌丝,进而出菇。

③束状菌丝 是菌丝体进一步高度分化后组成的,由稀疏变成十分致密的菌丝组织。菌丝索为线状小管,可输送养料和支撑菇体,子实体、双孢蘑菇的老根以及越冬前后土层内的粗壮菌索都是由束状菌丝组成的。

(2)子实体

①子实体的形态 双孢蘑菇是典型的伞状菌,子实体伞形,由菌盖、菌褶、菌柄、菌环组成(图 4-1-1)。

菌盖:菌盖为双孢蘑菇食用的主要部分,又是产生孢子的器官。直径一般在 5~12 cm,初期为半球形,圆厚光滑,边缘内卷,成熟后张开呈伞状;表皮多为白色,有的品种呈棕色、米色等;干燥时有些菌株表面有鳞片。

菌褶:在菌盖的反面着生菌褶,密集、离生、窄、不等长,初期白色,后转为粉红色,成熟时呈咖啡色,菌褶两侧为子实层。在显微镜下观察,可见子实层表面着生很多棒状的担子,担子上生有 2 枚担子梗,每枚担子梗上产生 1 个双核担孢子(图 4-1-2)。未成熟担孢子白色,逐渐成熟后为淡褐色或深褐色,椭圆形,光滑,大小为长(6~8.5)μm×(5~6)μm。

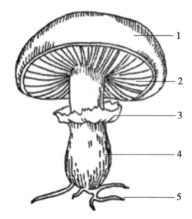

图 4-1-1 双孢蘑菇子实体形态
1. 菌盖 2. 菌褶 3. 菌环
4. 菌柄 5. 根状菌束

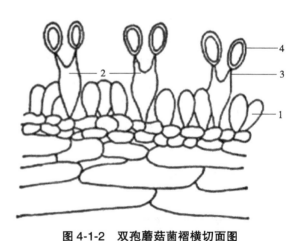

图 4-1-2 双孢蘑菇菌褶横切面图
(引自《食用菌栽培学》,吕作舟)
1. 幼嫩担子 2. 成熟担子 3. 担子梗 4. 担孢子

菌柄：白色，光滑，中生，近圆柱状，支撑菌盖，是给菌盖输送水分和营养的通道。生产中要求菌柄短而粗壮，无空心。但管理不当时，菌柄细长并出现空心。

菌环：单层、膜质、白色，生于菌柄中部，易脱落，是菌膜破裂的残留物。菌膜为菌盖与菌柄间连接的一层薄膜，起保护菌褶的作用。随着子实体成熟度的增加，菌膜逐渐拉开变薄，直至破裂，在菌柄周围留下一圈环状物即为菌环。

②子实体的分化与发育　菌丝经初生菌丝、次生菌丝及三生菌丝发育生理成熟后，形成子实体。子实体是由双核菌丝所形成的，生长发育经历5个时期（图4-1-3）。

原基期：覆土15 d左右，菌丝在覆土层中形成菌丝体，扭结成白色、米粒状原基。

菌蕾期：原基形成后3 d左右，生长到黄豆大，具菌盖与菌柄的雏形，即为菇蕾。

幼菇期：盖半球状，与柄结合紧密。

成熟期：盖扁半球状，菌膜窄而紧。

衰萎期：菌盖开伞，菌褶黑褐色，质劣。

图4-1-3　双孢蘑菇子实体的分化与发育
1. 原基期　2. 菌蕾期　3. 幼菇期　4. 成熟期　5. 衰萎期

2）双孢蘑菇的生活史

双孢蘑菇是单因子控制的次级同宗结合菌类。从担孢子萌发到子实体衰亡的全过程称双孢蘑菇菇的生活史（图4-1-4）。

在子实体即将成熟时，双核担子细胞中两个不同交配型的细胞核进行核配，成为双倍体细胞核；融合的核进行减数分裂，变成4个单倍体的核；两个不同交配型的单倍细胞核配对后，分别迁移到两个担孢子中，形成两个双核的担孢子，因而称双孢蘑菇。担孢子遇到适宜条件萌发，生成具有结实能力的双核初生菌丝。

栽培的双孢蘑菇品种都具有次级同宗配合的性特征，但研究表明，野生双孢蘑菇在生活史方面具有丰富的多样性（图4-1-5），有少数野生双孢蘑菇菌株属于异宗配合的类型，具有次级同宗配合和异宗配合的双重交配方式，成为独立的一群。

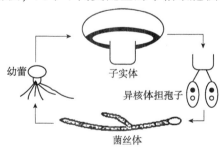

图4-1-4　双孢蘑菇生活史

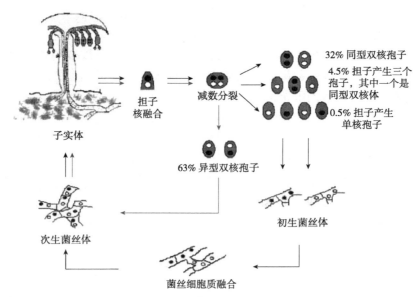

图 4-1-5 双孢蘑菇生活史的多样性

3）对环境条件要求

（1）营养

①碳源 双孢蘑菇是一种草腐菌，利用草本植物秸秆为主要碳源，依靠嗜热性微生物、中温性微生物及双孢蘑菇菌丝分泌的各种酶，将秸秆中的半纤维素、纤维素分解为简单的碳水化合物而为菌丝所利用。半纤维素转化为葡萄糖、果糖、阿拉伯糖、半乳糖、木糖等之后，首先被蘑菇吸收利用。纤维素转变成可溶性的葡萄糖、纤维二糖或纤维寡糖分子后才能被吸收利用。双孢蘑菇菌丝分解能力较弱，所以草、粪须充分腐熟，使培养料呈红棕色，有韧性，无粪臭味。

②氮源 氮素是合成原生质及细胞结构物质的主要成分，人工栽培时加入动物粪便和饼肥、尿素、硫酸铵等作为氮源。但双孢蘑菇不能同化硝态氮。培养料中的高分子有机氮（如蛋白质等）蘑菇不能直接吸收，但能利用其水解产物。在堆肥发酵过程中，氮被堆肥中的微生物吸收利用，并转化为菌体蛋白。这种菌体蛋白经过分解，成为双孢蘑菇所需要的良好氮源。一般认为，前发酵后培养料含氮量最低要达到 1.6%，最高含氮量不超过 1.85%。

培养料在发酵前含氮量的计算方法如下：

$$总氮量 = 原料含氮量 \times 原料总干重$$

双孢蘑菇在吸收、利用碳素和氮素时，是按照一定比例吸收运用的。菌丝生长最适 C/N 为 17∶1，子实体发育最适 C/N 为 14∶1，根据这个要求，在配制蘑菇培养料时，原材料的碳氮比应在(30~33)∶1，经过堆制发酵后其碳氮比才能达到 17∶1。蘑菇培养料粪草成分的配比应严格按照这个要求。

③无机盐 无机盐是生命活动所不可缺少的矿质物质，双孢蘑菇需要的主要矿质元素有钙、磷、钾、硫等，N∶P∶K 的比例以 4∶1.2∶3 较理想。生产上常用石膏、碳酸钙、过磷酸钙和熟石灰作为矿物营养肥。

各种培养料主要营养成分见表 4-1-1。

表 4-1-1　双孢蘑菇培养料主要营养成分含量　　　　　　　　　　　　　　　　　　%

材料	主要营养成分含量			
	碳	氮	磷	钾
稻草	45.59	0.63	0.11	0.85
大麦秆	47.09	0.64	0.19	1.07
小麦秆	47.03	0.48	0.22	0.63
蔗渣	40.60	0.43	0.15	0.18
棉籽壳	50.00	1.50	0.66	1.20
玉米秆	46.69	0.48	0.38	1.68
玉米芯	43.78	0.48	—	—
谷壳	41.64	0.64	0.19	0.49
木屑	49.18	0.10	0.20	0.40
花生麸	49.64	6.39	—	—
棉仁饼	—	5.32	2.25	1.77
大豆饼	—	7.00	1.32	2.13
菜籽饼	—	4.60	2.48	1.40
水牛粪	39.78	1.27	0.15	0.05
马粪	16.40	1.82	0.32	0.35
猪粪	17.40	4.50	0.27	0.40
鸡粪	4.10	1.30	1.54	0.85

(2) 环境条件

①温度　双孢蘑菇属于恒温结实菌类，多为中低温型，菌丝生长温度范围为 5~33 ℃，最适菌丝生长温度为 24~25 ℃，28 ℃以上菌丝生长速度下降，菌丝稀疏无力。子实体在 4~26 ℃下可生长，但以 14~16 ℃最适宜。高于 20 ℃子实体生长迅速，易开伞，品质差；低于 14 ℃生长慢，菇大，品质好，但产量低；温度长期超过 22 ℃，则菌蕾与幼菇会死亡。在子实体形成期间（从菇蕾形成到可以采收这一段时间），温度只能下降，不可回升，否则将会造成大量死菇。这是因为蘑菇菌丝体本质上都是相通的"管子"，在温度较低时，菌丝体扭结，形成菌蕾，所需的水分和营养借菌丝体中原生质的流动集中运往菇蕾，供其生长发育。若此时温度突然回升，菌丝体又把供应菇蕾的营养返回给周围的菌丝体，供其蔓延生长，造成营养物质倒流的现象，结果使已形成的大批菇蕾失去营养而先后枯萎死亡。

②水分　发菌期培养料的含水量保持 65%左右，空气相对湿度 70%左右，育菇期空气相对湿度要增加到 85%~90%。一些品种水分不足会导致子实体鳞片增多或出现菇柄空心现象。发菌期覆土含水量 16%~18%（握成团，落可散），育菇期覆土含水量 20%左右（搓圆、捏扁、不粘手）。

③空气　双孢蘑菇是好气性菌，最适双孢蘑菇菌丝生长的 CO_2 浓度在 0.1%~0.5%，发菌期勿超过 0.5%，育菇期勿超过 0.1%，当 CO_2 浓度超过 0.4%时，子实体不能正常生

长、菌盖小、菌柄长、易开伞。因此,在双孢蘑菇栽培过程中,一定要注意适时通风,保证菇房空气清新。

④酸碱度 双孢蘑菇菌丝在 pH 6.0~8.0 都可生长,最适 pH 为 6.8~7.5,由于菌丝体在生长过程中会产生碳酸和草酸,同时在菌丝周围和培养料中会发生脱碱(氨气蒸发)现象,而使蘑菇菌丝生活的环境(培养料和覆土层)会逐渐变酸。因此,在播种时培养料的播种前 pH 控制在 7.5~8.0,覆土 pH 8.0~8.5 最适。

⑤光线 双孢蘑菇属于厌光菌,菌丝生长和子实体发育过程均不需要光线,黑暗环境下形成的子实体洁白,品质高。但子实体分化期,散射光刺激有利于菇蕾形成。

3. 常见的栽培类型和品种

1)按菌丝特征分类

根据不同品种菌丝体长势,将双孢蘑菇分为气生型、贴生型(匍匐型)、半气生型(半匍型)三类。总体表现为气生型质量优,贴生型产量高。

(1)气生型

菌丝粗密雪白、爬壁力强,生长快,一般 15~25 d 长满试管斜面。孢子分离 7 d 左右肉眼可见星芒状菌落,延伸后呈绣球状或绒毛状,密度均匀,外缘整齐。气生型品种菇质好,组织紧密,含水量低,盖圆球形、饱满、光滑、色白,柄粗短,加工质量好,适宜制罐头。但菌丝对外界条件抗逆性差,出菇晚,转潮慢,产量低,适合工厂化栽培,是目前加工出口的主要类型。常用品种有 8211、F56、F62 等。

(2)贴生型

菌丝紧贴培养基表面延伸,细而稀,有束状菌丝,气生菌丝很少,基内菌丝多,无爬壁力,生长慢,在适宜的培养基和环境条件下一般 3~4 周长满斜面。抗逆性强,耐水耐肥,转潮快,产量高。但子实体组织疏松、含水量高,子实体表面易产生鳞片,适宜鲜销,栽培容易。常用品种有 Ag-1、S176、W192。

(3)半气生型

介于以上两者间,菌丝较粗壮,短而密,在培养基表面呈线状生长,生长速度较快,产量为气生型品种的 6 倍左右。常规栽培多使用半气生型品种,如 As2796、As3003、浙农 1 号、W2000。

2)按颜色分类

(1)白蘑菇

发源于法国,色泽纯白,外观美丽,无论鲜食或加工成罐头都适宜。但对湿度耐受力差,且运输过程中易开伞或菌柄延长、中空。通常指的是双孢蘑菇。

(2)棕蘑菇

英国代表种。朵形中等,柄粗、肉厚、香味浓,抵抗力强,具有抗疣孢霉病的特性,易栽培、适于运输。棕蘑菇在低温下(2~15 ℃)有较强的出菇能力,且低温下菇质优良,易于保鲜，货架期长。这可解决目前我国中北部地区 12 月至翌年 3 月冬季蘑菇休眠、无鲜菇上市的问题，低温(15 ℃以下)病虫发生量少，危害性低，因此保证了产品的安全性和优质性。

(3)奶油蘑菇

淡褐色、菌盖发达、菌盖中央着色浅、菌型比白蘑大，产量较高。但因菌肉较薄、质较差，很少栽培。

3）近缘品种

在蘑菇属中，与双孢蘑菇近缘的栽培品种还有大肥菇和四孢菇。

(1)大肥菇

大肥菇[*Agaricus bitorquis*(Quei.)Sacc]别名双环蘑菇，较耐热，又叫高温蘑菇，是双孢菇的近缘种。菌盖大，菌柄短，开伞迟，菌环双层，白色膜质。菌丝在 30 ℃下比 26 ℃下生长更快，子实体在 23~25 ℃下仍有较高出菇率，在夏季或亚热带国家也能栽培。有较强的抗逆性，适于粗放栽培，较能耐热、耐旱、耐水、耐二氧化碳，对线虫、蘑菇病毒及致病性很强的疣孢霉、胡桃肉状菌等均有较强抵抗力，且受伤后菌肉不变色，耐挤压，耐运输，易贮藏，适宜鲜食。大肥菇的生物学特性及栽培技术等与双孢蘑菇相似。

(2)四孢菇

四孢菇(*Agaricus campestris* L.：Fr.)也叫原野蘑菇，又称雷窝子(黑龙江)。子实体中等至稍大，菌盖宽 3~13 cm，初扁半球形，后平展，有时中部下凹，白色至乳白色，光滑或后期具丛毛状鳞片，干燥时边缘开裂。菌肉白色，厚。菌褶初粉红色，后变褐色至黑褐色，较密，离生，不等长。菌柄较短，粗，圆柱形，有时稍弯曲，长 1~9 cm，粗 0.5~2 cm，近光滑或略有纤毛，白色，中实。菌环单层，白色，膜质，生菌柱中部，易脱落。春到秋季在草地、路旁、田野、堆肥场、林间空地等处单生及群生。

四孢菇以子实体入药，功效作用益肠胃，维持正常糖代谢及神经传导。经常食用，可预防脚气病、消化不良、哺乳期乳汁分泌减少、毛细血管破裂、牙床出血、贫血症。

4. 栽培模式

1）栽培季节

双孢蘑菇一般为秋季栽培，各地必须根据当地的气候条件，掌握在气温 25 ℃左右、料温 28 ℃以下时播种。华南地区 10 月下旬播种，11 月中旬开始出菇，4~5 月上旬结束；长江流域在 9 月中下旬播种，10 月中下旬开始采菇，12 月秋菇采摘结束，越冬后，翌年 3 月又可出春菇，到 5 月春菇结束；北方约在 8 月下旬播种，12 月中旬结束。堆料时间向前推 20~30 d 为宜。

2）栽培模式

双孢蘑菇栽培方式可分为床架式栽培、畦床栽培、箱式栽培、袋式栽培等。规模化生产以床架式栽培为主。

(1) 床架式栽培

层架式栽培是最常见的集约化和工厂化栽培方式(图 4-1-6、图 4-1-7),近半个世纪以来,已积累了较成熟的经验。一般菇房床架栽培 110 m² 面积用干料 2500~3500 kg,收鲜菇 800~1000 kg,生物转化率为 25%~30%。

(2) 畦床栽培

就是直接在地面起垄,做成地床栽培双孢蘑菇。是投资省、操作简单、管理方便、周期短、效益高、实用性强的蘑菇栽培技术。大棚地栽 110 m² 投料 1350~1500 kg,通常可收 500~700 kg 鲜菇,生物转化率为 37.1%~46%,高的可达 50%。

(3) 箱式栽培

北方地区可利用棉籽壳或用玉米芯、玉米秸秆粉碎代替传统的稻草作为栽培主要原料,用塑料箱栽培。用玉米芯箱栽,塑料箱 50 cm×35 cm×26 cm,采用二次发酵法,每箱单产 3.15 kg,折合产量为 15.75 kg/m²,由于采用箱式装料,可以叠放,大幅提高了空间利用率。

(4) 袋式栽培

将发酵后的培养料装入塑料袋中走菌,脱袋覆土出菇,或袋口覆土出菇。

图 4-1-6 工厂化双孢蘑菇床架栽培

图 4-1-7 大棚层架双孢蘑菇栽培

5. 菇房设置

1）菇房选址

要求交通方便，水、电供应便利，空气良好、处于上风口位置，水源充足洁净，地势平坦、无旱涝威胁，场地开阔，有不少于 20 m×10 m 的堆料场所。远离畜禽养殖区、生活区。

2）朝向选择

菇房建造宜南北朝向，有利于通风和保温。最好是坐北朝南，菇房和菇床要垂直排列，即东西走向的菇房，床架南北排列。

3）菇房类型

(1) 砖混菇房（图 4-1-8）

砖混结构蘑菇房建造规格长 18 m，宽 8 m，屋檐高 4.5 m，顶高 5 m。过宽通风不良，影响蘑菇生长。菇床 9 架 8 层，面积 500 m²。床架宽 1.2 m、长 6.5 m（上面 4 层 8 m，平均 7 m 左右）。砖混菇房的优点是：牢固耐用，一次投入，数年收益，年损耗较少，房内地面为水泥硬化地面，便于清洗和消毒，卫生条件好，便于二次发酵操作。缺点是：最初设计的窗口通风操作很不便利，菇房墙体的保温整体效果差，上下层间温差大，菌丝生长发育受到一定影响，进而影响单产。虽然菇房中设立了许多小窗，用于通风，但为防止虫害、覆盖防虫网带来了困难。适用于南方地区，长江以北区域冬季气温下降快，12 月初菇房温度下降至 12 ℃ 以下，蘑菇停止生长，直到翌年 4 月温度上升后才开始长春菇，冬季休眠期长达 4 个月。

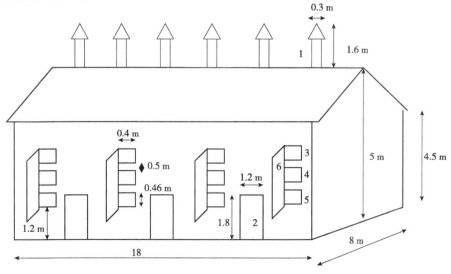

图 4-1-8 砖混菇房示意图

1. 拔风筒 2. 菇房门 3. 上窗 4. 中窗 5. 下窗 6. 窗门

(2) 土墙层架式

在长江以北区域，冬季日光充足，雨水偏少，土墙层架式日光温室（图4-1-9）保温、保湿性能较好，棚内温度能保持在12 ℃以上，使冬季蘑菇持续生长，打破休眠期，缩短中北部地区蘑菇生长期，整体提高蘑菇的经济效益。栽培蘑菇的日光温室均以栽培蔬菜的温室为标准，内设栽培层架4~5层，栽培期结束可掀去顶层薄膜晒棚，起到很好的消毒作用。

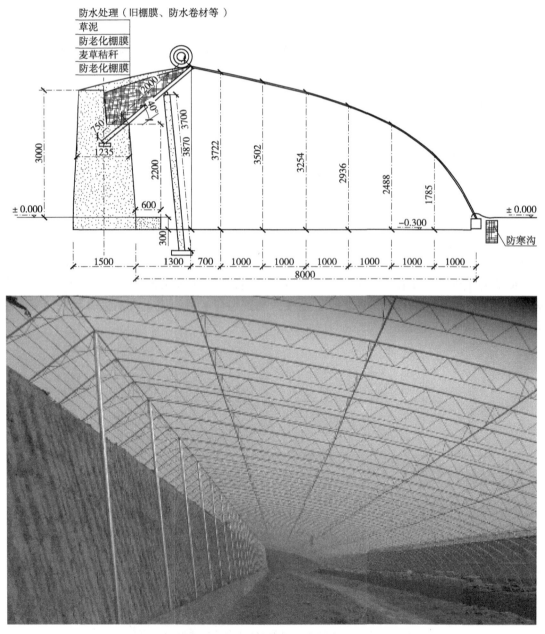

图4-1-9　土墙日光温室示意图

近年来，也有以联建的方式组合成菇菜阴阳复合棚(图 4-1-10)。菇菜阴阳复合棚又称菌菜双面一体化高效温室，是根据蔬菜和食用菌对温度、湿度、光照等环境条件的要求差异和代谢能量的互补性并通过环控措施增强其互补而设计建造的。菇菜复合棚有许多优点：在冬季低温期，温室内的暖气随着空气流通沿菇房的门窗进入菇房内，可提高菇房内温度 5 ℃左右，有效地延长了冬季的出菇期；随空气进入菇房的还有湿气

图 4-1-10　菇菜阴阳复合棚示意图

和蔬菜光合作用所产生的氧气，而菇房内循环出来的二氧化碳则成为蔬菜所需的气体肥料；在夏季温室掀膜后可在地面种植丝瓜等爬藤类蔬菜，以此为菇房降温、增湿，菇房内可种植中高温品种，如平菇、秀珍菇、茶树菇或高温蘑菇等。温室也可长年种植多种蔬菜，达到菇菜同步高产增效的目的。

(3) 毛竹高架棚

毛竹大棚造价比较低，占地较少，利用面积较大。一般长 25~30 m，宽 10 m，檐高 5.5 m，顶高 6 m。搭建 7 层栽培架，栽培面积约 1000 m^2。大棚外覆一层塑料农膜，在四周覆盖一层草帘。大棚使用年限在 5 年左右，使用 3 年后就需维修更换部分材料。由于竹层架易霉变腐烂，病虫不易清除，登高作业也不安全，因此，毛竹大棚已逐渐被钢构架大棚取代。

(4) 钢架结构大棚

钢构大棚栽培蘑菇多在中北部区域使用，大棚规格以宽 8 m、长 30~40 m、高 3.5 m 的标准塑料棚为主，遮阴网覆盖，菇房内设固定床架，栽培层架使用杉木、竹子或铁架，层次 5 层，菇房内土地不做硬化，有条件的农户地面保温采用 8 cm 厚的挤塑板，上面再浇 5~7 cm 厚的混凝土。该棚具有通气、整洁、利用率高、易于操作等优点。

(5) 钢构房

单层，架构有单跨或多跨，双坡、单坡或多坡等形式，常用屋面坡度小于 10°。屋面应为压型钢板，外墙除压型板外也可用砌体。菇房长 18~25 m，宽 10 m，檐高 4 m，顶高 4.5 m。如采用彩钢板保温层设计，每菇房安装 8~12 匹制冷机 1 台及自动控温设备，可实现多季生产。但是一次性投资成本较高。

(6) 塑料简易菇房

建造省工省本，易于拆除，但保温、保湿性能较差。菇房内部设置三条通道，两边通道各 50 cm 宽，中间主通道宽 80 cm。层架布设以 5 层床架结构为宜，床架底层离地不得少于 25 cm。菇床层高 55 cm，利于培养料上床以及后期的覆土。床宽约 150 cm，便于后期的覆土和采收。每座菇房应有通风设施，走道两端要各设上、中、下对流纱窗约 14 个，规格 30 cm×40 cm，屋顶设拔气筒 12 个(以菇房长 20 m，宽 5 m 为例)，一般管径 20~30 cm，高度 60~100 cm，内设活动盖，上加盖防雨帽。

(7) 小拱棚菇房

小拱棚菇房宽 2.5 m，长 40~60 m，中间高 1.5 m。棚内纵向做成 2 个畦床，床面宽 1 m，中间留 50 cm 作走道，下挖 40 cm 深，挖出的土放在床上。两小拱棚中间留 50 cm 作为走道或排水沟，用直径 2~3 cm 的竹子或竹片作拱形骨架，间隔 1 m，中间和两侧分别纵向连接以加固棚架，恶劣天气严重的地区，中间可在走道两边各设高 1.2 m 的立柱。拱架上覆厚薄膜，覆膜时应注意采用三块膜法，两侧底部各先覆 1m 宽的膜，下部埋入土中 20 cm，上面 30 cm 和中间 3.5 m 宽的膜呈覆瓦状压紧。通风时，可打开底部通风口通风和打开两块膜间缝隙通腰风。棚两端分别用三块薄膜封口，可分别打开上部、中部、下部薄膜进行通风。棚外两侧站立玉米秸或高粱秸，中间盖麦秸遮阴。

4）菇房辅助设施

(1) 菇房门

放 4 行菇床的菇房，应开两扇门，门宽 1.2 m、高 1.8 m。如有条件，每隔两行走道在两端各开一扇南北对门，以利空气流通。

(2) 菇房窗

菇床每条走道两端墙上需各开上、中、下通气窗一对，以加强通风换气。菇房门上开一对通气窗，与上窗平齐。上窗上檐略低于屋檐，下窗高于地面 70~150 cm。窗框宽 40 cm、高 46 cm。窗框外安装能开闭自如的窗扇。

(3) 拔风筒（主要是对竹草棚）

菇棚每条走道中间的屋顶上设置拔风筒一只。拔风筒高 1.5~1.6 m，直径 0.3~0.4 m。拔风筒顶端装风帽，风帽大小为筒口直径的 2 倍。帽缘应和筒口相平，防止风雨倒灌。

6. 双孢蘑菇培养料制作

1）培养料收集和贮藏

(1) 农作物秸秆

稻草、麦秆、玉米秆、蔗叶等农作物的秸秆要在蘑菇栽培季节之前收集晒干。玉米秆、叶和蔗叶质硬，不易发酵，最好粉碎或压破成 30~50 cm 的小段，与稻草混合使用，如稻草 70%、麦草 30%，或稻草 50%、玉米秆 50%。混合草料可以营养互补，改善培养料物理结构，有利于提高产量。腐烂的草料均不能用。

(2) 粪肥

畜禽粪便应晒干贮存，以骡、马粪最好，牛粪次之，猪粪稍差。猪粪不宜单独与草料配合，可与牛、马粪混合使用。鸡、鸭、羊、兔粪黏性大，不宜单独使用。

(3) 其他辅料

常用的有尿素、硫酸铵、过磷酸钙或钙镁磷肥、碳酸钙、硫酸钙等，还可加入花生麸、菜籽饼、蔗渣、谷壳等。其他辅料按 1%~2% 加入。

(4) 培养料的配方

双孢蘑菇培养料目前有粪草培养料、合成培养料和半合成培养料三大类。

①粪草培养料 我国双孢蘑菇多数采用粪草料栽培，粪草比一般为 1 : (1~1.5)，草料比例高，可用适量饼肥或尿素提高氮源含量。培养料用量 40~45 kg/m²。下面均以 100 m² 栽培面积所需培养料，介绍几个高产配方。

配方一：干牛粪 2000 kg，稻草（麦草）2000 kg，饼肥 100 kg，尿素 10 kg，石膏粉 70 kg，过磷酸钙 50 kg，硫酸铵 10 kg，石灰 15 kg。

配方二：干马粪 1500 kg，草料 2250 kg，饼肥 150 kg，尿素 30 kg，石膏粉 80 kg，过磷酸钙 50 kg，石灰 40 kg。

②合成培养料 合成培养料是不用粪肥配制的培养料，在日、韩、英、美及我国台湾地区广泛使用。合成培养料以稻草、麦秆为主料，添加尿素、饼肥、硫酸铵等氮源，为了满足发酵过程中不同微生物的需求，常用多种氮肥配合，添加磷钾钙和微量元素，加速培养料的腐熟过程。

配方一：稻草 2250 kg，尿素 18.5 kg，石膏粉 45 kg，过磷酸钙 22.5 kg，碳酸钙 22.5 kg。

配方二：麦秆 1000 kg，豆秸 1000 kg，干啤酒糟 75 kg，硝酸铵 30 kg，氯化钾 25 kg，石膏 50 kg。

③半合成培养料 在草料中添加少量畜禽粪肥制作的培养料。

配方一：麦秸 1000 kg，马粪 100 kg，血粉 40 kg，尿素 10 kg，过磷酸钙 22.5 kg，碳酸钙 22.5 kg。

配方二：稻草 1000 kg，鸡粪 100 kg，尿素 15 kg，石膏 20 kg。

2）培养料的发酵技术

双孢蘑菇培养料发酵方法可分为 3 种，即一次性发酵、二次性发酵和增温发酵剂发酵。培养料经过发酵后变得柔软吸水、疏松透气。发酵过程中，由于微生物的活动，培养料中的木质素、纤维素等有机物被大量分解，形成对双孢蘑菇菌丝生长具有活化作用的可溶性菌体蛋白，同时，发酵产生的高热在 60 ℃以上，还能杀死害虫和杂菌。

发酵要求升温快、堆温高、堆期短、腐熟好。堆形逐渐缩小，料堆逐渐疏松，含水量逐渐降低，严防雨雪淋堆。

(1) 一次性发酵

指培养料在室外场地，经过预湿、建堆、多次翻堆过程，一次性完成堆制发酵。播种前 25~30 d 开始建堆，建堆后翻堆 4~5 次，翻堆间隔天数分别为 7、5、4、3、2 d，最后一次翻堆时加杀菌杀虫药。

(2) 二次性发酵

培养料发酵过程分前发酵和后发酵两个阶段。

前发酵阶段：与一次性发酵方法相同，播种前约 20 d 开始预湿、建堆，建堆时将化学氮肥全加入，翻堆 3 次，翻堆间隔 4、3、3 d。经过前发酵的料呈浅咖啡色，略有氨味，草料不易拉断，但不刺手，pH 7.0~8.5，手攥约能挤出 4 滴水。

(3) 后发酵阶段

趁热将经过前发酵的草料移入棚内,堆于菇床上,保持料温60 ℃ 6~10 h,进一步杀虫消毒,但不要超过70 ℃。然后适当通风,使料温慢降至50~55 ℃,维持4 d,促进有益菌生长。播种前加强通风,让料温降至30 ℃播种。

(4) 增温发酵剂发酵

堆制6 d后加增温发酵剂。主要表现有以下4个方面优点:

①增温快 发酵剂发酵料温迅速上升至60 ℃以上,如一些发酵剂可在两三天内达到60~70 ℃。不仅杀死了杂菌,还杀死了大部分虫卵。

②有益菌多 发酵剂发酵,培养料中有益细菌、真菌、放线菌、固氮菌等繁殖快,数量多,尤其是放线菌是二次发酵的100倍以上,大量有益菌"先入为主",占领阵地,挤占了杂菌生存空间。正因为有益菌群的数量多,菌群活动产生的热量也多,所以料温在短时间内能够迅速上升并长时间保持。同时,有益菌群的代谢物——抗生素也是抵御杂菌卷土重来的屏障。

③降解彻底 培养料在发酵过程中,由于发酵剂中微生物群的作用,分解纤维素的真菌和放线菌大量繁殖,使培养料中纤维素的含量逐渐减少,可溶性糖的含量逐渐增加,碳氮比值更合适,游离态的蛋白质转化为适合食用菌菌丝生长的菌丝蛋白,食用菌菌丝生长更加健壮。如使用一些发酵剂,可使食用菌增产20%~30%。

④应用范围广 用发酵剂发酵畜禽粪便,以粪肥替代麸皮、饼肥增加培养料"氮"是很好的降低成本途径,且用发酵剂发酵可适当增加粪肥的加入量。发酵剂还可对菌糠和陈旧废料进行再利用,达到降低成本、减少污染、易操作、提高产量的目的。

3) 培养料的用量与铺设厚度

培养料的厚度与产量关系密切,料厚营养充足,转潮快,产量高,质量好;料薄,出菇早,但产量低,质量差,易出小菇,皮薄,易开伞。但是铺料的厚度应与发菌期的温度和出菇时间同时考虑,例如在温度较高的8月初播种和发菌,为了防止菌床上菌丝生长时产生的热量不易散出造成烧菌,培养料应铺薄些,以25~30 cm为宜;如菇棚温度偏低或发菌和出菇期自然温度都较低,料就应铺厚些,以30~35 cm为宜。西部冷凉地区的半地下菇棚,整个发菌和出菇期温度都较低,料还可以再厚一些。一般每100 m^2 栽培面积需要4500 kg左右培养料。

7. 双孢蘑菇播种、发菌与覆土

1) 菇房消毒

用烟雾消毒剂或高锰酸钾熏蒸,地上撒上一层石灰粉。

2) 铺料

将发酵好的培养料在菇床上抖松铺平,一般床面宽1~1.2 m,铺料厚度25~30 cm,

培养料湿度要求在65%左右，pH 7.5~8.0，通风降温至28 ℃以下，料中无氨气。

3）播种

要选用菌龄在60 d左右，菌丝粗壮洁白，无病虫害污染且生命力强的菌种。播种后用塑料薄膜或报纸覆盖，以利于保温保湿。播种方法主要有以下4种。

(1) 穴播法

在培养料面上挖开一小穴，深约4 cm，然后将菌种取一小团块放入穴内，用手轻压使菌种与培养料紧密。但注意不能把菌种盖严，要使菌种半埋半露，以利发菌。穴距以10 cm×10 cm为宜，每平方米需500 g瓶装菌种2瓶。适合用粪草栽培种。

(2) 条播法

在料面开8 cm深的沟，宽度4~6 cm，沟间距10~13 cm，均匀撒下菌种，用培养料覆盖，轻拍使菌种与料紧密接触。

(3) 撒播法

把菌种从菌种瓶子里面取出，放在容器里面进行均匀搅拌，均匀撒在料面上，再撒上一层培养料，将其压平即可。每平方米用菌种一瓶，比较适用于麦粒菌种。

(4) 混播法

将菌种等量分成两份，取一份均匀撒在料面，用手将菌种抖入料下2/3部位混匀；再将另一份菌种撒在料面上，用木板轻拍一下，上面覆盖报纸保湿即可。

4）发菌管理技术

发菌期指播种后至覆土前这段时期，约20 d，分3个阶段进行管理。

(1) 初期（播种后1~6 d）**发菌管理**

播种后3 d内以保湿为主，使菌丝易于萌发，尽快定植。要紧闭门窗及拔风筒，不通风或微通风，控制菇房空气相对湿度在75%左右，温度25 ℃左右。如温度超过28 ℃，可打开背风窗通风，潮湿天气可打开门窗通风降温。

播种3 d后以控温为主，此时菌种已定植，菌丝开始向料内生长，菌丝生长会使料温上升，如果温度超过25 ℃，可早晚通风降温，适度吹干料面，促进菌丝向料内生长，防止杂菌滋生。

如发现有菌种不萌发，不吃料、菌丝生长缓慢等现象，要及时查明原因，采取相应补救措施。

(2) 中期（播种后7~11 d）**发菌管理**

播种7 d后，菌丝基本长满菇床料面，可揭去报纸、塑料薄膜等覆盖物，逐渐加大通风量，适时打开门窗，增加菇房空气中的氧含量，促进菌丝向料深处伸展。控制料温在22~26 ℃，最高不超过28 ℃，空气相对湿度控制在75%左右。如因通风造成床面过干，可适当空中喷雾，或向墙壁、地面洒水，增加空气湿度，让料面吸湿转潮。

(3) 后期（播种后12~20 d）**管理**

播种12 d后，菌丝已深入培养料一半，要加大通风量使料面干燥，抑制料面菌丝继续生长,促使菌丝向底部生长。菇房温度控制在 22~24 ℃。空气相对湿度 70%~75%。管理重点是加强料内通气,散出氨气,保护料内菌丝活力,养壮料内菌丝,为覆土打好基础。通常在播种后 12~15 d,用三齿钩斜插入料内 3/4 处,轻轻撬动,将已经变硬结块的培养料撬松,然后将料面铺平,加强通风,促使菌丝向下生长。也可用直径 1 cm 的竹签或木棍在料面打孔,如培养料过湿或料内有氨气,可在菌床反面打孔,散气降湿。

5)覆土及调水

(1)覆土的作用

覆土可以保水保温,形成相对稳定的小环境,保护料层中菌丝的生长发育。覆土中的有益养分和有益的微生物能促使双孢蘑菇的菌丝从营养生长转入生殖生长期。覆土层对子实体有支撑作用和机械刺激作用,能促进子实体形成。及时覆土是双孢蘑菇高产的重要措施。

(2)覆土的选择

覆土的性质会影响出菇的迟早与产量的高低。要选毛细孔多、有机质含量高、团粒结构好、持水量大且含有一定营养成分的土壤作覆土材料,以利于双孢蘑菇菌丝穿透泥层生长。

我国菇农采用最多的覆土材料大致有 5 种,即粗细土、混合土、河泥砻糠土、细泥砻糠土和发酵营养土。其中细泥砻糠土和发酵营养土制作简便,吸水保水透气,且有适量的有机质,覆土后菌丝爬土快,土层菌丝储存量大,出菇早,转潮快,是目前最为理想的人造覆土材料。

国外多用泥炭土作覆土,可比单纯用田园土增产 20% 左右,而且提早出菇 3~4 d,出菇的密度也较大。

(3)覆土的制作

①细泥砻糠土 取地表以下 30 cm 处菜园土粉碎,27 目筛过筛,晒干备用。覆土前将新鲜砻糠与细泥按 1:24 的重量比充分拌匀,拌入细泥重量 1%~2% 的石灰粉,含水量 18%~20%,达到手握成团,落地既散状态,即可用于菇床。110 m^2 栽培面积需细泥 3000 kg、干砻糠 125 kg、石灰 50 kg。

②发酵营养土 一般在 7~8 月选择土地疏松的农田,栽培 110 m^2 蘑菇需取土面积为 15 m^2 左右,除去表层植被,深挖 25~30 cm,将土拍碎敲细;然后加入经粉碎的干牛粪 125~150 kg、麦壳或砻糠 200 kg、石灰 10 kg、过磷酸钙 20 kg,把这些物质和泥土充分拌匀;然后灌水,水面高出发酵土约 5 cm;覆盖一层塑料薄膜进行厌氧发酵。发酵 1 周后,捣土一次,即把上面的土翻到下面,下面的土翻到上面,上下泥土混合拌匀,结块的泥要捣碎。捣土时不要把水放掉,再过 7 d 进行第二次捣土。用石灰将 pH 调至 8,保持水面高出发酵土表面 5 cm,继续厌氧发酵 20~25 d,然后放水搁田。待发酵土表面有裂缝,人能在上面走动时,即可挖起,晒到半干半湿时需敲碎(土粒直径不超过 1 cm),再晒干堆垄贮藏备用。

③粗细土 取 15~20 cm 以下的壤土晒干储存于干燥通风处备用(因为 15~20 cm 以下的土很少有线虫、胡桃肉状杂菌和疣孢霉菌等潜伏性的病虫和杂菌)。覆土分为粗土和细土。粗土直径 2 cm 左右,细土直径 0.5~1 cm,每平方米栽培面积需粗土 27 kg、细土 22~25 kg。覆土前拌入 2%~3% 的石灰,调节 pH 至 7.5~8.0。

(4) 覆土前注意事项

①要检查菌床是否有杂菌和害虫，一旦发现，必须采取措施防治。

②覆土前菌丝长应长到料底，菌丝没长到底就覆土，由于菌丝分别向土层和料底两个方向生长，爬土慢，会延迟出菇时间。

③培养料表面应保持干燥，如果料面过湿，应进行通风。

④料面要进行一次"搔菌"，即用手抓一抓培养料，然后整平，使料面的菌丝断裂成更多的菌丝段。

(5) 覆土方法

一般是播菌种后 15~20 d，当菌丝长满培养料料层时覆土。覆土厚度以 3~4 cm 为宜，且保持厚度相对一致。

①一次覆土法　不分粗细土，一次性覆土。

②二次覆土法　粗细土适合二次覆土法用，先覆一层 2.5~3 cm 厚粗土，约 7 d 后，待菌丝长入粗土 1/3 时，再覆一层 1 cm 左右厚的细土。覆细土后 10 d 左右可见到菇蕾。

(6) 覆土层的调水

从覆土到出菇还需 15~20 d，其间仍以菌丝生长为主，管理上以调节覆土层含水量和菇房空气相对湿度为主。

①覆土前期　覆土后 2~3 d，先调水，再通风，要掌握先湿后干的原则。先轻喷勤喷，防止水流入培养料中，使土层含水量达到 20% 的程度，标准为粗土无白心，手捏能扁；喷水后再开窗通风，有风时开背风窗，无风时开南北窗，让土粒表面慢慢干燥，达到内湿外干状态；到第三天关闭门窗 2~3 d，保持温度 22~25 ℃，空气相对湿度 80%~85%，诱导菌丝向土层生长。

②覆土中期　当扒开土层，看到菌丝长入土层后，逐渐加大通风量，白天开对流窗通风，防止菌丝徒长冒菌丝，根据覆土水分状况，适当向土中喷雾状水，保持土层湿润。切勿喷水过多，让水流入培养料。

③覆土后期　在覆土后 12 d 左右，菌丝长满时（土缝中可见到菌丝），要根据覆土的含水量补一次重水（俗称结菇水），让土层吸足水分，但不能有水漏到培养料内。喷结菇水后，停水 3 d 左右，早、晚大通风促进菌丝扭结，菌丝即可结成小白点，再经过 2~3 d，发育成小菇蕾。此期菇房温度控制在 14~18 ℃，使料温迅速降至 18~21 ℃，空气相对湿度达到 90% 左右，要通过水分管理和通风换气，控制好结菇部位，使双孢蘑菇子实体结在土层 1 cm 地方。

8. 出菇期间的管理

从菇蕾形成到采收这段时间为出菇期。出菇后，应控制菇房温度在 15~18 ℃，湿度在 85% 以上。管理重点是合理喷水和通风，促进双孢蘑菇生长发育。

1）菇蕾期管理

菇蕾形成后，要减少通风量，特别是要防止干热风进入菇房，同时停止喷水 5 d 左右。待菇蕾发育达黄豆大小时，即可重喷一次出菇水，喷水程度以到达覆土的最大饱和量为宜。喷水后，应通风 30 min 以上，至菇蕾表面干燥无水。

2）幼菇期管理

随着子实体的增加和长大，要逐渐增加通风和喷水次数。喷水的要点是轻、勤、匀，水雾要细，温度高时早、晚喷，温度低时中午喷，阴雨天不喷或少喷。一般产菇期间喷水量约 1 kg/m²，随产菇多少灵活掌握。喷水后要及时通风换气 0.5 h，让落在菇盖上的水分蒸发，经过水气管理 7 d 左右，幼菇陆续进入可采收阶段。

3）采收期管理

采收前停水 2~3 d，在菇盖尚未开伞时采收。每潮采收期 7 d 左右。采收结束后，清理干净留存在床面的菇根，并补上细土。

4）间歇期管理

采一潮菇后，到下一潮菇出现一般有 4~7 d 的间歇期。管理上主要是降低温度，喷结菇水，诱导下一潮菇产生，然后进行出菇管理。三潮菇以后的间歇期，要结合松土、打扦，用 1% 石灰水调整覆土酸碱度，同时适当追肥，以提高蘑菇产量，常用的追肥有：2%~5% 糖水，1% 的黄豆浆，0.2% 的硫酸铵或尿素液，百万分之一的维生素 B 族元素等。

任务实施

双孢蘑菇床架式栽培

1. 堆料

1）栽培时间

双孢蘑菇安全出菇温度不高于 22 ℃，根据海拔高度确定适宜的堆料时间。一般海拔 300 m 左右的堆料时间以 9 月中旬为宜，10 月上旬播种，预计 11 月中旬可采收；700 m 以上的高海拔地区应比低海拔提早 30 d 左右安排栽培。

2）培养料配方（栽培面积 110 m²）

干稻草 2200 kg、干牛粪 1500 kg、尿素 30 kg、碳酸氢铵 30 kg、过磷酸钙 30 kg、石膏粉 50 kg、碳酸钙 40 kg、石灰粉 50 kg。

3）培养料一次发酵堆制方法

(1) 堆料期

在种植前 25~30 d 进行。南方地区可在 9 月中旬前后进行。

(2) 堆制方法

①预湿　先将麦草、稻草预湿假堆 2 d，干牛粪、猪粪等也需浇水拌和预湿半天，1% 石灰水浸泡稻草和牛粪至吸满水为止。如不进行预湿，建堆期间要酌情浇清水或粪水。浇水应从第三、第四层开始，边堆料边分层浇水，越往上层浇水量越多，直到料堆建好四周有水溢出、但不流出为宜。牛粪要充分粉碎，不能出现结块现象。

②建堆　料堆最好呈南北走向，这可防止因阳光照射不均，风向吹力不同，造成料堆两侧干湿不均。堆宽 1.6 m，高 1.6~2.0 m，堆高因各地气温和主料质地等不同而略有差异，长江流域一带一般堆高为 2 m，福建、广东、广西一带堆高可在 2 m 以下，黄河以北及西部地区可高于 2 m。建堆时，稻草、牛粪、氮肥分层铺放，混合草料要将茎秆较硬的铺放在料堆的中、下层，以利加速腐熟，先铺一层 20~30 cm 厚的草料，再铺一层 2 cm 厚粪肥，这样循环堆叠 10 层左右，堆顶呈龟背形，以粪肥封顶。菜籽饼等含氮有机肥和尿素、硫酸铵等含氮化肥及石膏粉等辅料要在建堆时用完，搅拌均匀后，分层撒在料堆中间的几层，不能撒在顶部和外缘，迟用则料内会产生氨气，造成挥发流失。建堆第二天开始在料堆边缘 50 cm 处每天浇水 1 次，浇足浇透，防止稻草"干烧"。

为防止料堆风吹、日晒和雨淋，建堆后必须用稻草帘或塑料薄膜等覆盖料堆，以利保温保湿，正常发酵。料堆如果裸露在外，很难维持适量的含水量及料温，且易造成堆料忽干忽湿，造成料内的氮变成氨而挥发掉。料堆 4 周要注意开沟排水。

一般建堆后第二天料温便开始上升，2~3 d 后料温可达 70~75 ℃。如料温达不到 70 ℃，要查明原因，及时补救。建堆 6 d 左右堆温下降，便要翻堆了。

③翻堆　翻堆可检验和调节粪草料的水分、pH，同时加入辅料；也可改善料堆各部位温湿度及通气条件，促进有益微生物的繁殖；还可排除料堆发酵时产生的废气，有利草料发酵均匀一致。翻堆次数依培养料腐熟速度而定，腐熟速度快，翻堆次数少，反之则翻堆次数多。一次性发酵受自然条件影响很大，通常需要翻堆 3~5 次。翻堆时间主要由料堆内的温度来决定。

一翻：当堆温由最高开始下降时（一般 7 d）可以进行翻堆。将料堆外层部位的粪草料和内层及底层部位的粪草料互换位置，并将结块的粪草料拌散和匀，然后重新堆制。翻堆时若草料偏干，可补浇适量水，同时逐层加入 1/2 石膏、1/2 碳酸氢钙、1/2 过磷酸钙，再根据培养料的酸碱度情况酌量加入石灰调整酸碱度。重建的料堆，可适当缩短长度，其高、宽不变。稻草上下、里外要进行位置调整（以下翻堆参照此法）。

第一次翻堆后 1~2 d，堆温便迅速上升，5 d 左右堆温升至 60 ℃ 以上，不久又开始下降。此时应进行第二次翻堆。

二翻：翻堆方法与第一次翻堆相同，管理的重点是调节水分。原则上不宜浇水若需局部补水，也切忌浇水过重。水分太大会使中、下层部分的粪草发黑、发黏，影响发酵质量。水分适度的经验标准是用手抓捏一把培养料，指缝间能滴下 4~5 滴水即可。二翻时逐层加入 1/4 石膏、1/4 碳酸氢钙、1/4 过磷酸钙及适量石灰。

三翻：在第二次翻堆后的第五天进行。此次翻堆应将过磷酸钙余料全部撒入，堆料含水量以手捏一把培养料，指缝间有 2~3 滴水滴下为宜。翻拌粪草要尽量拌松，防止产生厌氧发酵。若料偏湿，可边翻边撒适量石灰粉；若料偏干，可随翻随喷适量石灰水，使料堆呈微碱性。翻堆后要注意防雨，切忌雨淋。重建的料堆，高度应随之改变。加入 1/4 石膏、1/4 过钙、1/4 轻钙及适量石灰。

四翻：此次翻堆将稻草与牛粪混合，水分调节需更加注意，酌情调节水分和酸碱度。同时观察培养料的质量：一是培养料颜色呈咖啡色为正常，要注意防止培养料发黏发黑；二是生熟适中，以手握柔软不刺手、有韧性、不易拉断为宜；三是含水量控制在 67% 左右；四是有一定的松紧度。

4）二次发酵

①将一次发酵后的培养料送菇房中间三层，以利于均匀控制温度，前两天密封菇房，利用堆内微生物自热现象和人工加热方式使得温度均匀上升。

②二次发酵的重点在于巴氏消毒阶段，时间掌握 6~8 h，料温控制在 60~62 ℃，时间维持 8~10 h。

③控温阶段，巴氏消毒后，控制料温 48~52 ℃，时间维持 56~72 h，在此过程中补充新鲜空气，防止厌氧发酵，促进培养料的营养转化，以利于双孢蘑菇菌丝生长。

2. 接菌

1）冷却分层

二次发酵后，应加大通风量，使料温迅速下降到 25 ℃左右，将中间三层的培养料均匀分布到 5 个栽培层架上。

2）料床整理

将有结块的培养料用手疏松，再将培养料均匀铺设，形成中间高，两边低的龟背形。

3）菌种处理

每 110 m^2 需要菌种麦粒菌种 100 瓶，接种前对菌种瓶进行消毒，用 75% 酒精擦拭消毒，将麦粒菌种取出，分散成均匀的颗粒状。

4）播种

将分散好的菌种分两次播施，第一次播施菌种总量的 3/5，拍打床面，尽量将菌种渗透到料床中下部；第二次再将剩余部分播至床面，轻拍床面，菌种留在料床中上部。

3. 养菌

1）发菌

播种（混播）3 d 内保湿、不通风或微通风，控制空气湿度 70%~80%。菌丝定植后可根据料温和空间湿度进行通风换气,开启部分拔气筒,保持菇房空气新鲜即可。

2)养菌

以保持菇房空气新鲜为主,随着菌丝的不断生长逐渐加大通风量。前期以拔气筒通风为主,后期需开启部分对流窗加大通风量。

3)吊菌丝

菌丝吃透培养料后,对菌床表面适当喷水诱导,以利于菌丝向料面生长。

4. 覆土管理

1)土壤选择

选择团粒结构好,不板结,毛细孔多,透气性好,能保湿,无杂质,湿时不黏、干时不散的黏壤土。

2)覆土处理

预先暴晒发白,敲碎过筛,消毒。

覆土总厚度控制在 4~5 cm,分粗土和细土两层覆盖,粗土粒以蚕豆大小为宜,细土以黄豆大小为宜。粗土覆盖厚度为总厚度的 2/3,细土覆盖厚度为总厚度的 1/3。覆土时要均匀撒开,摆平,不留间隙,并用木板拍实,减少料面与土层的通透性,促进菌丝及时纠结成子实体。

3)覆土调水

少量多次、心细、切忌漏水,水量要求调到土粒无白心为准。

4)补土

停水后料面气生菌丝迅速生长,需要对床面适当补土,以使土层覆盖厚度均匀。

5. 出菇管理

出菇时菇房气温控制在 17~19 ℃,料温保持 19~21 ℃,空间湿度控制在 90% 左右,并根据实际情况控制喷水和通风。

1)喷结菇水

当床面菌丝 80% 冒头可喷结菇水。喷水掌握少量多次的原则。在 2 d 内要喷足水分,喷水量 3~3.5 kg/m²。喷水选择在早晚进行,喷水后适当通风,防止土粒表面积水。喷结菇水后,菇床每天适当喷水,维持土面湿润。3~4 d 后,子实体长至蚕豆大小时再以喷保质水。

2)喷保质水

喷保质水一般控制在 1~2 d,用量 3~3.5 kg/m²。喷水后及时通风。2 d 后,菇床上便可开始采收双孢蘑菇子实体,2~3 d 可达到高潮。此时维持菇床湿润,每日 1 次适当喷水。喷水后应适当通风,蒸发掉菇体表面的游离水,否则易导致细菌性病害产生。出菇后期停止喷水,使覆土层保持较干燥状态,利于菌丝的休养生息。

3)喷转潮水

在正常气温条件下停止喷水 7 d 后,再喷转潮水。喷水方法与喷结菇水相同。喷转潮水的重点是春季出菇管理,由于南方春季气温迅速回升,利于双孢蘑菇生长的时间相对较短,此时应"抢"字当头喷好结菇重水。密切注意天气预报,在冷空气来临的前 1 d 开始喷转潮水,并在 2 d 内喷好结菇重水。早晚喷水,喷水要点与一潮菇方法相同。

6. 采收

从现菇蕾至采收,历时 4~6 d,视床温而定。当菇盖直径长到 2.5~4 cm 时采收(图 4-1-11),否则留得过大,影响质量,还会抑制下潮菇蕾形成。

图 4-1-11 采收

 巩固训练

1. 双孢蘑菇有哪些主要形态特征?
2. 双孢蘑菇生活条件有哪些特殊要求?
3. 发酵料的基本过程是什么?

 知识拓展

双孢蘑菇的栽培始于法国。1605 年法国农学家坎坦西在草堆上栽培出了白蘑菇。19 世纪初叶,又有人在地窖和洞穴种菇成功。1902 年达格尔,用组织培养法制作纯菌种获得成功,使双孢蘑菇的生产进入了人工栽培的新阶段。中国的双孢蘑菇栽培,1935 年始于上海,以后陆续推广到江苏、浙江、福建等地。我国台湾在 20 世纪 50 年代初开始试验性栽培，60 年代发展成世界主要产地之一。第二次世界大战以后，双孢蘑菇的生产发展十分迅速，1960 年世界年产量为 13.6 万 t，1986 年已逾 120 万 t。主要生产国有美国、中国、法国、英国、荷兰等，其中中国发展迅速，20 世纪 80 年代中期的年产量（不包括台湾省）已逾 15 万 t。中国蘑菇罐头的国际贸易量已跃居世界之首。

> 自主学习资源库

1. 浙江药用植物资源志要. 姚振生，熊耀康. 上海科学技术出版社，2016.
2. 广西宜州利用冬春蚕房栽培双孢蘑菇成功. 第一农经网.

任务 4-2　草菇栽培

任务描述

草菇一般春末夏初种植，是种植周期最短的一种食用菌，一个栽培周期 20～30 d，投资少，利润高。本任务要求掌握草菇发酵料设施栽培技术。

设施：日光温室或塑料大棚。
工具：锄头和铁锹等。
材料：农作物秸秆和其他辅料。

知识准备

1. 概述

草菇[*Volvariella volvacea*(Bull. ex Fr.)Sing]，代号 V，又名兰花菇、美味苞脚菇、稻草菇等，是一种喜湿喜温型高温草腐菌类。起源于中国广东省韶关市南华寺，由华侨传至东南亚，后传至美国及欧洲一些国家，有"中国蘑菇"之称。我国草菇产量占世界总量的 70%～80%，20 世纪 60 年代仅限于南方栽培，70 年代初推广塑料大棚及菇房室内栽培技术，90 年代中后期草菇栽培技术得到飞跃发展，发酵料栽培技术逐步完善，栽培区域逐渐向北扩展。

草菇营养丰富，味道鲜美。干菇中粗蛋白含量占 25%～30%，富含人体必需氨基酸和维生素，脂肪含量只有 3% 左右，矿物质含量高达 13.8%。经常食用草菇，可以增进机体对传染病的抵抗力，加速伤口愈合，降低血压，降低肝脏中胆固醇和脂肪的含量，有预防脂肪肝的作用。

2. 生物学特性

1）形态特征

草菇菌丝体初为白色，后呈浅黄色，生长稀疏，无锁状联合，气生菌丝旺盛，爬壁力强,后期易产生红褐色厚垣孢子。

厚垣孢子细胞壁坚韧,厚薄不一,含多个核,贮藏丰富营养,呈休眠状态,能抵抗低温和干旱等不良环境。环境条件适宜时,厚垣孢子萌发出芽管,发育成菌丝体,可以产生子实体。

子实体单生或丛生,幼菇期外层包被一层菌膜,呈鸡蛋状;成熟子实体呈伞状,由菌盖、菌柄、菌褶、菌托等构成;菌褶离生,成熟后深褐色。

2)草菇生活史

草菇有性繁殖中76%的孢子属于同宗结合,24%孢子属于异宗结合。子实体发育经历针头期、扭结期、蛋形期、伸长期和成熟期五个阶段(图4-2-1)。子实体一旦开伞食用价值及风味都会大大降低,市场上的商品草菇都是在蛋形期采摘。

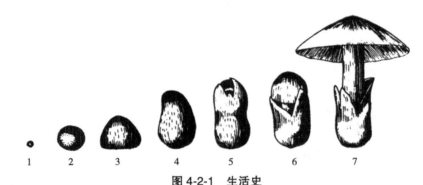

图 4-2-1　生活史
1. 针头期　2. 扭结期　3、4. 蛋形期　5、6. 伸长期　7. 成熟期

3)营养条件

(1) 碳源

草菇是草腐菌,主要利用草本植物秸秆栽培,稻草、麦秸、玉米秆和玉米芯、黄豆秸、花生藤、甘蔗渣、青茅草、棉籽壳等都是种植草菇的良好原料。

(2) 氮源

草菇能直接吸收硫酸铵、硝酸铵等无机氮和氨基酸、尿素等有机氮。生产上常用干畜禽粪便和麦麸、米糠、玉米粉等作为氮源。

(3) 矿物质营养

草菇生产中常添加磷酸二氢钾、磷酸氢二钾、硫酸镁、硫酸钙、碳酸钙等无机盐,补充草菇生长所需要的磷、钾、钙、镁、硫等矿物质元素。

(4) 常用栽培配方

配方1:棉籽壳97%~95%,石灰3%~5%。水140%左右。

配方2:棉籽壳72%,稻草(或麦秸)20%,石灰4.5%,碳酸钙3%,尿素0.5%。水150%左右。每100 kg培养料另加草木灰30 kg。

配方3:稻草88%,麸皮5%,尿素0.4%,磷肥1.6%,石灰5%。水适量。

配方4：玉米秸秆85%，干畜禽粪10%，麸皮2%，石灰2%，石膏1%。

配方5：麦秸68%，麦糠8%，干牛粪13%，麸皮8%，石灰3%。

配方6：整玉米芯5000 kg，麦麸80 kg，鸡粪（或猪粪、牛粪）4~8 m³，生石灰2500 kg，过磷酸钙150 kg。

4）生活条件

(1) 温度

草菇是典型的高温恒温结实性食用菌。菌丝生长温度15~44 ℃，适温28~36 ℃，最适为32~34 ℃；低于10 ℃或高于42 ℃菌丝生长会受到抑制。子实体形成和发育适温28~35 ℃，最适温度30 ℃左右，低于25 ℃或高于35 ℃时，不适合子实体形成。

(2) 湿度和水分

草菇喜湿。菌丝生长的适宜培养料含水量70%~75%，高于其他多数食用菌。培养料含水量低于30%菌丝无法生长；含水量高于75%，培养料透气性变差，会导致菌丝生长速度缓慢，易滋生杂菌。

子实体生长的适宜培养料含水量为80%，空气相对湿度85%~95%。空气相对湿度低于50%，草菇子实体停止发育；空气相对湿度高于95%，容易导致杂菌感染，严重时会引起草菇大面积死亡。

(3) 空气

草菇为好氧性真菌，菌丝体和子实体生长都需要充足的氧气，要特别注意通风。

(4) 光照

草菇菌丝生长不需光线，但子实体形成和生长需一定散射光，光照越强，子实体颜色越深且有光泽，合理调节光线是提供草菇产量的重要措施。

(5) 酸碱度

草菇喜弱碱性环境，菌丝生长适宜pH 7.5~8，子实体生长pH 8.0左右；配制培养料时一般将pH控制在9.0~9.5，待菌丝生长数日，出菇时pH正好降至8.0左右。

3. 栽培品种

草菇的栽培技术由来已久，品种也比较多，可以根据当地的气候条件来选择更加适宜的品种，这样才能更高产。

1）按颜色分类

分为灰色草菇和白色草菇。灰色草菇又包括灰黑、灰白、灰褐三种颜色。白色草菇的栽培面积小，种植最多的还是灰色草菇。

灰草菇主要特征是外层菌膜为鼠灰色或黑色，比较厚实，不易开伞，呈卵圆形，菇体基部较小，容易采摘。但抗逆性较差，对温度变化特别敏感。常用品种有V23、V35、V20、V5、V981、V202、浏阳麻菇等。

白草菇主要特征是外层菌膜灰白色或白色，较薄，易开伞，菇体基部较大，采摘比较困难，但出菇快，产量高，抗逆性较强。常用的白草菇品种有 V844、新泰等。

2）按草菇个体大小分类

可分为大型种、中型种和小型种。干制用的适宜选用大、中型，鲜食和罐藏用的适宜采用中、小型。

①大型种　单个重 30g 以上为大型种，如 V23、V35、新科 70、浏阳麻菇等品种。

②中型种　单个重 20~30g 属中型种，如 V37、V733、GV34、V844、新泰。

③小型种　单个重在 20g 以下为小型种，如 V20。

4. 主要栽培模式与栽培季节

1）主要栽培模式

堆草栽培：选择适合的空闲场地。栽培场地先翻土暴晒，喷洒浓石灰水消毒和驱杀土中害虫，然后做成 1 m 宽的东西向畦床，有利于通风和管理。畦与畦之间是作业道，场地四周挖排水沟，防止夏季暴雨浸淹料块（图 4-2-2）。起垄作畦，上方用竹片等材料搭建拱形架子，覆盖薄膜保湿，用遮阳网或草帘遮阴，将稻草扎成把，堆码在畦床上种植草菇。土质要求是富含有机质的肥沃砂质壤土，以利于草菇菌丝生长，还可促使料块四周长出地脚菇，增加产菇量。

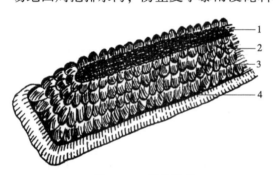

图 4-2-2　堆草模式
1. 肥土　2. 草把　3. 菌种　4. 床面

①发酵料畦床栽培　采用日光温室、塑料大棚和塑料地棚种植。

②发酵料床架栽培　搭建菇房，设置床架种植。

③压块栽培　适合用棉籽壳、废棉等材料。

2）栽培场地选择

草菇栽培的场地要选择交通便利、环境清洁、周边无污染源、地势高燥、通风向阳、供水方便、排水容易的场所。

3）栽培季节

草菇属高温速生型菌类，气温稳定在 23 ℃以上就可栽培。长江以南如武汉、上海一带 6~8 月较适，长江以北如石家庄、北京一带 6 月下旬至 7 月上旬较适。广东地处热带、亚热带，在自然条件下，春末夏初到秋末均可栽培，即 4~10 月，而以春末时节 4~6 月最适宜，此期间气温回升较慢，波动不大，雨水较多，湿度较恒定。黄河以北地区一季 1~2 茬，长江以南地区一季 2 至多茬。

1. 培养料的准备

按一个大棚种植面积 350 m^2 计算,主料:麦秸 3400 kg。辅料:牛粪 600 kg、麦麸、麦糠各 400 kg、石灰 150 kg,石膏 50 kg。

2. 菌种的准备

栽培前 25~30 d 制栽培种。采用麦秸混合培养基(麦秸 20%、麸皮 4%、石灰 1%)培育原种和栽培种。菌种要在菌丝长满袋(瓶)后 1 周内使用,超过 1 个月的不宜再使用。短龄菌种生命力强、菇蕾多、产量高,适龄菌种菌丝浅白色或有部分黄白色,透明,厚垣孢子多,一般菌丝长满后 2~3 d 便会产生粉红色厚垣孢子,此时是菌种使用最佳时间。菌种用量一般为培养料总量的 10%~15%,适当增加接菌量到 20%~25%,有利于增产。

3. 培养料发酵

①碾压　选用当年收割的麦秸,因其质地比较坚硬,表面附有蜡质,吸水性和保水性差,所以,使用前要用拖拉机压破麦秸。
②浸泡　用 1% 的石灰水将麦秸碱化浸泡一夜。
③堆积发酵　堆料底部铺上一层未碾压的秸秆,将料与地隔开,底宽 2 m 左右,然后铺一层草料,均匀撒一层粪肥和少量石膏,每层草料厚度 20 cm,堆至 1.5 m 高,长度不限。堆面制成梯形。料堆上扎通气孔,覆盖薄膜,防止日晒雨淋,使料堆中心温度在 60 ℃左右,发酵 3~5 d,中间翻堆一次。翻堆时将四周料翻到中间,如果料过干,用 1% 石灰水调湿。在栽培前用石灰水将 pH 调到 8~9。

堆积发酵的目的是使麦秸变得疏松柔软,以利于菌丝吃料。麦秸中含碳 46.5%、氮 0.48%,含氮量偏低。在制作培养料时,应添加 13% 的干牛粪和 15% 左右的麦糠、麸皮作为辅助营养料,以满足草菇生长对氮素的需求。栽培料堆积发酵,形成高温环境,不仅使料中存留的有害嗜温性微生物及害虫被抑制或杀死,减少了养分的消耗和对草菇的危害,而且促使有益的高温固氮菌和嗜热放线菌大量增殖,它们固定空气中氮素,分解草料合成的菌体蛋白,给草菇提供了营养,促进了草菇菌丝的生长和发育,因而使草菇的产量和品质有明显的提高。

4. 作畦

清除场地杂草,翻地松土,喷洒浓石灰水,驱杀土中害虫。畦床东西向,按宽 1.2 m、深 0.2 m 作畦。畦中间留一条宽 0.2 m 的土埂。畦床分为两小畦,四周开挖宽 0.2 m、深 0.25 m 的排水沟。

5. 铺料下种

先铺一层 5 cm 发酵好的培养料，适当压平，四周撒上一圈菌种，菌种量占培养料的 2%；接着在其上面铺 10 cm 厚的培养料，播菌种量占培养料的 5%；再铺厚 10 cm 的培养料，播菌种量占培养料的 5%；然后铺厚 10 cm 的培养料，菌种撒在整个料面上，播菌种占培养料的 8%；上面再盖一层薄薄的培养料，压实拍平，覆土 2.5~3 cm；再用 1% 石灰水喷洒湿润，盖 10 cm 厚的干草防强光。全畦用膜盖好，四边压实。

6. 发菌期管理

(1) 温度控制

32~34 ℃ 发菌 3~4 d，菌丝生长所需温度较高，最适温度为 32~35 ℃。如料温升得太高，超过 40 ℃，就会影响菌丝生长；如低于 20 ℃，则菌丝发育受阻。

(2) 水分控制

菌丝生长期间要求较高湿度，尤其在播种后头几天，空气相对湿度最好维持在 95% 以上，以利于菌丝生长。菌丝生长期，一般以灌水为主，尽量不向料面喷水，因栽培料过湿影响通气，菌丝呼吸作用受到抑制，并且好氧性微生物活动减弱，料温不易升高，维持时间亦短，有利于厌氧菌大量增殖，使料变黑腐败，引起鬼伞杂菌丛生，草菇菌丝自溶死亡，造成严重减产。

(3) 通风管理

通风并给予光照。草菇接种后，在料块上有塑料薄膜覆盖，可提高料温，保持湿度，促进草菇菌丝生长，有利增产。覆膜在接种后立即进行，覆膜后要检查料温变化，如料温超过 40 ℃，应及时揭膜降温，以免烧坏菌丝。覆膜 3~4 d 后，白天应定期揭膜或将薄膜用木棒架起，以防表面菌丝徒长，影响菌丝往料中延伸。当出现菇蕾后，及时将覆盖的地膜揭去，以防菇蕾缺氧闷死。

7. 出菇期管理

(1) 温度控制

降温至 29~32 ℃，维持 3~4 d。草菇子实体发育阶段，所需温度和湿度比菌丝生长期要稍低，出菇温度控制在 28~32 ℃ 为适宜。出菇温度适当低些，子实体生长慢，开伞迟，菇形大，菇肉厚而结实，菇粒重，质量好。夏季气候炎热，塑料棚内温度往往在 35 ℃ 以上，过热容易引起大批幼菇枯萎死亡，应进行通风散热，也可在棚外覆盖的草帘上浇洒井水降温。但温度太低，子实体发育受阻碍，菇体不易形成。

(2) 水分控制

草菇现蕾时不能向菇床喷水，可以向畦床四周的小沟内灌水，保持畦床潮湿，培养料不宜浸湿。空气相对湿度 90% 左右。湿度太高，菇体表面水分的交换受到影响，正常的蒸腾作用受阻，体内物质运输不畅，容易引起子实体腐烂和遭受病害；子实体生长期可适当喷水，以空间喷雾为主，一般不宜直接向料块上喷水，以防菇体积水烂菇。如料块过干，必须补水，一定要喷清水，喷头向上，水温与气温相近，以防止降低料温，引起幼菇枯死。喷水后，注意通风换气，以防高温烂菇。

（3）催蕾

棚周边开洞通风，散射光照，利用昼夜温差，诱导催蕾。

8. 采收期管理

子实体长至 6~7 d，呈卵形，苞被未破时采收，部分地区喜食开伞菇，如图 4-2-3 所示，每日采 2~3 次。草菇的转化率在 20% 左右，5000 kg 麦秆，正常可收获草菇 1000 kg 左右。

图 4-2-3　采收菇蛋及开伞菇

9. 转潮期的管理

采完第一茬菇后，清净整平料面，向料内喷洒 1% 澄清石灰水，调整料的 pH 至 8.0~9.0，促进菌丝恢复，间隔 5~7 d 后第二茬菇发生。每茬菇收获后，要结合补水补充一些营养液，可到市场上购买食用菌专用微肥，也可自己配制 0.1% 复合肥或麦麸水等。

10. 病虫害防治

草菇虫害主要是螨类危害。未出菇时先在菇床口喷 0.1%~0.2% 的敌敌畏，盖上塑料地膜杀螨效果良好。

病害主要指鬼伞类杂菌，生长速度极快，周期短，与草菇争夺养分和水分。当菇床上出现鬼伞类的子实体，及时摘除，避免发生严重。

巩固训练

1. 草菇菌丝体、子实体各有哪些主要特征？
2. 子实体的发育过程如何？
3. 草菇的生活条件有哪些特殊要求？
4. 怎样防止培养料 pH 下降？
5. 死菇的原因有哪些？
6. 如何在玉米地里套种草菇？
7. 菌丝徒长的原因、后果及防止措施是什么？

 知识拓展

利用整玉米芯种植草菇技术

近年来，在河北和山东一带采用整玉米芯栽培草菇产量很高，生物转化效率达到 100%，其技术有 2 个特点：一是整玉米芯不粉碎，直接用于种植草菇；二是石灰的用量达培养料重量的 40%。主要流程如下：

1）玉米芯浸泡

在栽培棚临近的地方挖一条 2 m 宽、40~50 cm 深的沟，取整玉米芯（干）5000 kg 放入沟中，把 2000 kg 干石灰撒在摊平的玉米芯上，分次进行注水进行浸泡。分次注水原因主要是防止玉米芯漂浮。玉米芯需要浸泡大约 7 d，使充分吸收水分，杀死玉米芯里的杂菌和害虫。

2）栽培场地处理

将 3~4 m^3 的干鸡粪与表层土充分拌匀，再撒入 1 kg 磷酸二铵，最后采用菊酯类药物对栽培棚进行喷洒杀虫。

3）栽培畦制作

在栽培棚内将泡透的玉米芯铺成底宽 80 cm、高 20 cm 的龟背形畦面，把麸皮（占总重量 2%）与 2%阿维菌素乳油 100 倍拌匀后撒在畦面上，用来防止玉米芯霉变和杂菌滋生。

4）播种

在玉米芯畦面上均匀撒上麦粒菌种，用量 1 瓶(500 mL)/m^2。然后在菌种上面覆约 2 cm 厚的土，覆土层厚点可提高产量。用清水将覆土浇 1 遍，并撒一层麦粒菌种，用量 100 g/m^2，再盖上宽 1.5 m 的地膜进行发菌。

5）发菌管理

菌丝生长期保持黑暗，气温控制在 32~33 ℃，料温应该保持在 38 ℃左右，料内温度不超过 40 ℃，料表温度不能超过 36 ℃。播种后 4 d，菌丝长满畦面时要掀开地膜，在第五天时去掉薄膜。第七天进入出菇管理。

6)出菇管理

室温保持在 30 ℃左右，空气相对湿度要提高到 90%～95%。适时采收。

自主学习资源库

1. 鲜美菌品草菇．李克宜．广西科学技术出版社，2004.
2. 八种食用菌速生高产栽培新技术．潘崇环．中国农业出版社，1998.
3. 草菇栽培新法．李志超等．中国农业出版社，1996.
4. 食用菌栽培学．杨新美．中国农业出版社，1996.
5. 食用菌生产技术．张金霞．中国标准出版社，1999.
6. 食用菌栽培(第二版)(下册)．黄毅．高等教育出版社，1998.
7. 食用菌学．张松．华南理工大学出版社，2000.
8. 食用菌优质高效栽培技术指南．潘崇环．中国农业出版社，2000.
9. 中国食用菌技术．http：//www.hzsyjw.com/
10. 中国食用菌 http：//www.mushroom.gov.cn/

任务 4-3　鸡腿菇栽培

 任务描述

鸡腿菇易栽培，原料广，成本低，生长周期短，产量高，抗病力强，市场售价高。被联合国粮农组织和世界卫生组织公认是集"天然、营养、保健"三种功能为一体的 16 种珍稀食用菌之一，特别适合中国农村推广种植，是有很大发展潜力的新食品资源。通过本任务的学习，掌握鸡腿菇菌包覆土栽培技术。

栽培设施：塑料大棚或日光温室。

用具：培养料水分测定仪，控温报警器，波美比重计，氧、二氧化碳测定仪，照度计，温度计，干湿球湿度计，pH 试纸，喷雾器等。

材料：棉籽壳、麦麸、石灰等培养料，消毒灭菌杀虫药品。

 知识准备

1. 概述

1)分类地位

鸡腿菇[*Coprinus comatus*(O. F. Müll.)Pers.]，又名毛头鬼伞，属于担子菌亚门层菌纲

伞菌目鬼伞科鬼伞属，因其形如鸡腿而得名。

2）营养及药用价值

(1) 营养价值

鸡腿菇色、香、味、形俱佳，菌肉洁白肥硕，细嫩如鸡丝，食用脆滑鲜嫩。营养较丰富，胜过平菇和双孢蘑菇，干品蛋白质含量达 25.4%，氨基酸总量为 18.8%，包含 8 种人体必需氨基酸，富含钙、磷、铁、钾等矿质元素和维生素 B_1 等多种维生素。

(2) 药用价值

鸡腿菇味甘性平，具清心益智、易脾健胃、增强人体免疫力之功效，能降血糖、降血压、降血脂，对肿瘤、糖尿病、痔疮等疾病有良好辅助治疗作用。

3）栽培历史及现状

鸡腿菇驯化栽培研究始于 20 世纪 60 年代，我国 80 年代驯化栽培成功，90 年代初期逐渐推广栽培，已在山东、江苏、浙江、上海等地形成一定生产规模。美国、德国、法国、日本、意大利、荷兰等国家已进行大规模商业化栽培。

2. 生物学特性

1）形态特征

(1) 菌丝及菌丝体

菌丝灰白色，稀疏。气生菌丝不发达，在母种试管中常向斜面培养基内分泌黑色素，前期绒毛状，生长较快，覆土后呈紧密匍匐线状，可见粗壮菌索。菌丝体具有不覆土不出菇的显著特点，可根据市场需求安排覆土的时间。菌丝体极抗衰老，在常温下存放 6 个月后仍能正常出菇。

(2) 子实体

单生或丛生，手榴弹状。

①菌盖　菌盖灰白色，光滑圆柱状，膨大后呈钟状有锈色鳞片，开伞后伞盖直径 3~5 cm。

②菌褶　初期白色，逐渐变为粉红色，成熟后变为黑褐色，开伞后 40 min 内菌盖边缘菌褶很快自溶成墨汁状液。

③菌柄　白色圆柱状，长 7~11 cm，直径 1~2 cm，上细下粗，基部膨大，内部紧实，后期中空，质地脆嫩。

④菌环　白色，在菌柄中上部，可上下移动，易脱落。

2）生活史

自然状态下，鸡腿菇子实体菌褶上的担孢子靠气流和水流传播，落地后在适应条件下萌发出芽管，分支生长为初生菌丝，经质配后形成次生双核菌丝，生长为粗壮洁白的菌丝束,扭结形成子实体原基。原基经 2~3 d 发育后伸长,破土而出,3 d 左右分化为子实体;子实体很快成熟,菌柄拉长,菌环松动,菌盖展开,弹射出成熟的担孢子(图 4-3-1)。

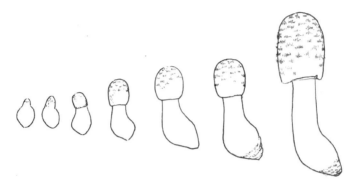

图 4-3-1 生长过程

3)营养条件

草腐土生菌,对营养要求不严格,可用工、农、林业的产品下脚料栽培,也可利用菌糠为主料栽培。畜禽粪是常用的碳源和氮源。生产上多采用发酵料栽培。菌丝生长阶段碳氮比为 20∶1,子实体阶段为 40∶1。生产中常用配方如下:

①棉籽壳 85%,麸皮 10%,钙镁磷肥 2%,石灰 3%,含水量 65%。

②稻草 85%,干畜禽粪便 8.5%,石灰 4%,石膏 2%,尿素 0.5%,含水量 65%。

③玉米芯 78%,干畜禽粪便 10%,草木灰 6%,麦麸 2%,石灰 2%,磷肥 2%,含水量 65%。

④麦秸 80%,麸皮 15%,石灰 2%,石膏 1%,复合肥 2%,含水量 65%。

⑤混合草料 85%,干畜禽粪或麸皮 10%,磷肥 1%,石灰 4%,含水量 65%。如添加 10%菜园土和 3%~5%草木灰,可提高 10%~20%的产量。

⑥平菇菌糠 45%,棉籽壳 45%,玉米粉 9%,石灰 1%,含水量 65%。

4)生长条件

(1)温度

鸡腿菇属中低温型变温结实性真菌。

①菌丝体 菌丝生长温度范围 3~35 ℃,生长适温 20~28 ℃,以 24~27 ℃生长最好。菌丝抗寒能力相当强,在-30 ℃条件下,土中的菌丝可安全越冬,而在 35 ℃以上菌丝会自融。

②子实体 子实体生长温度范围 8~30 ℃,最适温度 16~24 ℃。子实体形成需要中低温刺激,培养温度降至 20 ℃以下后,子实体原基很快形成。出菇温度范围 9~28 ℃,但以 12~18 ℃为适,低于 8 ℃、高于 30 ℃子实体难以形成。20 ℃以上菌柄很快伸长,并开伞。

③变温结实 子实体分化需 5~10 ℃温差。

(2)湿度与水分

①培养料 控制含水量在 60%~70%。低于 55%时,菌丝生长受阻,但超过 70%,会

造成通气不良,而且易引起杂菌污染。

②发菌期　控制空气相对湿度65%~70%,覆土含水量16%~25%。

③育菇期　空气相对湿度85%~95%。低于60%,菇瘦小,菌柄硬;高于95%,菌盖表面水分蒸腾及物质运转会受到影响,而且易得斑点病;覆土含水量略高于发菌期,控制在18%~25%。

(3) 空气

鸡腿菇属于好气性菌类,子实体生长期比平菇需氧量高5%左右,通风不良会造成子实体发育迟缓,菌柄伸长,菌盖变小、变薄。

(4) 光线

鸡腿菇属于弱光性菌类,发菌期要求黑暗,子实体分化期需要散光刺激,育菇期有弱光(600~900 lx),才能使子实体个大、坚实、白嫩,但光照过强,菇长得老、干、黄,商品价值下降。

(5) pH

鸡腿菇生长喜中性偏碱性,生长范围为pH 2~10,最适pH 6.5~7.5,培养料及覆土材料的酸碱度控制在pH 7.5~8.0最合适。在生产管理中,常喷1%~2%石灰水调节pH值。

(6) 覆土

不覆土不出菇是鸡腿菇的重要特性。覆土的时间、厚度、土质、方式等不同,会对鸡腿菇的出菇时间、菇体形态、产量等造成一定影响。

3. 栽培模式

1) 栽培场地

地面菇房、日光温室和塑料大棚、半地下式塑料棚、自然林下、藤本作物棚架下、高秆作物行间,都可以种植鸡腿菇。

2) 栽培季节

根据品种的温型选择适宜的播种期。鸡腿菇属中温型菌类,适合春、秋栽培,以秋栽为主。

(1) 春季

元旦前接种栽培,3月15日后覆土出菇。

(2) 秋季

9月接种栽培,10月覆土出菇。从种到收约40 d,整个生产周期约3个月。广东等南方地区,适宜栽培时间为9月中旬至翌年4月下旬,北方地区可在9月至翌年6月上旬栽培。

3) 常用品种

(1) 单生种

个体肥大,总产量略低,如CC168(日本引进)。

(2) 丛生种

个体较小，总产量较高，如 CC100（贵州）、CC173（浙江）、CC944（江苏）、EC05（湖北）。

(3) 单生或丛生

如特白33、瑞迪10号（河北）。

4) 栽培方式

(1) 畦栽

露地搭建小拱棚或大棚内起垄建畦，发酵料栽培。

①建畦　宽80~100 cm，深15~20 cm。喷600倍敌百虫，灌底水，渗后撒一层石灰粉。

②播种　层播，4层料，3层菌种，料总厚度15 cm。

③发菌　将料层压实，盖消毒报纸和薄膜，保温保湿。

④覆土　揭去薄膜及报纸，均匀盖土约3 cm厚。出菇管理同双孢蘑菇。

(2) 袋式栽培

将培养料装入塑料袋中发菌，然后将菌袋脱袋放置到畦床上，覆土出菇。

①生料栽培　培养料直接拌料、装袋，层播接入菌种，适合在低温季节用棉籽壳种植鸡腿菇，拌料时要加入适量的广谱性杀菌剂，抑制杂菌生长。菌种用量大，通常要占干料重的15%左右。

②熟料栽培　将培养料装袋后高压灭菌，再接入菌种，菌种用量10%左右。

③发酵料栽培　培养料通过堆制发酵后，再装袋、接种，菌种用量10%~15%。

任务实施

鸡腿菇脱袋覆土栽培

1) 培养料准备

(1) 生产配方

棉籽皮85%，麸皮10%，石灰2%，石膏1%，复合肥2%。

(2) 物料准备

根据实验条件和学生人数，按照配方准备生产所需物料和菌种。

2) 培养料制备

(1) 拌料

棉籽壳提前预湿，与麦麸混合均匀，石灰、石膏、复合肥加水溶解后再拌入料内，调节含水量达70%~75%，pH 9.0~10.0。

(2) 建堆

将拌好的培养料堆制成宽1.5~2 m，高0.8~1 m的长形堆，要求四壁缓斜，顶部馒头状,四周用薄膜、顶部用草被围盖。注意棉籽壳用量 250 kg 以下不宜采用发酵处理,发酵质量难以保证。

(3) 翻堆

棉籽壳制堆后 1~2 d,料温达 60 ℃左右时翻堆。复堆后打料孔(孔距约 50 cm)。翻 2~3 次堆(共 5~7 d),发酵好的标志是棉籽壳呈棕红色,有发酵的香味,无臭味和霉味,含水量 65%左右(指缝泌水),pH 8.0 左右。

3) 装袋接种

(1) 塑料袋大小

采用低压聚乙烯塑料袋,根据菌袋在畦床上摆放方式选择大小规格。

① 菌袋卧放 选择 22 cm×(45~50)cm 塑料袋。

② 菌袋立放 选择 30 cm×40 cm 塑料袋。

立放出菇较快,生物学效率较高。本实验采用立放方式。

(2) 接种方法

将发酵好的培养料按"四层菌种三层料"的方式装入栽培菌袋中,扎好袋口,接种量 10%左右。

4) 发菌培养

菌袋接种后移至培养室,墙式叠放 4~5 层,保持培养室光线暗,空气新鲜,环境清洁干燥。室温控制在 25 ℃左右,空气相对湿度 70%左右。一般 35~40 d 菌丝长满整个菌袋。

5) 作畦、栽立柱

(1) 作畦

南北向作畦,畦宽 1 m,长与出菇场地宽相同,深 20~25 cm,畦间留 30 cm 走道。

(2) 脱袋

菌丝满袋后,脱去菌袋排放在 1 m 宽左右的菇床上,菌棒间距 5 cm 左右。

(3) 栽菌柱

将菌柱立栽,菌柱间距 3 cm 左右,柱间隙填土,然后浇重水,使土壤和菌柱紧密连接。

6) 覆土

(1) 覆土的选择与处理

覆土可刺激出菇。一般采用中性壤土加入煤渣和 1%~3%的石灰粉混合,调节 pH 8.0~9.0,含水量 18%~20%,加入杀虫剂堆闷 1~2 d 杀菌,然后摊开 24 h 左右备用,要求手握成团,落地可散。尽量不要采用红壤土和黏土,因为黏性过大会造成通气不良,蓄水性差,导致出菇慢、菇柄长、品质下降。

(2) 覆土方法

在菌棒上填入制备好的壤土,通常有两种方法,根据实际情况灵活采用。

①一次覆土　脱袋后一次性覆土，厚 3~4 cm。覆土层太薄（低于 2 cm）或太厚（高于 5 cm）都会对出菇期和菇的品质有直接影响，导致菇体变瘦、变小。覆土后用 0.5% 的石灰水浇透，调水至覆土层含水量 20%~25%。

②两次覆土　第一次覆土 2~3 cm，7~10 d 后菌丝爬满土面时进行第二次覆土，厚 1 cm 左右。

7）出菇管理

(1) 菌丝入土阶段

覆土后菌床上覆盖薄膜，保温保湿 7~10 d，促进菌丝向土层生长。如有菌丝爬至覆土层表面，需用细土粒覆盖。

(2) 子实体分化阶段

覆土后 10 d 左右，当覆土表面约有 2/3 出现菌丝时，揭开薄膜，喷一次重水，加强通风降低空气湿度。每天通风 1~2 次，每次 30~40 min，迫使土层表面菌丝倒伏萎缩。空气相对湿度保持在 85%~90%，气温控制在 10~22 ℃，最适为 18~20 ℃。加大温差（5~10 ℃），并给予散射光刺激，3~5 d 即可形成子实体。

(3) 子实体生长阶段

温度约 20 ℃，光照较弱，空气新鲜，空气湿度约 90%。勿向菇体直接喷水（易变色），勿形成闷湿环境。

8）采收

鸡腿菇要在三至四成熟时立即采收。一般子实体生长 7~8 d 后，当菌盖上出现了少量鳞片，且紧包菌柄，菌盖颜色变浅黄，手触菌盖中部由硬变软，菌环刚松动时采收。手握菌柄基部轻轻旋转摇动拔起。可采大留小，但群生品种通常一次采下。

9）采后管理

头潮菇采完后，要及时清除死菇，适量补浇一次 pH 8~9 的石灰水。重新覆土 1 cm 左右，间歇 10~15 d 又出第二潮菇。采完两潮菇后喷施追肥，可收 4~5 潮菇。一般生物学效率为 150% 左右。

巩固训练

鸡腿菇基质袋栽培

学生试验可以用直径 50 cm、深度 16~18 cm 的无纺布基质袋替代塑料袋栽培鸡腿菇，操作更加方便，便于管理。

1）菌袋制作

在袋子底层撒上一层菌种，加一层发酵后的培养料，料面均匀撒一层菌种，再加一层料、撒一层菌种，最后加一层薄薄的料，将菌种稍加掩盖，用手压紧，使菌种与料紧贴，盖上塑料薄膜，置于室内发菌。

2）覆土管理

菌袋接种约 20 d，菌丝长满基料时，揭开薄膜，覆盖备用的壤土，覆土厚度 4 cm 左右，再盖好薄膜，让菌丝长入土层中。

3）出菇管理

子实体原基形成后，及时揭膜，按照上面出菇期管理方法进行管理。基质袋栽培出菇期短，场地安排灵活，也适合用生料栽培鸡腿菇。

 知识拓展

鸡腿菇病虫害防治

1）竞争性杂菌

(1) 叉状炭角菌

叉状炭角菌又称鸡爪菌，是鸡腿菇栽培过程中最重要的竞争性杂菌，常发生在覆土层上。鸡爪菌子实体初期呈浅褐色，实心，近木质，韧性强，不易折断；菌柄长并伸入土中，互相连接。鸡爪菌危害影响鸡腿菇产量，严重时造成绝收，因此栽培前要做好覆土的灭菌处理，初发生量少时，注意及时清除。

(2) 鬼伞类

该杂菌孢子是混在培养原料进入菇床，5~10 d 床面便出现大量的鬼伞菌与鸡腿菇争夺营养。其子实体腐解后流出墨汁样孢子液，继代极快。防治方法：

①选用新鲜干燥的培养料，并采取二次发酵，以杀灭鬼伞孢子。

②发现鬼伞应及时在未开伞前摘除，并深埋。

2）侵染性病害

(1) 胡桃肉状菌

胡桃肉状菌又名假木耳，是鸡腿菇栽培中易发生的一种恶性传染病。发病初期多在覆土层内产生浓密白色棉絮状菌丝，继而在土表层发生大小不等类似木耳形状的子实体，挖开发病部位培养料会发出浓烈的漂白粉味，鸡腿菇菌丝自溶，培养料发黑。防治方法：

①严格挑选菌种，凡发现不良的菌种坚决不用。

②覆土必须取表土 20 cm 以下的土，并严格消毒。

③用浓石灰水在局部灌淋，并停止供水，待局部泥土发白后，小心搬出，远离深埋。

(2) 白色石膏霉

该病是由培养料偏酸而引发的一种病害。一般在下种 10~15 d 内发生。初期在覆盖表面形成大小不一的白斑块，状如石灰粉。老熟时斑块变粉红色，并可见到黄色粉状孢子团。挖开培养料有浓重的恶臭味，鸡腿菇菌丝死亡、腐烂。防治方法：

①培养料发酵时添加5%的石灰粉，调节pH为8.5。
②局部用500倍多菌灵或5%的石炭酸喷洒。
③加强通风，降低畦面的空气湿度。

3）虫害

（1）螨类

螨的种类较多，主要危害菌丝和子实体，虫口密度大时，鸡腿菇无法形成子实体。螨类来源于稻草、禽畜粪便，喜生活在阴暗潮湿的环境，繁殖极快。防治方法：

①栽培场地在使用前要认真清理杂物，并使用敌敌畏喷杀一遍。
②培养发酵温度达到55 ℃时，料堆表面用2000倍克螨特喷杀。
③菇场定期喷洒1000倍敌敌畏或2000倍卡死特。

（2）菇蝇

菇蝇不但危害鸡腿菇子实体，而且是传播杂菌的祸首。被危害的培养料呈糠状，有恶臭味，并见蛆虫爬动，菌丝被吃掉。防治方法：

①用0.1%的鱼藤精喷洒地面及四周。
②用1500倍除虫菊酯或3000倍2.5%氯氰菊酯喷杀。
③保持场地通风、清洁。

（3）跳甲虫

该虫是栽培环境过于潮湿，卫生条件差的指标害虫。常群集在菌盖底部的菌膜及料中，被害子实体发红并流出黏液，失去商品价值。防治方法：

①改善栽培场地的卫生条件，防止过于潮湿。
②用0.1%的鱼藤精或除虫菊酯喷杀。

> **自主学习资源库**

1. 鸡腿菇高效栽培技术．李素春，刘新周．吉林科学技术出版社，2000．
2. 双孢蘑菇草菇鸡腿菇高效栽培技术．宋金俤，侯立娟．江苏凤凰科学技术出版社，2014．
3. 大棚鸡腿菇与草菇优质高效栽培新技术．高爱华．济南出版社，2002．

项目5 珍稀食用菌栽培技术

学习目标

知识目标

(1) 掌握珍稀食用菌理论知识,熟悉其栽培管理技术。
(2) 掌握珍稀食用菌生物学特性及分类学地位等知识。
(3) 掌握珍稀食用菌菌种制作理论知识。
(4) 理解珍稀食用菌栽培过程中各技巧,掌握栽培过程中各影响因素。

技能目标

(1) 能对珍稀食用菌进行分辨。
(2) 能够对所列举的珍稀食用菌进行菌种分离及制作。
(3) 能够对所列举的珍稀食用菌进行栽培管理。
(4) 能够对珍稀食用菌栽培的病虫害进行防治。

任务5-1 大球盖菇栽培

任务描述

本任务主要对大球盖菇进行理论知识概述及栽培管理技术简述,包括大球盖菇基础介绍、生物学特性、制种技术、栽培技术、管理出菇技术、病虫害防治、加工等。通过学习本任务,能详细地学习了解大球盖菇及其制种、栽培等技术。

知识准备

1. 概述

大球盖菇是一种营养丰富、口味鲜美、品质优良的珍稀食用菌,也是抗肿瘤方面极具开发潜力的药用真菌。近年来,由于食用菌产业快速发展,特别是棚室等保护地集约化,以及工厂化食用菌产业快速扩张,大球盖菇发展相对滞后,对大球盖菇的研究也相对薄弱，以至于一度成为小菇种，只在部分省份局部栽培。近年来，对大球盖菇研究日渐增多，包括化学成分、胞外酶、生物学特性、原生质体再生及单核化、栽培、加工方法、其他应用价值研究等。由于大球盖菇能有效降解木质素，因此目前国内外对其在工业和环境治理上的应用极为关注。研究发现，在饲料工业上，利用其处理饲料可提高动物对饲料的消化率，从而突破了秸秆仅用于反刍动物饲料的禁地；在环境污染治理中，它能有效降解土壤及污水、废水中的各种难溶芳香族化合物。

大球盖菇以极佳的口感品味及丰富的营养，产品投放市场，很快就被消费者所接受和认可。目前该产品不仅可制作各大酒店的高档菜品，还是火锅店热销的食用菌。国内市场除鲜销外，还可真空清水软包装加工、速冻加工，盐渍品在国内外市场潜力极大，还可提取多糖生产保健品或药品。

1）大球盖菇的栽培现状

大球盖菇是国际菇类交易市场上的重要品种，也是联合国粮农组织向发展中国家推荐栽培的食用菌之一。1922 年美国首次发现并命名，其后欧洲各国、日本、中国也相继发现。1969 年德国最早人工驯化成功，以后发展到波兰、捷克、匈牙利和苏联等国，逐渐成为欧美国家栽培的蕈菌。我国 20 世纪 80 年代上海市农业科学院食用菌研究所许秀莲等从波兰引进菌种，并试栽成功；20 世纪 90 年代福建三明真菌研究所颜淑婉通过华侨引进现在栽培的大球盖菇品种，成功推广，取得了较高的经济效益。目前在福建、江西、四川、湖北等省已经大面积推广栽培，效益很好。2010 年后全国大面积推广。野生大球盖菇分布在欧洲、北美、亚洲的温带地区，我国的云南、西藏、四川和吉林等地有分布。图 5-1-1 为人工栽培成功的大球盖菇。

大球盖菇的栽培类研究，主要包括栽培培养基、栽培料、栽培方法及管理、栽培时间和栽培场所几类，工厂化生产大球盖菇，既可以保障产品产量、质量，又不受自然环境的影响，还能延伸产业链条。利用废弃培养基，稍做加工就可以成为高质量的有机肥料。如果在水稻产区利用剩余空间，不仅能充分利用稻草，还能把稻糠、破损谷物转化成为优质的大球盖菇和优质有机肥料。

图 5-1-1　大球盖菇

2）大球盖菇的市场前景

大球盖菇是生物化解农作物下脚料的能手，它以谷物的秸秆和粪肥为主要栽培料，栽培出蘑菇的同时又解决了环境污染问题，成为生态农业的生力军。大球盖菇产量高，生产成本低，营养丰富，易被消费者接受，同时又能有效消纳秸秆，减少面源污染，培肥地力，改善生态环境，增加农民收入，因此是精准扶贫、种植结构调整、林业产业和矿区经济转型的好项目，各地纷纷出台的优惠扶持政策，促进了大球盖菇的迅速发展。除鲜品外，还有腌渍品、干品等主流产品。加工品种不断扩大，目前大球盖菇正处在蓬勃发展的关键时期。其栽培优势明显：第一，栽培技术简单，可直接采用生料栽培，具有很强的抗杂能力，易栽培成功；第二，大球盖菇生产成本低，产量高，营养丰富，作为新产品很容易投放市场；第三，栽培原料来源丰富，大球盖菇可生长在各种秸秆培养料上（如稻草、麦秸、亚麻秆等），栽培后的废料可直接还田，改良土壤并加强土壤的肥力；第四，大球盖菇抗恶劣环境的能力很强，适应温度范围广，适种季节长，有利于缓解食用菌紧缺时产品的市场供应。大球盖菇的生态价值突出、开发潜力大，具有食用、保健、医药三大功用，具有巨大的发展前景。

2. 生物学特性

1）分类地位与形态特征

大球盖菇（*Stropharia rugosoannulata* Farl. ex Murrill）别名皱环球盖菇、皱球盖菇、酒红大球盖菇、裴氏球盖菇、裴氏假黑伞、赤松茸，属于担子菌门层菌纲伞菌目球盖菇科球盖菇属。菇体色泽艳丽，味道鲜美，肉质滑嫩，口感极佳。

大球盖菇在 PDA 培养基上的气生菌丝相对较少且呈白色丝状，紧贴培养基蔓延生长，双核菌丝具有锁状联合。子实体丛生或单生，中等至较大，菌盖接近半球形，成熟后趋于扁平，直径 5~25 cm，较大的可达 30 cm。大球盖菇子实体生长初期为浅白色，随着进一步的生长发育，菇盖颜色渐变为红褐色至暗褐色或葡萄酒红褐色。成熟的子实体菌盖边缘内卷并在菌柄与菌盖之间有白色菌幕残片。菌褶密集排列且直生。菌盖表面鳞片呈白色纤毛状，湿润时的菌盖平滑、稍黏。菌柄长度 5~20 cm，菌柄直径 0.5~7 cm，菌柄初期白色，成熟后变中空；开伞后会形成较厚的菌环，菌环上有深裂成若干片段的深沟纹。大球盖菇孢子外形呈椭圆形，孢子印呈紫黑色，正常情况下孢子的大小为 $(11 \sim 16) \mu m \times (9 \sim 11) \mu m$。

2）分布

大球盖菇分布较为广泛，主要集中于亚欧等地域，国内分布于西藏、云南、吉林等地。野生大球盖菇通常在春天和秋天，生长于树林边缘、树林中的草地上或者道路旁、园地中、木屑堆上、垃圾场旁或者在牧场的马牛粪堆之上。

3）营养条件

(1) 碳源

碳源是大球盖菇生长发育过程中重要的营养源，它不但可以作为碳水化合物及蛋白质合成的基本物质，又能够提供细胞正常生命活动所需能量。主要来源于糖类、淀粉、树胶、果胶、半纤维素、纤维素、木质素等。淀粉是大球盖菇菌丝生长的最适碳源，葡萄糖、蔗糖、甘露醇、山梨醇次之。主要存在于农作物秸秆中，被各种微生物及大球盖菇菌丝分泌的各种酶分解为简单的碳水化合物供给大球盖菇生长所需。

(2)氮源

氮源是食用真菌合成自身所需核酸、蛋白质的重要营养源,是合成原生质及细胞结构物质的主要成分。大球盖菇更适于利用有机氮,主要氮源是蛋白质、蛋白胨、肽、氨基酸、嘌呤、嘧啶、酰胺、胺、尿素、铵盐等。栽培料在堆肥发酵过程中,氮被堆肥中的微生物吸收利用,并转化为菌体蛋白,是大球盖菇所需要的良好氮源。最佳氮源有豆粉和无机氮源硝酸铵,栽培中依靠麦麸、玉米粉、米糠、豆粉等提供。

(3)无机盐

无机盐作为优质营养,是生命活动所不可缺少的物质。它们之中有的参与细胞的组成,有的作为酶的组成部分,有的参与能量的转移,有的控制原生质的胶体状态,有的参与维持细胞的渗透性等。钙能促进菌丝体的生长和子实体的形成,在生产上常用石膏(即硫酸钙)、碳酸钙和熟石灰等作为钙肥;磷不仅是核酸、磷脂、某些酶的组成元素,也是碳素代谢和能量代谢中必不可少的元素。没有磷,碳和氮就不能很好地被利用。钾是许多酶的活化剂,同时还可以控制原生质的胶体状态及调节细胞透性,在细胞的组成、营养物质的吸收及呼吸代谢中都很重要。

(4)微量元素

大球盖菇在正常生长发育过程中,除了需要一些大量元素外,还需要少量或微量元素。大球盖菇生长还需要微量的铁、铂、锌等元素。少量的铁对大球盖生长是有益的,并可促进纯培养的中大球盖菇原基的形成。

(5)生长素

生长素包括维生素、核酸等。维生素对大球盖菇的生长是非常重要的,因为它们是组成各种酶的活性基团的成分。缺少它们,酶就会失去活性,生命活动也就停止了。在大球盖菇生产上使用的生长素,如三十烷醇、萘乙酸、吲哚乙酸、健壮素、助长素等,对大球盖菇菌丝的生长和子实体的形成都有不同程度的促进作用。

4)环境条件

(1)温度

大球盖菇适应温度广,属中温型食用菌。菌丝生长温度范围为5~35 ℃,最适宜为23~26 ℃,在10 ℃以下和32 ℃以上,菌丝生长缓慢,超过36 ℃菌丝停止生长或死亡。子实体发育温度范围5~30 ℃,最适温度12~25 ℃。在较低的温度条件下(10~20 ℃),子实体生长缓慢,肥大,品质优,不易开伞(图5-1-2);超过25 ℃,易开伞,菌柄长,菇体小,品质差(图5-1-3)。

(2)水分

菌丝生长阶段培养料含水量65%~70%。子实体发育阶段环境相对湿度85%以上,以85%~95%为宜。

(3)透气性

大球盖菇是好气性菌类,新鲜而充足的氧气是保证其正常生长的重要因素。适量的增加透气性对大球盖菇菌丝生长非常重要,能显著地促进大球盖菇菌丝的生长。

图 5-1-2　优质大球盖菇

图 5-1-3　商品性差大球盖菇

(4) 光照

大球盖菇对光照的要求不高，菌丝的生长可以完全不要光线，但在子实体形成的阶段，需要给予一定强度的散射光，散射光能促进子实体的健壮生长并提高产量。在实际栽培中，栽培场选半遮阴的环境，栽培效果更佳。

(5) 酸碱度

培养基 pH 为 4～11 时大球盖菇的菌丝均能生长，其最适 pH 为 5～8，其中当 pH = 6 时，菌丝生长速率较大且菌落长势好。

任务实施

1. 大球盖菇菌种制作技术

大球盖菇栽培如果要得到高产，首先必须具备优质的菌种，菌种制作是大球盖菇栽培的重要环节。大球盖菇菌种分为母种、原种、栽培种（图 5-1-4 至图 5-1-5）。

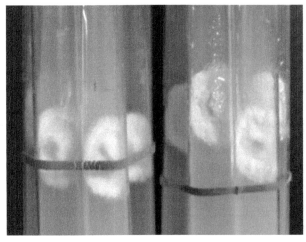

图 5-1-4 大球盖菇母种

图 5-1-5 大球盖菇原种、栽培种

1）母种培养基及其配制

(1) 常用的母种培养基配方

①马铃薯葡萄糖培养基　马铃薯 200 g，葡萄糖 20 g，琼脂 20 g，加水定容至 1 L。

②马铃薯加富培养基　马铃薯 200 g，葡萄糖 20 g，琼脂 20 g，蛋白胨 5 g，加水定容至 1 L。

③马铃薯综合培养基　马铃薯 200 g，葡萄糖 20 g，琼脂 20 g，蛋白胨 2 g，磷酸二氢钾 1 g，硫酸镁 0.5 g，维生素 B_1 10~20 mg，加水定容至 1 L。

④麦芽糖酵母琼脂培养基　麦芽糖 20 g，蛋白胨 1 g，酵母 1 g，琼脂 18 g，加水定容至 1 L。

(2)母种培养基配制

①工艺流程 材料选择→准确称量(按配方)→材料处理→定量配制→分装试管→灭菌→摆放斜面。

②马铃薯葡萄糖培养基配制

煮制:马铃薯去皮、洗净、切片,称取200 g,加水1000 mL,加热煮沸至马铃薯片酥而不烂,用四层纱布过滤。

配比:滤液加入葡萄糖20 g、琼脂20 g,加水定容至1 L,搅拌溶解。

分装灭菌:溶解后趁热分装入试管内,一般装量为试管长度的1/5~1/4。分装完毕后,塞上棉塞,5支一把,用牛皮纸将试管口一端包好扎紧。试管包好后放入高压灭菌锅,121 ℃灭菌30 min。

斜面摆放:灭好菌后,趁热将试管取出,放在工作台上摆成斜面,通常斜面长是试管的1/2,待凝固后放置于清洁干燥处备用。

2)原种和栽培种制作

(1)常用的培养料配方

①木屑57%,棉籽壳20%,麦麸20%,石膏1.5%,白糖1%,过磷酸钙0.2%,尿素0.3%,含水量约60%。

②干稻草63%,玉米粉4%,干牛粪25%,大豆粉3%,过磷酸钙3%,硫酸镁2%,含水量约60%。

③干稻草80%,麸皮19%,石膏1%,含水量约65%。

④小麦88%,米糠10%,石膏1.5%,石灰0.5%。

⑤小麦80%,木屑10%,玉米粉9%,石膏1%。

⑥木屑40%,棉籽壳40%,麦麸13%,玉米粉5%,白糖1%,石膏1%,含水量约60%。

(2)原种(栽培种)制作

①配料及预处理 按照配方称取配料,其中木屑、棉籽壳、稻草等需提前用水预湿再与其他辅料拌匀;小麦需提前用水添加0.5%石灰泡发,或用水添加0.5%石灰煮透。

②拌料装瓶(装袋) 将处理好的主料与其他配料拌匀,含水量约60%。原种使用透气盖组培瓶,栽培种使用菌袋,装好瓶(袋)压实,中央可打孔方便接种。

③灭菌 将装好原种瓶(菌种袋)放入高压灭菌锅,121 ℃灭菌120 min。

④接种 将灭好菌原种瓶(菌种袋)放入超菌台(无菌接种间),冷却,开紫外灯(臭氧发生器)消毒,后将母种试管切块接入原种瓶孔内(将原种接入菌包内)。接种量大发菌快,可适当增加接种量。

⑤培养 接完种后,将原种瓶(菌种袋)移入培养室暗培养,温度约25 ℃。随时观察,污染及时清理,待菌丝长满后即可使用。若暂不用或用不完,可置于低温、干燥、避光的保藏室保藏。

3)制作液体菌种

液体菌种发菌快,比固体接种快10~20 d,可缩短生产周期。采用液体菌种扩繁栽培种，能在短期内培育出大批菌种，质量好，菌龄一致，接种方便，从而节约培养成本，满足生产需求。

(1)常用的培养基配方

①土豆 200 g(煮熟后取滤液)，葡萄糖 20 g，蛋白胨 5 g，磷酸二氢钾 2 g，硫酸镁 2 g，加水定容至 1 L。

②玉米粉 1%，豆饼粉 2%，葡萄糖 3%，酵母粉 0.5%，磷酸二氢钾 0.1%，碳酸钙 0.2%，硫酸镁 0.05%。

③玉米粉 0.5%，豆粉 0.6%，麦麸 0.7%，红糖 1.5%，蛋白胨 0.01%，磷酸二氢钾 0.015%，硫酸镁 0.075%。

(2)液体菌种制作

①培养基配制　按配方配制，各药品溶解后将培养基配制好。

②装瓶　将培养基混匀，根据三角瓶大小进行分装，封口膜封口。

③灭菌　将三角瓶放入高压灭菌锅 121 ℃灭菌 20 min。

④接种　将灭好菌三角瓶放入超菌台，冷却，开紫外灯消毒，后将母种试管切块接入三角瓶内。

⑤振荡培养　将接好种的三角瓶放置于振荡摇床内；或使用磁力搅拌器搅拌培养，需在灭菌前在三角瓶内加入磁石。温度 25 ℃，振荡培养 7 d 左右，菌丝球较多即可使用。

2. 培养料的准备

1)培养料需要满足的条件

培养料要求新鲜，颜色、气味正常，无霉变的硬杂木等阔叶类木；若使用农作物秸秆，在收获前尽量避免使用具毒性的农药，以免有害物质的残留影响菌丝的发育和产品质量。栽培大球盖菇，其培养料可以采用纯稻草或纯木屑等作为单一的基质，但多成分混合后的基质料栽培产量较高。多成分的混合料，营养较齐全，基质较为松弛，其持水性和通气性较好，菌丝生长快发育健壮，有利于高产。因此，在栽培时不仅要选好料，而且提倡采用多成分混合基质。选材根据各个地方因地制宜，就地取材，灵活调整，这样才能更好地提高产量和经济效益。

2)培养料的配方（部分）

①稻草(秸秆)85%，麦麸或米糠 6%，玉米粉 6%，石膏粉 1%，石灰粉 1%，过磷酸钙 1%。

②干稻草(玉米芯)80%，木屑 20%。另加石灰 1%、石膏 1%。

③稻草(秸秆、玉米芯)40%，谷壳 40%，木屑 20%。另加石灰 1%、石膏 1%。

④玉米秆 50%，谷壳 50%。另加营养土 3%~5%。

⑤玉米秆 50%，谷壳 20%，木屑 30%。另加石灰 1%、石膏 1%。

⑥甘蔗渣 79%，棉籽壳 15%，蔗糖 2%，麦皮 2%，石膏粉 1%，石灰 1%。

3）培养料的处理

栽培大球盖菇的原材料较为广泛，成分质地较为复杂，有的原料木质素含量高（如木屑等），有的原料纤维素、半纤维素含量较高（如棉秆、豆秆、玉米秆等），有的原料表面覆有一层蜡质（如稻草、麦秸）等诸多问题。这些成分如果没有通过软化处理或使其降解，就很难被菌丝吸收利用。因此，配料前需要对这些原料进行预处理。处理方法有以下几种：

①切段或粉碎　如玉米秆、高粱秆、棉秆、豆秆等质地较硬、较长的原材料，可进行切碎打段，也可暴晒后碾压，或用粉碎机碎成渣、粉后备用。

②浸泡　如稻草、麦秸等表面有蜡质层的原材料，可通过使用2%~3%的石灰水进行浸泡，使其软化脱蜡，然后用清水漂洗沥尽余水备用。

③碾压或粉碎　如花生壳、板栗壳等硬壳类原材料，可通过暴晒后用粉碎机进行粉碎后备用。

④晒干打碎　如牛、马、羊、猪、鸡、鸭等畜禽粪便，要经晒干、打碎后备用。

⑤辅料类　如尿素、磷肥、食糖、石膏、石灰等，在拌料时先用适量水溶化后再喷洒于料内。

4）培养料的堆制发酵

大球盖菇能够生料栽培，但培养料需要堆制发酵（图5-1-6）。发酵也是大球盖菇栽培成功与否及产量高低的关键所在。培养料堆制发酵得好，就能得到腐熟适宜的优质培养料，大分子变成小分子有利于菌丝吸收，使得菌丝生长好，不易遭受病虫害，有利于获得高产；若堆制发酵不当，培养料理化性状较差，即使有优质高产菌种和较高栽培技术，也很难获得理想的产量。在播种时间向前推2~3个月制备菌种，向前推1个月制备材料，向前推10~20 d建堆发酵。发酵目的是杀灭病原菌及害虫，培养嗜热放线菌，软化培养料。

①选地、预湿　选择距离栽培场地较近、水源方便、地势较高、不易淹水、避风向阳的发酵场地。将培养料进行预湿，提前1~2 d将主料摊薄，撒石灰（1%~3%），后用清水将料喷湿。充分吸水，有利于堆料发酵。要求培养料含水量65%~70%。

②建堆　堆底宽1~2 m，顶宽1 m左右，高1~1.5 m（机械堆料大）。打通气孔（到底部），粗10 cm左右。高温季节建堆高度低一些，1 m左右。

③翻堆　当料堆内温度达65 ℃时（堆顶以下20 cm处），保持48 h左右，可以翻堆。一般翻堆2次。

判断堆料是否腐熟适宜：一看，料堆体积大大缩小，只有建堆时体积的60%左右，料的颜色已由青黄色或金黄色变成黄褐色至棕褐色，或有少许"白化"现象；二闻，腐熟适度的料，闻不到氨气味、臭味及酸味等刺激性异味，略有甜面包味或稍有霉味；三捏，发酵好的料，捏得拢，抖得散，手感质地松软，无黏滑的感觉；四拉，腐熟适度的料，草料原形尚在，用手轻拉可断，但不烂成碎段；五测，有条件的可检测一些指标，如pH 7左右，含水量在55%~60%，含氮量在1.5%以上，料内氨气浓度低于10 μL/L。

堆料发酵技术关键点：原料充分预湿（温度达不到，发酵目的达不到）；打孔要到最底层（底部缺氧，培养料发酸）；翻堆要及时（混合均匀、充分软化）。

图 5-1-6　大球盖菇堆料发酵

3. 栽培条件及模式

1）季节选择

大球盖菇子实体阶段最适气温为 15~26 ℃，所以应将出菇期安排在气温在 15~26 ℃ 的季节，在自然条件下可在春秋两季进行栽培，具体的栽培时间要根据其对生长条件特别是温度的要求来确定。由于地域的差异，在我国南方地区，通常一年有两个时间段可以进行大球盖菇的栽培，分别是 2 月初接种、4 月末开始采收，9 月的中旬接种、11 月初开始采收。北方或者高海拔地区可因当地的环境条件推迟或提前栽培期。一般情况下，大球盖菇从开始接种到采收结束需要 3~4 个月。

2）场地选择

大球盖菇的栽培场地，不论是空闲田还是林果园，都应选用接近水源、排灌方便、土壤肥沃、避风向阳、交通方便、背风、土质疏松、富含腐殖质有机质含量高的场所。切忌使用地势低洼和过于阴湿的场地。大球盖菇被称为"园中之王"，最适宜在山坡林地或果树园中生长，因地制宜大田栽培、林下栽培、经济林果套种等。场地选好后，要处理好环境卫生，铲除杂草，平整地面，四周开好排灌沟，整好畦床。场地周围及铺料的畦床，在进料前三天，对畦床表面撒一层石灰粉进行消毒，以利灭菌杀虫，减少病虫害基数，然后才可铺料播种。

3）林下栽培模式

①做床　将林下松针、树叶收集后加入石灰拌匀备用。场地杀菌灭虫。床宽 1~1.5 m，过道 30 cm。铺料前床面撒一层石灰粉。

②铺料、播种　培养料调节水分 75%。发酵料温度降至 25 ℃ 以下时开始铺料。播种前，菌种外袋过石灰水（杀灭菌袋表面的杂菌），再脱袋播种。播种方式：以 3 层料 2 层菌种的方式播种。第一层料厚 8~10 cm，料层平整，厚度均匀。第一层播种：菌种（鸽子蛋大小）块间距 10 cm，用手按入料内 2 cm。播完种后，在菌种上铺第二层料，厚 8~10 cm，

整理成拱形垄状，播第二层菌种。第二层菌种播种完成后，在菌种上铺第三层料，厚 3 cm 左右将菌种盖严。最后揉碎部分菌种撒在斜面及表面，加快吃料减少杂菌感染。

③覆土　播种后立即覆土，覆土厚度 3~4 cm 为好（早出菇覆土薄）。

④覆盖物　播种完成后，将之前收集、消毒的松针、树叶等均匀覆盖在菇床表面（图 5-1-7）。

⑤发菌管理　播种后 2~3 d 萌发，3~4 d 开始吃料。播种较早的：防止高温烧菌，料温控制在 20~30 ℃，不超过 35 ℃。安装喷淋设施，林下温度高于 25 ℃ 后喷淋水降温，每次不超过 10 min，且补水遵循少量多次。通常播种后 20 d 内是不喷水或少喷水，根据料湿度而定。一般 20 d 后菌丝吃料达 1/2 以上时，加大菇床四周喷水，保持土壤水分和空气湿度。

⑥催菇　50~60 d 菌丝吃透培养料，覆土层充满菌丝体，菌丝束扭结增粗，即可进行催菇管理。方法是喷一次催菇重水，降低温度至 15~20 ℃，刺激原基形成。

⑦出菇管理　大球盖菇原基分化到子实体成熟一般需要 5~8 d。通过喷淋降温，保持温度 14~25 ℃，空气相对湿度 90%~95%。

⑧采收　菌盖外的一层菌膜刚破裂、菌盖内卷不开伞、菌盖呈钟形时为采收适宜期。采完一潮后，应及时补水，经过 10~12 d 开始出第二潮。可连续采 3~4 潮。

图 5-1-7　大球盖菇林下栽培

4）露地栽培模式

①做床　床宽 1~1.5 m，过道 30 cm（南北走向为好）。铺料前床面撒一层石灰粉。

②铺料、播种　场地杀菌灭虫后，培养料调节水分 75%，发酵料温度降至 25 ℃ 以下时开始铺料。播种前，菌种外袋过石灰水（杀灭菌袋表面的杂菌），再脱袋播种。播种方式：以 3 层料 2 层菌种的方式播种。第一层料：8~10 cm，料层平整，厚度均匀。第二层：菌种，播种完成后，在菌种上铺第三层料，厚 3 cm 左右将菌种盖严。

③打孔　在料床侧面扎 2 排直径 5 cm 的孔洞至料床中心下部，呈品字形。孔间隔 20 cm 左右。为菌丝生长提供充足氧气。防止料中心高温烧菌。

④覆土　播种后立即覆土，覆土厚度 3~4 cm 为好（早出菇覆土薄）。

⑤覆盖物　播种完成后，加覆盖物稻草、松针等，覆盖物过石灰水消毒。冬季覆膜增温、保湿（图 5-1-8）。

图 5-1-8　大球盖菇露地栽培

5）棚架栽培模式

①建棚　按需求搭建大棚，安装喷灌。棚使用遮阳网与薄膜覆盖，利于保湿控温。

②搭架　使用木条、竹子、钢材等材料搭建层架。层架根据实地及需求搭建，层高不得低于50 cm。

③铺料、播种　播种前，在层架上铺垫隔网膜，播种方式：以3层料2层菌种的方式播种。第一层料：8~10 cm，料层平整，厚度均匀。第二层：菌种，播种完成后，在菌种上铺第三层料，厚3 cm左右，将菌种盖严。

④覆土　当菌丝长至培养料厚度2/3左右时覆土，覆土厚度3~4 cm为宜（图5-1-9）。

图 5-1-9　大球盖菇棚架栽培

4. 栽培管理技术

1）发菌管理

播种后2~3 d萌发，3~4 d开始吃料；播种较早的：防止高温烧菌，料温控制在20~30 ℃，不超过35 ℃；通常播种后20 d内不喷水或少喷水，根据料湿度而定；一般20 d后菌丝吃料达1/2以上时，加大菇床四周喷水，保持土壤水分和空气湿度（图5-1-10）。

图 5-1-10 大球盖菇发菌

2）催菇

40~60 d 菌丝吃透培养料，覆土层充满菌丝体，菌丝束扭结增粗，即可进行催菇管理。方法：喷一次催菇重水，加大通风，降低棚内温度至 15~20 ℃，刺激原基形成（图 5-1-11）。

图 5-1-11 大球盖菇催菇及原基

3）出菇管理

大球盖菇原基分化到子实体成熟一般需要 5~8 d（图 5-1-12）。温度调节，保持温度 14~25 ℃；湿度调节，空气相对湿度 90%~95%；空气调节，注意通风，保持新鲜空气。出菇期间水分管理较为重要，要坚持勤喷轻喷、菇多多喷、菇少少喷、晴天重喷、雨天少喷或不喷的原则。

图 5-1-12 大球盖菇出菇

4）采收

菌盖外的一层菌膜刚破裂、菌盖内卷不开伞、菌盖呈钟形时为采收适宜期（图 5-1-13）。采完一潮后，应及时补水，经过 10~12 d 开始出第二潮。可连续采 3~4 潮。

图 5-1-13　大球盖菇采收

5. 大球盖菇病虫鼠害防治

大球盖菇的抗性较强，在生产过程中一般不会发生严重的病虫危害。但在某些不利情况下，如栽培料堆制发酵不透彻、高温、阴雨期长、环境不洁等，也会出现一定的病虫害。尤其是在发菌期或出菇前，会发生些杂菌，如鬼伞、盘菌、木霉、曲霉、青霉等；常见的虫害主要有螨类、跳虫、菇蚊、蜗牛、蚂蚁等。还应注意预防鼠害发生。

1）主要病害及其防治

杂菌是一些竞争性杂菌，生长极快（图 5-1-14）。培养料含水量过大、料堆淋雨、培养料腐熟不匀、料内氨气过多、pH 过低、含氮高等诸多原因均会致使感染杂菌生长，最终影响大球盖菇的生长、品质及产量。

图 5-1-14　大球盖菇病害菌

防治方法：保持良好的环境卫生。大球盖菇在铺料或建堆播种前，要清扫并用石灰粉或石灰水泼洒，进行消毒灭菌；培养料使用前，在烈日下暴晒，借阳光紫外线杀灭杂菌孢子，以减少或降低发病基数；选用新鲜无微变的原料，以防培养料带菌入菇床；搞好制种和栽培场地的环境卫生，尽量减少污染源；发现杂菌后及时处理以免孢子飞散传播。

2）主要虫害及其防治

较常见的害虫有螨类、跳虫、菇蚊、蚂蚁、蛞蝓等。

防治方法：场地尽量避免多年连作，以免造成害虫滋生；菌床铺料播种前用食用菌允许使用的低毒无残留的药品，如多菌灵、克霉灵等杀菌剂和敌百虫、辛硫磷等杀虫药，对地面及周边进行一次杀菌杀虫处理。粘贴黄板诱杀菇蚊；可利用四聚乙醛颗粒诱杀蛞蝓；可用吡虫啉颗粒诱杀白蚁。

3）鼠害防治

老鼠常会在草堆做窝，破坏菌床，伤害菌丝及菇蕾。早期可采用断粮的办法或者采取诱杀的办法。

6. 保鲜加工

大球盖菇菇体肥厚，鲜菇含水量大，产量较高，采收后除鲜销外，可进行保鲜贮藏，或通过加工处理后贮藏销售。

1）低温贮藏

低温贮藏就是冷冻保鲜，其原理是通过低温来抑制鲜菇的新陈代谢和腐败微生物的活动，在一定的时间内保存产品的鲜度、颜色风味不变。利用机械制冷把绝热系统内的热传到系统外，使系统内的温度降低，如冰箱、冰柜、冷库、冷藏车等。将采收的鲜菇及时包装后立即放入冷藏室、冷藏车或冰柜、冰箱中，控制温度 1~5 ℃，空气湿度 85%~90%，短期存放销售（图 5-1-15）。

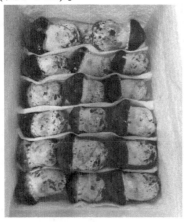 

图 5-1-15　大球盖菇冷藏

2）加工

大球盖菇除鲜销或经冷藏保鲜后进行销售外，还可加工成各种制品在市场淡季供应市场（图 5-1-16）。常见加工方法有干制、盐渍、冻干等。

干制：通过将大球盖菇清洗干净后削皮或不削皮，切片后太阳晒干或使用烘干机烘干即可，打包贮藏。

盐渍：盐渍是普遍使用的食用菌加工方法，人工切除菌柄末端并将子实体浸泡在浓度为 5%~10% 的食盐水沸水中杀青，杀菌处理 8~12 min，煮透的菇体要立即捞出并随即放入冷水中冷却，捞出放入配制好的盐水中。大球盖菇鲜菇经过盐渍加工过后一般可保鲜约 3 个月的时间。

冻干：将大球盖菇清洗干净后削皮或不削皮，切片或整个使用冻干设备冻干即可。

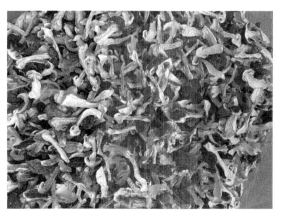

图 5-1-16　大球盖菇干品

巩固训练

大球盖菇栽培技术较为简单，要求掌握菌种分离、液体菌种制作、原种制作和栽培种制作，各个菌种制作配方及制作方法，能够制作出优质菌种，掌握出菇管理技术，最终栽培出优质大球盖菇。

知识拓展

大球盖菇栽培要点：
①容易成功出菇，但不能太粗放（下雨不能播种）。
②无菌概念要有（场地、菌种外袋、覆土材料、覆盖物等的消毒杀菌处理）。
③覆土技术（材料、厚度、时间）。
④发菌管理（打孔）。
⑤病虫害防治（黄板等）。

自主学习资源库

1. 新法栽培大球盖菇．张胜友．华中科技大学出版社，2010.
2. 大球盖菇栽培新技术彩色图解．卢玉文．广西科技出版社，2008.
3. 大球盖菇栽培技术图说．袁书钦．河南科学技术出版社，2002.

任务 5-2　金耳栽培

任务描述

本任务主要对金耳进行理论知识概述及栽培管理技术简述，包括金耳基础介绍、生物学特性、制种技术、栽培技术、管理出菇技术、病虫害防治、加工等。对金耳及其栽培管理进行全方位介绍，通过学习本任务能详细地学习了解金耳及其制种、栽培等技术。

知识准备

1. 概述

金耳起源于野生的木材腐朽类，能在枯木、倒木等枝干上生长发育。金耳和银耳相似，它们的正常生长发育必须紧紧依靠着另外一种伴生菌。两种菌丝体搭配得越合理，金耳子实体越大，品质也越好。在菌物分类学中，金耳和银耳属于同一属的菌类，它们的生活习性很多地方是近似的，但又有所不同，除形态差异外，最大的区别是：金耳与其伴生菌是同体共生的，每一个金耳的子实体和菌丝体，都是由金耳型菌丝体和革菌型菌丝体联合组成的异质复合体，两种菌丝的自然搭配难舍难分；银耳与其伴生菌却是离体伴生的，银耳子实体只是由单一型的银耳菌丝体所组成，并不存在香灰菌型菌丝。这种特殊的差异，使金耳的生态学、生物学、生理学性状变得比银耳更加复杂和特殊。认识这些共性和特性，对学习和掌握金耳的引种驯化和批量人工栽培获得成功，都是十分重要的。

1）国内外金耳研究概述

1822年著名菌物学家Eles Fries首先对金耳的特异性进行了研究，发现金耳与亲缘关系较近的银耳属中的一些种有所不同，强调金耳子实体系由外层的金耳与内层革菌联合组成的异质复合体，此观点得到世界各国菌物学家的认可，并因此把金耳的引种驯化视为难关。1961—1965年对金耳进行了驯化培养，但是未获得子实体。1982—1996年，刘正南等成功引种驯化了野生金耳，并进行大面积推广，取得了良好的经济和社会效益。在代料栽培金耳原基形成的初期很容易遭到杂菌感染，从而导致烂耳和出耳不整齐，最终严重影响金耳产量和生物转化率，阻碍了代料栽培金耳的大规模推广。

由于野生金耳较少，人工栽培技术难度较大，周期较长，暂未实现工厂化栽培，满足不了市场需求，价格较高。实现金耳人工栽培的短周期、高出耳率、低污染率、子实体低差异率及高品质等，从而达到高品质的工厂化栽培是必要的。

2）金耳的经济价值和开发利用状况

（1）食用和药用价值

金耳含有18种氨基酸，其中有人体必需的8种氨基酸。人工栽培的金耳品质普遍较野生金耳优良，营养成分含量较高。金耳作为一种珍贵的食药用菌，含有大量人体所需的氨基酸、蛋白质和矿质元素，特有的金耳多糖作为目前的研究热点，是金耳的主要活性成分之一，具有降血脂、降血糖、增强免疫力等多种功效。早在《本草纲目》中就已经有记载，金耳具有止咳化痰、生津止渴的功效，可用于治疗痰多、气喘、肺结核、虚痨、咳嗽、盗汗等症状。临床试验发现，金耳可以作为保健品，食用金耳能够有效改善高血脂、炎症等，还有抗氧化功能。对金耳、黑木耳等胶质菌类进行营养价值的比较，发现金耳的营养价值更高，可以作为佳肴。

（2）野生金耳的生长分布

野生金耳（图5-2-1）广泛分布于亚洲、欧洲、南美洲、北美洲和大洋洲。在国内，金耳主要分布于云南、四川、贵州、湖北、江西、福建等省份，分布区由北向南，年降水量、平均相对湿度和平均温度都有上升趋势，阔叶林逐渐占优势，生长条件对金耳的生长发育有利。金耳在我国主要土产于云南丽江市的巨甸、鲁甸、金庄、塔城，永胜县的仁和、城关、东山、六德、松坪、团街、东风、大安，迪庆州维西县的巴迪、塔城、白济汛，大理州巍山县的五印、马安山、云龙县的表村、旧州和剑川县的羊岭、弥沙、沙溪、甸南等林区。除此外，还产于云南贡山、昭通、彝良、巧家等地。

据调查，我国能够形成少量商品生产的地区，目前所掌握的只有云南省的丽江、维西、中甸、德钦等县靠近金沙江、澜沧江流域的河谷地带；西藏虽然自然生长量较高，但目前极少开发利用，处于自生自灭状态。20多年来，由于森林遭受砍伐，毁林开流，以及山火灾害的破坏，野生金耳日趋减少。金耳的主要适生树种黄毛青冈、麻栎、柞栎、黄刺栎等被大量砍伐，使金耳的自然生长量下降，野生金耳的资源量十分稀少，远不能满足市场需要。

（3）人工栽培金耳的开发利用状况

1983年首次批量驯化栽培成功，段木批量人工栽培于1984年8月首次通过省级科技成果鉴定。由于技术工艺成熟，出耳率高。自1985年起，段木人工栽培技术（图5-2-2）正式在云南省内大面积推广，很快就取得了明显的经济效益和社会效益。段木栽培需要大量的树木砍伐，对森林资源消耗较大，但代料栽培（图5-2-3）能够有效地避免这个问题，且更容易大面积推广。

图 5-2-1　野生金耳

图 5-2-2　段木栽培金耳

图 5-2-3　代料栽培金耳

2. 金耳的生物学特性

1）金耳的分类学地位和形态特征

(1) 分类学地位

金耳 [*Naematelia aurantialba* (Bandoni & M. Zang) Millanes & Wedin]（图 5-2-4），隶属于真菌界（Fungi）担子菌门（Basidiomycota）银耳纲（Tremellomycetes）银耳目（Tremellales）耳包革科（Naemateliaceae）耳包革属（*Naematelia*）。

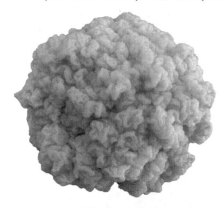

图 5-2-4　金耳

(2) 形态结构特征

金耳成熟后子实体为金黄色耳瓣状，其外形酷似大脑，又名脑耳、脑形银耳等。野生金耳多见于高山栎林带，生于高山栎或高山刺栎等树干上。并与毛韧革菌、扁韧革菌等韧革菌有寄生或部分共生关系。野生和段木栽培的金耳，多自树皮裂缝或播种穴中长出。有时顶破树皮表皮层外种穴中挤出，有时顶破树皮表皮层外露。初生时，体积较小，在树干上单生、散生或聚生，表面较平滑；渐渐长大至成熟初期，耳基部楔形，上部凹凸不平，扭曲、肥厚，形如脑状或不规则的裂瓣状，内部组织充实。成熟中期至后期，裂瓣有深有浅；中期，部分裂瓣充实，部分组织松软；后期，组织呈纤维状，甚至变成空壳。金耳子实体体形差别较大，野生金耳一般直径 1~12 cm，厚 1~7 cm；人工栽培金耳较野生金耳偏大，直径 3~20 cm，厚 2~11 cm。

金耳子实体的颜色，受生长环境的通风透气度和光照度变化影响：通风良好、光照度大，除耳基部隐避处呈白色至淡黄白色外，整个裸露的表面都呈鲜艳的橙色、金黄色甚至橘红色；通风不良、光照度弱，则整个表面呈近白色、淡黄白色至淡黄色。用显微镜仔细观察，接近成熟期的金耳子实体，内部组织的菌丝体开始分化，进入生殖生长发育期。

金耳的分生孢子有两种形成方式：一种是在靠近子实体表面的分枝菌丝增多，形成分生孢子梗，于分生孢子梗顶端形成小圆形至广椭圆形、链状的分生孢子；另一种是在雨季或潮湿的条件下，以芽殖方式产生大量酵母状的分生孢子。

2）金耳的生活史

金耳的生活史是担孢子到担孢子的过程，即担孢子→菌丝体→子实体→担孢子，为一个生长周期。各类型不同性别的担孢子成熟后，在适宜的环境下萌发，产生发芽管，芽管继续伸长，形成初生菌丝，也叫作一次菌丝。这种菌丝初期是多核的，很快就产生隔膜，将每个核都隔开，形成多细胞的菌丝，每个细胞只含有1个细胞核，这种菌丝，称为单核菌丝。很短时间内，两条在性别上不同而有亲和性的初生菌丝相遇，相互结合后，单核菌丝就变成有锁状联合的双核菌丝，也称次生菌丝、二次菌丝。当次生菌丝达到生理成熟时，就开始进入生殖生长阶段，胶质化的双核菌丝体开始分化形成金耳原基。原基再发育，就形成幼耳。幼耳在适宜的环境条件下能较快地长大，形成成熟的金耳子实体。这种能形成子实体的双核菌丝，称为生殖菌丝，也称三次菌丝。

金耳从担孢子到担孢子的循环过程中，孢子发芽形成的单一型菌丝体对基物中的营养物质（粗纤维等）的分解能力很弱，自身几乎完全没有独立生长发育的能力，必须借助于有亲和性的伴生菌（毛韧革菌）菌丝体的帮助才能正常地生长发育，完成金耳的生活史。这也是野生金耳资源十分稀少的原因。

毛韧革菌[*Stereum hirsutum*（Willd.）Pers.]隶属于真菌界（Fungi）担子菌纲（Basidiomycetes）多孔菌目（Polyporales）革菌科（Thelephoraceae）韧革菌属（*Stereum*），为木腐菌，引起木材海绵状白色腐朽。生于杨、柳等阔叶树活立木、枯立木、死枝杈或伐桩上，单生或覆瓦状排列（图5-2-5）。

图5-2-5　毛韧革菌

3. 金耳的生长发育条件

金耳是一种腐生菌，主要依靠菌丝体从基质中摄取养料进行生长发育。在自然界中生长的金耳，多见于阔叶林和针叶林的混交林中，主要生长在壳斗科植物的腐木上，其着生树种多为黄毛青冈，其次青冈、高山栲、板栗、麻栎、柞栎等树上也有金耳分布。据野外调查，林内具有一定的郁闭度，小气候温度18~25℃，相对湿度70%~80%的环境条件，较适合金耳的生长，其品质较好。当郁闭度小，林地裸露或过密，小气候过于干燥或阴湿，金耳的产量和质量都比较低。在地域方面，向阳的西南、东南和南坡较北坡的金耳产量高、品质佳。金耳的出耳期在每年的7~11月，盛产期在8~9月。金耳喜光、好气、耐干旱、抗寒冷，是抗逆性较强的腐生真菌。金耳在生长发育过程中，对环境中营养、温度、湿度、光照、空气等条件有其特殊的要求。只有在适合金耳生长的环境中，金耳才能正常发育和生长。

1）温度

金耳属于中温型真菌，对温度的适应范围比较广。菌丝在2~32℃都可生长，35℃时则停止生长。18~30℃范围生长较适宜，25℃为最适生长温度。温度低于8℃时，菌丝活动受抑制，生长缓慢；高于32℃时，菌丝大量分泌黄水珠，菌丝生长缓慢；40℃时菌丝出现死亡。

金耳芽孢适应性较强，既抗热又耐寒。23~25℃为最适温度，2~3℃条件下保存2年以上仍具繁殖能力。金耳子实体生长温度比菌丝体生长的温度低，5~30℃都能生长，高于32℃则不再生长。18~25℃为子实体的最适生长温度，子实体生长快。变化的温度对子实体的发育有刺激作用，子实体原基分化较快。实际生产中，在菌丝体生长阶段，把环境温度控制在23~28℃，菌丝很快定植，并迅速生长繁殖；到子实体发育阶段，要适当降低室温，温度控制在20~23℃，并进行昼夜温差刺激；子实体生长的中后期，可将温度控制在23~25℃，使子实体迅速长大。

2）湿度

水分是金耳生长发育的重要因素，在适宜的湿度环境中，金耳才能得到良好发育。金耳对水分的需求具有阶段性，菌丝生长阶段需要的水分不多，而子实体生长阶段则需要较高的基质含水量和环境相对湿度。

菌丝发育阶段，培养料的含水量应在60%~65%。含水量过低，菌丝生长稀疏，菌丝长满后不易分化子实体，即使分化了也不易长大；而培养基水分超过85%，会引起透气性不良、氧气不足、菌丝生长发育受抑制，生长缓慢，甚至不"吃料"。子实体形成期，需要培养料要有足够的水分，而且环境有足够的相对湿度。当空气相对湿度低于80%时，子实体形成较缓慢，低于70%则子实体生长停止。出耳场地应尽量保持空气的相对湿度在85%以上，以85%~90%最佳。

3）酸碱度（pH）

金耳菌丝一般在中性偏酸环境中生长最好，最适酸碱度为pH 5~6.5。实际生产中，经拌料和高温灭菌后，pH会有所下降，所以在拌料时应适当提高pH到6~7。磷酸和磷酸氢二钾均可作为配料时的缓冲剂，以调节基质的pH。

4）光照度

金耳在菌丝体生长阶段不需要光照，在黑暗中和有光情况下均能正常生长。而子实体生长期则需要光照，光线不仅对子实体的形成和生长有很大影响，而且对子实体颜色深浅也有很大影响。金耳子实体生长需要的是散射光，而非直射阳光，强烈的直射阳光不仅不能促进子实体的形成和生长，反而会杀死菌丝体和孢子。人工栽培中，在子实体生长阶段，无论是野外栽培或室内栽培，都应提供充足的光照，促进子实体的发育和转色，但又不能让段木和栽培袋置于直接的阳光下。室外栽培要搭遮阳棚，让棚内有一定散射光照。室内栽培要选择有窗户的房间，让子实体能良好生长。

5）通风透气

金耳是好气性真菌，整个生长过程都在进行呼吸运动，需不断吸收氧气。在缺氧的环境中，金耳菌丝生长很慢。在代料栽培中，氧气不仅是维持金耳生命活动的必需条件，而且氧气的供给对金耳子实体的色素合成和子实体原基分化也有很大影响。因此，从金耳制种到栽培的全过程都应注意保证空气流通，不断提供给生长中的金耳以足够的氧气。特别是在金耳子实体形成期，对氧气的需求量更大，缺氧再加上高温、高湿会给病菌繁殖创造条件，容易引起栽培场杂菌污染、子实体溃烂。在整个栽培过程要对栽培室经常进行通风换气。

6）基质营养

营养是金耳生命活动的物质基础，金耳需要不断地吸收营养物质，才能维持生命活动。

（1）碳源

碳源是合成碳水化合物和氨基酸的原料，金耳对碳源的需求量多。但是，金耳菌丝只能分解小分子物质，如葡萄糖、蔗糖、麦芽糖、乳糖等，对大分子物质，如纤维素、木质素、可溶性淀粉等则不能分解。在自然条件下和人工栽培中，金耳菌丝主要靠伴生菌吸收碳源。用木屑进行金耳栽培时，可在培养料中加少量蔗糖，以使接种的菌丝从一开始就能吸收到现成的营养物质，以后靠伴生菌菌丝分解基物提供营养。

（2）氮源

氮源是合成蛋白质和核酸必不可少的原料，金耳一般只能吸收有机状态的氮源。氮的吸收量比碳要少得多。在人工栽培中，适当的 C/N 比对菌丝的生长和子实体的发育尤为重要。过高的氮源浓度会使金耳菌丝的营养生长过盛，而影响子实体的生长。

（3）无机盐和维生素

金耳的生长除了必须具备碳源和氮源外，还需要一定的无机盐和维生素类物质。常用的无机盐如磷酸二氢钾、磷酸氢二钾、硫酸镁、硫酸钙等。还有维生素 B 等维生素。金耳从这些无机盐和维生素中获得磷、钾、镁、钙等物质，以促进其生长和进行正常代谢。用木屑栽培，木屑的主要成分来源于木材的木质部，而木屑多是由放置一段时间后的原木粉碎的，其中矿物质和维生素含量极少，金耳菌丝可从棉籽、麦麸、米糠等辅助培养料中摄取这两类物质。

7）伴生菌

野生条件下，在生长金耳的腐木上，常有粗毛硬革菌、细绒韧革菌、扁韧革菌、毛韧革菌等生长在一起。这些革菌的菌丝可以一直长到金耳子实体内。对金耳子实体进行切片观察，可明显观察到两种菌丝。对金耳子实体进行组织分离，获得的菌种既有金耳菌丝又有革菌菌丝；接种到段木上进行栽培，在金耳生长的同时也有部分革菌生长，所以，这种革菌和金耳是有很密切的关系的。有人认为金耳与革菌是共生关系，也有人认为是寄生关系，但有一点是一致的，即革菌是金耳的伴生菌。

任务实施

1. 人工栽培技术

1）菌种制作

菌种制备工艺流程：金耳子实体→组织分离→母种→原种→栽培种。

（1）母种培养基的选择和制作

①常用母种配方

A. 马铃薯葡萄糖琼脂培养基（PDA）：马铃薯 200 g，葡萄糖 20 g，琼脂 20 g，水 1000 mL。

B. 马铃薯蔗糖琼脂培养基：马铃薯 200 g，蔗糖 20 g，琼脂 20 g，水 1000 mL。

C. 马铃薯葡萄糖综合培养基：马铃薯 200 g，葡萄糖 20 g，磷酸二氢钾 3 g，硫酸镁 1.5 g，维生素 B_1 10 mg，琼脂 20 g，水 1000 mL。

D. 马铃薯麸皮培养基：马铃薯 200 g，麦麸 50 g，葡萄糖 20 g，蛋白胨 5 g，琼脂 20 g，水 1000 mL。

②母种培养基制作

A. 煮制：马铃薯去皮，洗净、切片，称取 200 g，加水 1000 mL，加热煮沸至马铃薯片酥而不烂，用四层纱布过滤。

B. 配比：滤液加入葡萄糖 20 g、琼脂 20 g，加水定容至 1 L，搅拌溶解。

C. 分装灭菌：溶解后趁热分装入试管内，一般装量为试管长度的 1/5~1/4。分装完毕后，塞上棉塞，5 支一把，用牛皮纸将试管口一端包好扎紧。试管包好后放入高压灭菌锅，121 ℃灭菌 30 min。

D. 斜面摆放：灭好菌后，趁热将试管取出，放在工作台上摆成斜面，通常斜面长是试管长的 1/2，待凝固后放置于清洁干燥处备用。

③母种的分离和培养　金耳母种分离主要采用组织分离方法。组织分离法具有简单方便、菌种遗传性状稳定、再生能力强等优点。只需在无菌条件下取一小块子实体组织块，放到斜面培养基上，促使它向营养生长阶段发展，就能获得良好菌种。金耳菌种是由金耳纯菌丝与其伴生菌菌丝混合的菌丝体，组织分离法能快速、有效地分离两类菌丝，所分离菌种成功率较高，并能保持原菌株的优良性状，是目前大规模生产中采用的主要分种方法。

A. 分种前，将分种用的斜面培养基、接种针、镊子、手术刀、酒精灯、75%酒精棉球等分离菌种用工具放入接种箱内,用紫外线灭菌灯照射 20 min。进行组织分离的子实体,要选择朵大、肉厚、色泽金黄、无病虫害、质地稍硬、生长发育健壮的金耳。

B. 菌种分离:种耳采下后,用小刀将基部杂质刮去,用挤去酒精溶液的棉球擦拭,放入培养皿中,移入无菌接种箱内。消毒双手。接种针、镊子、刀片等还需在酒精灯火焰上灼烧备用。用消过毒的手术刀在酒精灯旁削去种耳基部表面一层,切成 0.5 cm×0.5 cm 左右小块,挑选黄白分配均匀的菌块,用小镊子接入斜面培养基中。在打开试管口放组织块时,试管塞拔出和塞上的两个工作都要将试管口和试管塞在火焰上过一下,起到消毒和防止杂菌进入管内的作用。整个过程要求迅速、准确、瞬间完成。这样才能保证所分离种的质量。分离的部位应尽量选择耳基部,因为基部组织细胞再生能力强,金耳菌丝与其伴生菌菌丝分布相对均匀,容易获得性状优良的菌株。

C. 培养:接好种的试管用牛皮纸包好,放入 22~25 ℃的恒温培养箱中培养。培养过程中,每天检查菌丝生长情况,发现长出杂菌的及时清除。接种 24 h 后,在接种块周围长出短而弱的菌丝,初为白色,随着生长逐渐转变为黄白色,并常常在表面产生可溶性浅褐黄色色素。一般在 7~10 d 可以长满试管。试管长满后,菌丝表面可出现菌丝团扭结,接种块还会分化出子实体(图 5-2-6)。

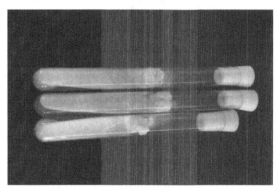

图 5-2-6　金耳母种

(2)原种培养基的选择和制作

①常用原种配方

A. 阔叶树木屑 78%,麦麸 20%,石膏 1%,白糖 1%。

B. 阔叶树木屑 50.3%,棉籽壳 28%,麦麸 20%,白糖 1%,磷酸二氢钾 0.5%,硫酸镁 0.2。

C. 棉籽壳 78%,麦麸 15%,米糠 5%,白糖 1%,石膏 1%。

②原种培养基制作

A. 配料及预处理:按照配方称取配料,其中木屑、棉籽壳等需提前用水预湿再与其他辅料拌匀,含水量 60%。

B. 装瓶:将原种使用 750 mL 透气盖组培瓶,装好瓶压实培养料最终至原种瓶一半即可,中央打 1 cm 孔方便接种,用清水将瓶内上半部和外部擦洗干净,盖好瓶盖。

C. 灭菌:将装好原种瓶放入高压灭菌锅,121 ℃灭菌 120 min。

③原种接种和培养　灭好菌原种瓶放入接种室,接种前用紫外消毒灯灭菌半小时。操作时,应严格按无菌操作规程。双手、母种试管及工具先用 75%酒精棉球认真消毒,将接种铲和钩放在酒精灯上灼烧,冷却后放入试管内将斜面切割成小块。再将小块接种在灭好菌的菌瓶培养料中央洞内,子实体小块接在表面,盖好盖。接种完毕,将原种瓶全部移入培养室内,控制温度在 18~23 ℃暗培养,24 h 后,菌种块表面会长出较短茸毛菌丝,25 d 左右可长满瓶。以后菌丝表面或组织块周围开始产生白色菌丝团和子实体原基,50 d 左右即可长大作为成熟的金耳原种(图 5-2-7)。培养过程中,遇到培养基表面出现绿

色、红色等杂菌,应该及时挑选淘汰。原种只要有一点杂菌感染,这瓶菌种就不能再使用。

(3)栽培种培养基的选择和制作

①常用栽培种配方　和原种相同。

②栽培种培养基制作

A. 配料及预处理:按照配方称取配料,其中木屑、棉籽壳等需提前用水预湿再与其他辅料拌匀,含水量60%。

B. 装袋:栽培种使用 5 cm×15 cm×30 cm 聚丙烯菌袋,装好菌袋压实培养料最终至菌袋一半即可。在菌袋口套环盖,中间预留足够的空间。

C. 灭菌:将装好栽培袋放入高压灭菌锅,121 ℃灭菌120 min。

③栽培种接种和培养　灭好菌栽培种放入接种室,接种前用紫外消毒灯灭菌 0.5 h。操作时,应严格按无菌操作规程。双手、原种瓶及工具先用75%酒精棉球认真消毒,将手术刀、镊子放在酒精灯上灼烧、冷却,后用手术刀将原种瓶内子实体切割成 1 cm×1 cm 左右小块。再将小块接种在灭好菌的栽培袋培养料中央,盖好盖。接种完毕,将栽培袋全部移入培养室内,控制温度在 18~23 ℃暗培养,24 h 后,菌种块表面会长出较短茸毛菌丝,25 d 左右可长满袋。以后组织块周围开始产生子实体原基,50 d 左右即可长大作为成熟的金耳栽培种(图 5-2-8)。培养过程中,应该及时挑选淘汰杂菌感染栽培种。

图 5-2-7　金耳原种

图 5-2-8　金耳栽培种

2)有效优良菌种的鉴定和保藏

金耳菌种生产及菌种质量是金耳生产中至关重要的一环,影响将来产品的产量和质量。特别在母种和原种的筛选过程中,培育良好的母种和原种,对以后的生产有着极大影响。在生产过程中要严格把好母种和原种的生产质量关,特别是在原种、栽培种制作过程中,要反复进行筛选。合格的菌种基本判断如下:菌丝健壮,生长较整齐,菌种表面出现菌丝团扭结和耳原基,子实体洁白、肉质厚实,无污染,无虫害,不萎缩,不吐水。培养好的菌种在4℃保藏柜或保藏室内保藏,但通常需在2~5个月内使用,若时间太长需进行复壮或重新制作,不建议再作为原种、栽培种使用,否则影响出菇造成损失。

3)袋料人工栽培

(1)配方选择

①黄毛青冈或麻栎木屑80%,麸皮20%。
②黄毛青冈或麻栎木屑60%,玉米芯18%,麸皮20%,白糖1%,石膏1%。
③水冬瓜木屑78%,麸皮20%,白糖1%,石膏1%。
④棉籽壳79%,玉米芯15%,麸皮1%,磷肥2%,石膏2.5%,石灰0.5%。
⑤棉籽壳78%,麸皮20%,白糖1%,石膏1%。
⑥棉籽壳60%,阔叶木屑或杂木屑18%,麸皮20%,白糖1%,石膏1%。
⑦杂木屑78%,麸皮20%,白糖1%,石膏1%。
⑧杂木屑50%,玉米芯28%,麸皮20%,白糖1%,石膏1%。

(2)金耳袋料栽培

栽培流程:配料→拌料→装袋→灭菌→冷却→接种→菌丝培养→嫁接→出菇管理→采摘(图5-2-9)。

①配料 按照配方称取各种配料,木屑、棉籽壳、玉米芯需提前预湿。
②拌料 将配料拌匀,含水量60%。
③装袋 采用5 cm×15 cm×55 cm聚丙烯香菇菌袋作为栽培袋,将拌好栽培料装袋,封口。
④灭菌 装好栽培袋放入高压灭菌锅,121 ℃高压灭菌120 min。
⑤冷却 灭菌完成后取出放入预冷间或接种间冷却。
⑥接种 将栽培基质降温冷却至25 ℃左右时进行接种,使用打孔机在长袋表面打孔4个,在孔内接入金耳栽培种培养料一枪,后用透气胶带封好接种口。
⑦菌丝培养 在22~25 ℃、30%~50%空气湿度条件下暗培养菌丝5~7 d后,菌丝萌发并开始吃料。
⑧切嫁接组织块 提前将培养皿灭好菌后,放入超菌台与镊子、手术刀等开紫外灯消毒30 min,将镊子和手术刀在酒精灯上灼烧后冷却待用。栽培种表面消毒后拿进超菌台中取出子实体,将子实体切成0.5~1 cm×0.5~1 cm的小方块放入培养皿,装满后封口取出备用。
⑨嫁接 撕开胶带,在酒精灯旁取出培养皿组织块快速嫁接于接种孔内,后将胶带继续封口,在17~20 ℃、空气湿度50%~60%条件下暗培养10~15 d。
⑩出菇管理 去除胶带,在16~20 ℃、空气湿度80%~90%、白光光照培养30~40 d。
⑪金耳成熟,采摘。

图 5-2-9 金耳栽培

(3) 出耳管理

①子实体原基形成期的管理　温度控制 20~25 ℃，室内要有一定的温差刺激，昼夜温差 5 ℃左右。开始时，菌丝表面产生白色菌丝扭结，逐渐形成菌丝团，以后在温差刺激下，菌丝团逐渐开裂形成新的白色子实体原基。空气相对湿度保持在 85% 左右，在子实体形成期要求较高的空气相对湿度，才有利于子实体的正常发育。室内经常通风换气，子实体发育期要保持室内的温度和湿度，室内栽培中通风透气和保湿工作要密切结合，防止室内过干。当接种的耳块生长稍微顶开封闭穴口的胶布，露出淡黄白色的幼耳时，要特别注意保持接种穴口和套环口部小环境的空气相对湿度。湿度过大，容易诱发多种霉菌和害虫的侵袭，咬食或感染耳芽，形成霉耳和烂耳；湿度过小，又容易使幼耳干硬、死亡。出耳房要求比发菌室大，透光、透气性较好，而且门窗要用细纱窗封闭，防止蚊虫侵入，保证子实体形成后能接受外界更多的光线和氧气。使用前，出耳房要进行严格的消毒。金耳是一种好气性真菌，在其子实体形成和分化期间，由于其内部发生质变，对氧气的需求急剧增加，所以，这时要将封口胶带去掉，让新鲜空气能够为子实体发育转化创造条件。

②子实体幼耳期的管理　温度继续保持室温在 20~25 ℃。湿度保持空气湿度在 90% 左右，只有足够的培养基水分和空气相对湿度，才能使耳瓣伸展开，形成脑状。新鲜空气对子实体发育至关重要，保持通风度。适当的光照对子实体的发育有较好的作用，金耳子实体的颜色产生与光照有很大关系，子实体生长初期要接受散射光照射，但注意不能让阳光直接照射。

③耳瓣伸展期的管理　当幼耳生长到子实体直径在3~4 cm时,就进入耳片大量伸展期的管理。金耳子实体的快速生长期,耳瓣充分展开,子实体长大较为迅速,颜色由淡黄色变为金黄色,子实体表面也由较为平滑变为产生很多皱褶、形成脑耳。控制温度在20~25 ℃,以保证金耳子实体能迅速长大。室内空气湿度控制在90%以上。成熟的金耳子实体水分含量占子实体总量的80%以上,子实体的快速发育和生长,需要充足的水分补给。子实体的生长和色素的形成需要充足的空气,新鲜的空气能使子实体细胞繁殖加快,子实体成长迅速。栽培室要经常打开门、窗,保证室内通风透气。让子实体接受足够的光照,促进子实体色素的快速形成。但要注意只能让散射光照射子实体。

2. 金耳的采收、加工和贮藏

1)采收的适期、方法和要点

当金耳子实体的正常生长发育,刚刚进入成熟初期,子实体的色泽最鲜艳,开瓣率适中。这时,子实体菌体肥大,内部组织充实饱满,干物质重量大,含营养成分全而高。湿润时,表面滑腻,有光泽感,色、香、味最浓。成熟中后期,特别是老熟期采收,色、香、味、营养价值和干物重都明显降低,经风干、晒干或烘干后,产品等级低,品质差。因此,要掌握好采收的适期,才能获得优质高产(图5-2-10)。

采收时,要用快刀和特制的采耳工具,贴耳基部平切而下,以不损伤耳脚、子实体不残留耳脚为原则。损伤耳脚,影响新耳再生;子实体残留耳脚,降低产品质量,降低销售等级,也影响食品加工和深加工。若采耳留下的残部凸凹不平,既不利于伤口愈合,又容易存留积水,诱发各种霉菌、害虫和腐败细菌感染,造成耳穴霉烂,不能再出新耳,成为病虫害滋生、繁殖和向四周扩大蔓延的基地。

图5-2-10　金耳采摘

2)金耳的食用、药用和加工

适时采收的金耳产品,最好是新鲜上市出售,鲜食比干食更有优越性。金耳属于胶质菌类,新鲜的金耳,色、香味、营养价值比干金耳要好。不能新鲜出售的金耳,可以自然风干、晒干和烘干。自然风干和晒干,要求有平整光滑的水泥面场地,先打扫干净,四周要有挡风障和墙,防止灰尘、杂物与金耳子实体混杂。子实体要尽量散开,促进快速干燥。烘干要特别注意温度调节,先用30~40℃的低温烘干,将子实体烘至五六成干,再逐渐升高温度,急速的高温处理,会明显降低产品的色、香味,使原来的优质产品变劣。用各种方法和设备干制好的金耳子实体干品,要趁干装入塑料食品袋内密封,力求保藏在低温、干燥、通风良好、无病虫害感染的贮藏室内,保持好金耳应有的等级和品质。

金耳不能采用柴火、炭火、烈火、烟火急速烘熏。采用柴火、炭火、烟火甚至烈火急速烘熏,会使金耳鲜艳的颜色丧失,变成污黄褐色甚至黑褐色,品质显著降低,形成焦耳和黑耳,有明显的烟熏气味。这样的金耳,没有商品价值:一是不符合食品的卫生标准;二是色、香、味沦为等外品;三是营养价值降低,没有人愿意收购。因此,金耳干品一定要特别注意保持金耳所特有的色、香、味。

金耳可以直接食用或药用。市场销售后,多余的产品,应充分发挥食品、医药、轻化工业加工的技术优势,将金耳子实体甚至是菌糠菌丝体加工研制成各种各样的系列食品、药品、美容化妆品和菌物高效广谱培养基的备用原料。目前,由于金耳的产品大面积生产尚处在"新生事物"阶段,加工部门还远远跟不上金耳大面积生产的需要,只能简单地按照银耳类生产甜食品罐头的常规方法,将金耳子实体调制成单一型的甜食品罐头,使营养丰富、食药兼用的金耳,不能充分造福于人类。近年来,一些科研单位和大专院校,已对金耳的食品和药效进行加工、深加工和临床研究,并获得了一些可喜的成就(图5-2-11)。

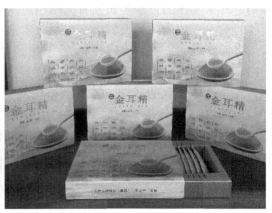

图 5-2-11 金耳产品

金耳作为一种名贵食用菌和药用菌,食用方法多种多样,由于其特殊的色泽和形态,在食用方面,可以单独也可以作为配料,在澳、港及广东等地,常用于各种汤煲。

3. 金耳的病虫害及其防治

在金耳生产和制种过程中,经常会遇到病虫害侵扰,轻者造成减产,重者收获全无。所以,生产中要以预防为主。

1)常见的病害种类

常见的病原菌,多半属于真菌,其次是细菌、黏菌和放线菌,病毒比较少见。危害较严重的真菌病害,有多种多样的霉菌,如毛霉、根霉、曲霉、链孢霉、交链孢霉、青霉、毛壳霉、枝霉、木霉、镰孢霉等(图5-2-12)。各种霉菌以其特有的黑色、绿色、青色、黄色、红色、粉红色、灰绿色、蓝绿色菌丝体或子实体,而明显区别于金耳的菌丝体。金耳型菌丝体和金耳型与革菌型适当搭配的二型菌丝体,自始至终都呈白色,只有金耳的劣质菌种，当毛韧革菌菌丝体旺盛生长，占据绝对优势，分化形成革菌原基和子实体时，才部分呈淡黄褐色至黄褐色。从病害概念上认识，这样的毛韧革菌也是金耳有效优良菌种的一种竞争性病原菌。它以绝对的生长发育优势，大量争夺金耳培养基内所有的营养物质，使金耳型菌丝体完全不能生长。因此，借助于有害菌类和有益菌类所固有的颜色差别，很容易鉴别是否存在杂菌污染。除了根据菌丝体的颜色差别进行鉴别外，各种霉菌的分泌物或代谢产物，气味都十分难闻，有一股刺鼻的特殊臭味，而有益菌类的菌丝菌种和子实体，普遍都有一股可食蘑菇类的芳香气味。这样，就能轻而易举地把有害杂菌和有益菇耳分开。

图 5-2-12　金耳病虫害

除上述的各类霉菌外，也常常会发生各类细菌和酵母菌引起的病害。常见的细菌性病害有枯草杆菌、蕈状芽孢杆菌、假单胞菌、耳类假单胞菌、恶臭假单胞菌、芽孢杆菌等。常见的酵母类真菌病害有酵母病、红酵母病等。无论是细菌性病害或酵母类真菌病害，多半发生在琼脂类的母种培养基上，形成各种类型和颜色的菌落。生长十分迅速，在适宜的生长条件下，自分离培养或转接扩接母种后，出现细小的菌落。如果培养基面没有积水，菌落呈圆形，凸起呈弧状、乳白色、淡黄白色、黄色、淡红色至红色，菌液呈黏稠状；如果培养基面有冷凝水，菌液则沿水迹迅速发展，形成条块状、弧状、片状或不规则形状。各种菌落，容易使培养基质变色、酸化，散发出各种难闻的酸味、臭味、怪味。由于在培养原种和栽培种的代用料培养基内有一定的含水量，如果上述细菌、酵母菌污染的母种接入菌种瓶（袋），这些细菌和酵母菌也能大量生长、繁殖。它不仅争夺培养基内的各种营养物质，使金耳菌种不能正常生长到完全不能生长，菌种瓶（袋）上出现大小不等、规则或不规则的拮抗斑，打开瓶（袋）时普遍有各种刺鼻的怪味散发出来。这样的菌种完全不能使用。

2）常见虫害

在金耳菌丝体及子实体生长过程中，会出现害虫的侵袭。这些害虫侵染后，常使菌丝体不能正常生长，甚至长好的菌丝体和子实体也会被虫吃掉。在干金耳的贮藏过程中，害虫的蚕食，可以使金耳干品被蛀空，严重的可以使贮藏的金耳全部报废。这些害虫，有的体型很小，不易识别，如跳虫、线虫和螨类、蝇类；有的白天潜伏，黑夜出来活动，例如蛞蝓，不仅直接咬啮菌物的营养体和繁殖体，使营养生长的菌丝体不能正常生长发育，甚至死亡，还随身携带和传播各种病菌，成为传播病菌的媒介。

3）综合防治

菌物病虫害的种类虽然很多，分布很广，危害十分严重，但是，只要对各种病害和虫害的生长发育条件、形态特征、流行规律有比较明确的认识，正确掌握病虫害的防治原理和防治方法，就能够达到基本上控制和减少各种病原微生物和害虫的为害，使各种病虫害不至于造成灾害。

对于这些病菌和害虫，要本着治早、治少、治了的原则，把病害和虫害尽早消灭在萌芽状态。对待病虫害最有效的防治途径是"以防为主，防重于治"。实践证明，只要在金耳等有益菌类的整个生长发育期内，随时随地突出一个"防"字，就能杜绝或减少各种病虫害的发生发展和流行。

①选育抗病良种，是从根本上培育金耳菌种的优良种性 不断选育的良种，生活力很强，抗污染、抗逆性明显优于一般菌种。不仅是保证获得高产稳产的先决条件，也是预防病虫灾害的根本途径。有了抗病性、抗污染、抗侵袭、抗逆性强的金耳良种，再加上其他综合性预防措施的紧密配合，就能使各种病虫害，降低到最低限度，甚至从根本上消除病虫危害。

②加强生态、生理防治 所谓生态、生理防治，就是要致力研究寄主（金耳）和各种病原菌、害虫的最佳和不利的生态环境和生理因素。研究的目的，就是要使人工控制条件下的生态环境和生理因素（包括温度、湿度、酸碱度、光照度、通风透气度、基质营养类型，与金耳友好的有亲和性的伴生毛韧革菌和其他伴生菌，以及各地区的时间和空间差异等）要尽可能有利于金耳菌丝体和子实体的正常生长和发育，而不利于各种病虫害的生长发育和流行。只要随时随地严格掌握和控制好有利于金耳生长发育的生态环境和各种生理因素，利用不利于病虫发生发展的各种生态和生理因素，就能有效地杜绝各种病虫害。

③物理、化学防治是一种加强或必要手段 制作金耳菌种的各种代用培养料和琼脂类培养基，通常采用高温高压或常温常压灭菌，属于物理方法的防治手段，也是防治病虫害的一项必要措施。在干旱和少雨季节，利用太阳光，强烈照晒各种培养料和各种备品、工具、各种污染物，都能达到一定的消毒灭菌效果，也是很好的物理防治方法。用来防治病虫害的各种化学物质，要选择低毒高效的种类，禁止使用高剂量的剧毒药品。毒性较强的化学药物，切忌喷洒在金耳的菌丝体，特别是子实体上。要求使用及时、合理，达到"治早、治少、治了"。

④其他辅助性的综合措施 要特别注意防除和消灭多种病菌和害虫的侵袭和污染来

源，菌种培养室和耳房棚要设置在环境清洁、空气新鲜、通风良好、水源干净、无鼠害的地方，远离垃圾堆、粪堆、粪塘、厕所、牲畜舍和禽舍。工作室内外要经常保持环境卫生，培养室地面、墙壁、走道要经常喷洒灭菌、防虫药物，如喷洒生石灰水上清液，撒生石灰粉，洒来苏儿溶液。最好用细孔塑料纱封闭窗口，做成活动的门框和塑料纱门，适当地通风换气。

⑤ 及时鉴别，准确防除　制备金耳菌种和栽培出耳的人员，要具有及时鉴别、准确防除各种病虫害的能力。对各种具体情况要善于具体分析，消除隐患。

巩固训练

要求能够掌握金耳菌种分离技术，能够完成从母种分离、原种、栽培种到栽培一整条生产。

知识拓展

金耳代料栽培的产量高低、品质好坏，菌种是根本，代用料是前提，管理是保证，三个重要环节缺一不可。代料栽培以下几点值得特别注意。

第一，代料栽培金耳，必须采用生命力强的有效优良苗种，要从根本上掌握有效优良菌种的分离培养方法和鉴别方法，使菌种的有效率和出耳率长期稳定95%以上；因地制宜，选择来源广、质量好的新鲜代用料为主料；不断提高对金耳代料栽培的技术和管理水平，才能获得预期的结果。

第二，良种并不是一劳永逸的，在分离培养获得生命力强的有效优良菌种的基础上，要争取每隔几年重新采集野生金耳和段木栽培的优良种耳，不断选优培育良种，使有效优良菌种不断保持良种化。

第三，用于调制良种和大面积栽培的代用料，要求新鲜、纯净、无霉变、无受湿结块。粗料要粉碎成物理性状良好的细料，加水调料的比例，要控制最佳。

第四，培养母种、原种和栽培种的温度，要稍低于金耳菌丝体最适宜的温度。营养基质的含量以中等营养含量为宜、不宜过低或过高，有利于控制伴生革菌菌丝体的旺盛生长发育，培养基的含水量要稍低于多数文献记载的手捏料指缝有水迹的常规含水量，以利于金耳菌丝体的生长发育。

第五，封闭接种穴口用的医用胶布，不宜太大，也不宜太小，以比接种穴口大3 mm为宜，最多不超过5 mm。封口胶布太大，造成浪费，更重要的是，胶布太大，封口太紧，种耳不容易顶开；胶布太小，又造成封闭不紧、不严，给杂菌、害虫造成入侵的孔穴。

自主学习资源库

1. 金耳人工栽培技术 . 刘正南，郑淑芳 . 金盾出版社，2002.
2. 金耳人工栽培技术 . 刘平，汪欣 . 中国农业出版社，1999.
3. 紫木耳金耳栽培新技术 . 周雅冰 . 上海科学技术文献出版社，2005.

任务 5-3　羊肚菌栽培

任务描述

本任务主要对羊肚菌进行理论知识概述及栽培管理技术简述,包括羊肚菌基础介绍、生物学特性、制种技术、栽培技术、管理出菇技术、病虫害防治、加工等。全方位地对羊肚菌及其栽培管理进行介绍,通过学习本任务能详细地学习了解羊肚菌及其制种、栽培等技术。

知识准备

1. 概述

1) 分类学地位

羊肚菌(Morchella sp.)隶属于子囊菌门(Ascomycota)盘菌纲(Pezizomycetes)盘菌目(Pezizales)羊肚菌科(Morchellaceae)羊肚菌属(Morchella),是羊肚菌属(Morchella)食用菌的统称。因其外观形似羊肚而得名,又名羊肚蘑、羊肚菜、羊蘑、编笠菌、蜂窝菌、羊雀菌、包谷菌、麻子菌等。羊肚菌号称四大食用菌之一,是一种名贵珍稀的食用菌,国内外都具有较高的知名度,尤其是在欧洲其名贵程度更是仅次于世界三大美食之一的松露,有着抗肿瘤、抗氧化、免疫调节和抗菌等诸多生理活性。羊肚菌于 1818 年被发现。其结构与盘菌相似,上部呈褶皱网状,既像个蜂巢,也像个羊肚,因而得名。羊肚菌在山火之后的 2~3 年产量特高,因此北美的采摘者会根据山火来采集羊肚菌。羊肚菌由羊肚状的可孕头状体菌盖和一个不孕的菌柄组成。菌盖表面有网状棱的子实层,边缘与菌柄相连。菌柄圆筒状、中空,表面平滑或有凹槽(图 5-3-1)。

图 5-3-1　野生羊肚菌

2）食药用价值

羊肚菌是子囊菌中著名的美味食菌，其菌盖部分含有异亮氨酸、亮氨酸、赖氨酸、蛋氨酸、苯丙氨酸、苏氨酸和缬氨酸7种人体必需的氨基酸，甘寒无毒，有益肠胃、化痰理气药效。羊肚菌的营养相当丰富，据测定，羊肚菌含粗蛋白20%、粗脂肪26%、碳水化合物38.1%，还含有多种氨基酸，特别是谷氨酸含量高达1.76%。因此，有人认为是"十分好的蛋白质来源"，并有"素中之荤"的美称。据测定羊肚菌至少含有8种维生素：维生素B_1、维生素B_2、维生素B_{12}、烟酸、泛酸、生物素、叶酸等。羊肚菌的营养成分，可与牛乳、肉和鱼粉相当。因此，国际上常称它为"健康食品"之一。羊肚菌含抑制肿瘤的多糖，抗菌、抗病毒的活性成分，具有增强机体免疫力、抗疲劳、抗病毒、抑制肿瘤等诸多作用；日本科学家发现羊肚菌提取液中含有酪氨酸酶抑制剂，可以有效地抑制脂褐质的形成。羊肚菌所含丰富的硒是人体红细胞谷胱甘肽过氧化酶的组成成分，可运输大量氧分子来抑制恶性肿瘤，使癌细胞失活；另外还能加强维生素E的抗氧化作用。硒的抗氧化作用能改变致癌物的代方向，并通过结合而解毒，从而减少或消除致癌的危险。

羊肚菌既是宴席上的珍品，又是久负盛名的食补良品，民间有"年年吃羊肚、八十照样满山走"的说法。羊肚菌肉质鲜美脆嫩，风味独特，味道鲜美，营养丰富，含有丰富的蛋白质、粗纤维、氨基酸、不饱和脂肪酸等，还含有钾、钠、钙、镁、铁、锌等10多种丰富的矿质元素，是世界四大名菌之一。同时，羊肚菌还具有消化助食、化痰理气、补肾提神等药用价值，是一种珍稀名贵的食（药）用菌，市场价格高昂，被誉为"菌中之王"。近年来，随着人们生活水平的提高，对营养保健食品越来越重视，羊肚菌作为传统名贵珍稀食用菌，市场开发前景极为广阔。羊肚菌"性平、味甘，具有益肠胃、消化助食、化痰理气、补肾、壮阳、补脑、提神之功能，对脾胃虚弱、消化不良、痰多气短、头晕失眠有良好的治疗作用。羊肚菌有机锗含量较高，具有强健身体、预防感冒、增强人体免疫力的功效。羊肚菌含有大量人体必需的矿质元素，每百克干样钾、磷含量是冬虫夏草的7倍和4倍，锌的含量是香菇的4.3倍、猴头菇的4倍；铁的含量是香菇的31倍、猴头菇的12倍等"。

3）栽培概述

羊肚菌在世界范围内分布广泛，总体分布是一个北温带分布食用菌，根据系统发育学分析，羊肚菌属可分为黑色羊肚菌类群、黄色羊肚菌类群、变红羊肚菌类群。据统计，羊肚菌属有60多个种。常见的羊肚菌有黑脉羊肚菌（*Morchella angusticeps*）、顶尖羊肚菌（*Morchella coinica*）、高羊肚菌（*Morchella elata*）、美味羊肚菌（*Morchella deliciosa*）、秋天羊肚菌（*Morchella galilaea*）、梯棱羊肚菌（*Morchella importuna*）、六妹羊肚菌（*Morchella sextelata*）、七妹羊肚菌（*Morchella septimelata*）等。近年来，我国大规模商业化栽培的梯棱羊肚菌、六妹羊肚菌和七妹羊肚菌属于黑色类群。

由于野生羊肚菌资源有限，远远不能够满足市场的需求，因此，全世界许多学者都进行驯化研究，前后经历了上百年。法国是最早进行羊肚菌人工驯化栽培的国家，至今已有130余年的历史。直到1982年美国DonaldOwers实现了羊肚菌人工气候室内出菇，取得羊肚菌人工栽培突破性进展，为今后羊肚菌的人工栽培探索研究提供了重要指引。我国从20世纪90年代至今，羊肚菌的栽培从仿生栽培、圆叶杨菌材栽培模式发展到大田产业化栽培模式。特别是外援营养袋栽培方法的发现，显著提高羊肚菌大田栽培成功的可重复和产量的相对稳定性，促进了全国羊肚菌栽培产业的迅猛发展。从2013年以来，羊肚菌在全国已成燎原之势，据统计，2014—2015年，全国达到5000亩的规模，到2017—2018年，全国羊肚菌栽培面积70 000亩左右。羊肚菌在全国除海南省外均有栽培，已成为近年来食用菌栽培品种的新贵。然而，羊肚菌栽培产业发展还存在诸多问题，生物学基础研究还有待进一步明确，栽培品种的老化退化，菌种质量参差不齐，规范化、标准化栽培技术缺乏，栽培产量稳定性不高等问题仍然是当前羊肚菌产业面临的主要问题。

羊肚菌栽培根据场地不同可分为室内栽培和室外栽培两种模式，目前大部分规模化栽培采用室外遮阳网大棚进行栽培。

2. 羊肚菌的生物学特性

1）羊肚菌的形态特征

(1) 菌丝体

羊肚菌的主干菌丝白色，透明，竹节状，有分隔，菌丝有发达的分支，气生菌丝的顶端分支菌丝逐渐变细，顶端不丰满，常成为空菌丝。菌丝体在培养基上初期灰白色，后期菌丝浓密颜色变深，呈黄褐色，生长快速，菌丝体较为均匀地向外扩展生长。3~4 d就会长满斜面，4~6 d长满平板（图5-3-2）。

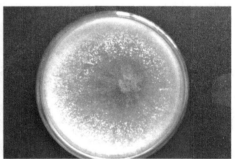

图 5-3-2　羊肚菌菌丝体生长过程

(2) 菌核

当菌丝长满容器后，易形成黄色或黄棕色大小不等的菌核。羊肚菌菌核呈斑点状或块状，生长初期为白色，生长到一定阶段变为黄褐色、黑褐色（图5-3-3）。

羊肚菌菌丝在纯培养的条件下容易形成菌核，在栽培生产中，母种、原种、栽培种中常有菌核出现（图5-3-4）。羊肚菌菌核的形成与品种、营养条件、培养条件有很大关系。有学者认为，羊肚菌的菌核没有明显的结构层次差异，应该是一种假菌核。羊肚菌菌核是其抵御不良环境的休眠器官，也是贮存养分的器官。

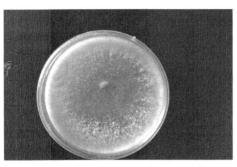

图 5-3-3　菌核（左：生长初期；右：生长后期）

图 5-3-4　菌核（左：原种菌核；右：栽培种菌核）

（3）无性孢子

羊肚菌的无性孢子又称作分生孢子、菌霜，是羊肚菌人工栽培过程中一个特殊的表型特征。在栽培中，羊肚菌菌种在播种后 4~7 d，土层表面就会形成白色、粉状的无性孢子（图 5-3-5）。

图 5-3-5　菌霜（无性孢子）

目前，从人工栽培来看，分生孢子是羊肚菌栽培过程中一个阶段，但分生孢子的发生与羊肚菌出菇结实是否存在一定相关性尚不明确。栽培中常发现，羊肚菌有分生孢子发生不一定能栽培出菇。栽培中分生孢子的多少与栽培的品种、水分、营养、光线有一定关系。另外，施加外援营养袋后也会有分生孢子增多的现象。

图 5-3-6　菌霜

（4）子实体形态

羊肚菌子实体即子囊果，由菌盖和菌柄两部分组成，单生或丛生，菌盖近圆锥形，表常有纵横交织的竖棱和横脊，面凹陷，呈蜂窝状。子囊果中等大，高 5~18 cm，浅灰褐色、黄褐色、褐色或褐色略带红色，肉质白色，肉质薄。菌柄长 3~9 cm，粗 2~4 cm，灰白色或米白色，表面有细颗粒或粉粒状物，空心（图 5-3-6、图 5-3-7）。规模栽培梯棱羊肚菌和六妹羊肚菌的形态特征如下。

图 5-3-7　羊肚菌子实体

①梯棱羊肚菌　菌盖近圆锥形，主脊竖直排列，菌盖表面有像梯子一样规律横隔，表面凹陷，呈蜂窝状，幼时浅灰褐色，成熟时橄榄色或浅褐色。子囊果中等大，高 5~18 cm，菌柄长 3~9 cm，粗 2~4 cm，灰白色或米白色，表面有细颗粒或粉粒状物，空心，菌盖质地韧性较强（图 5-3-8）。

②六妹羊肚菌　菌盖近圆锥形，侧脊明显，常有次生脊和下沉横脊，呈蜂窝状；子囊果中等大，高 5~12 cm，高 3~8 cm，粗 2~5 cm，幼时灰白色、灰色，成熟时灰褐色至黑褐色略带红色。菌柄长 3~6 cm，粗 2~3 cm，光滑，白色（图 5-3-9）。

图 5-3-8　梯棱羊肚菌　　　　　　　　图 5-3-9　六妹羊肚菌

2）生长发育条件

(1) 营养条件

①碳源 羊肚菌属种类众多，其营养类型并不统一，包括共生型和腐生型两种类型。很多种类菌丝与植物能形成菌根，属于共生型食用菌，但广泛栽培能够形成子实体的羊肚菌属于腐生型食用菌。腐生型羊肚菌能利用葡萄糖、蔗糖、乳糖、可溶性淀粉、纤维素、木质素等作为碳源，在栽培生产中常使用小麦、木屑、玉米芯、谷壳、秸秆等为原料提供碳源。羊肚菌最适的碳源是可溶性淀粉、蔗糖和葡萄糖。

②氮源 羊肚菌可以利用的氮源包括有机氮源和无机氮源。常用的有机氮源有蛋白胨、酵母粉、牛肉膏、玉米粉、麦麸、豆粕等。无机氮有尿素、硝酸钾、硝酸钠等。在栽培生产中，常利用麦麸、玉米粉、豆粕等提供氮源。

③无机盐 羊肚菌生长需要钾、钙、磷、磷、镁等矿质元素。在栽培生产中常在培养基中添加石灰、石膏、过磷酸、磷酸二氢钾等提供矿质元素。

④维生素 羊肚菌菌丝生长需吸收维生素，在栽培生产中可从培养基原料中获得，不需要专门添加。

(2) 环境条件

①温度 羊肚菌属低温型真菌，菌丝体生长温度为 3~25 ℃，最适生长温度为 16~25 ℃。在最适温度范围内，温度较高，菌丝生长快，但菌丝较低温稀疏；温度低，菌丝生长缓慢，但菌丝较为健壮。在生产中，羊肚菌菌种培养温度通常采用 16~18 ℃。一般提倡温度低于 20 ℃ 播种，以降低高温风险。羊肚菌菌丝低于 5 ℃ 菌丝生长很慢，高于 35 ℃ 菌丝稀疏，40 ℃ 菌丝容易死亡。

羊肚菌原基分化最适温度为 8~15 ℃，在栽培生产中子实体生长发育期保持土温在 8~15 ℃ 为宜。羊肚菌子实体生长温度为 10~23 ℃，最适生长温度为 15~18 ℃；昼夜温差大，能促进子实体形成。温度超过 25 ℃，很难诱发原基，子实体容易灼伤死亡。

②水分与空气相对湿度 羊肚菌属于喜湿型真菌，适宜在较湿润的环境中生长，栽培过程中需水量较大。羊肚菌菌丝体生长水分主要来自培养基或土壤，要求培养基含水量为 60%~65%，土壤含水量 20% 左右。菌种菌丝培养过程中通常湿度控制在 70% 以下，防止培养室湿度过大，易造成杂菌感染。子实体形成和发育阶段，所需土壤含水量 20%~25%，适宜空气相对湿度为 85%~90%。土壤含水量过高，土壤溶氧量不足，不利于菌丝生长、子实体发育，土面水分过多也会被苔藓植物覆盖，影响出菇。在栽培生产中，采用大水漫灌的方式进行羊肚菌水分管理时，要注意水面不超过厢面且需及时洒水，防止土壤缺氧影响菌丝生长和子实体发育。

③光线 羊肚菌菌丝体生长期不需要光照，光线过强会抑制菌丝生长，菌丝在暗处或微光条件下生长很快。光线对子实体的形成有一定的促进作用，子实体形成和生长发育需要一定散射光照，三分阳七分阴。羊肚菌子实体的生长发育具有趋光性，子实体朝着光线方向弯曲生长，并多发生在散射光照射较好的地方。

④氧气和二氧化碳 羊肚菌属于好气性真菌，菌丝生长阶段可以耐受较高二氧化碳浓度，但子实体生长发育需要通风良好，空气新鲜。当二氧化碳浓度过高时，子实体会出现

瘦小、菇柄长、畸形,甚至腐烂的情况。因此,足够的氧气和通风良好的场所是保证羊肚菌正常生长发育的必要条件。

⑤酸碱度　羊肚菌菌丝体和子实体生长适宜 pH 为 6.5~7.5。在栽培生产中,常在整地时撒 50~100 kg/亩的生石灰调节土壤 pH,同时也起到杀菌、杀虫的作用。

任务实施

1. 羊肚菌菌种制作

1)母种的制作

经各种方法选育得到的具有结实性的菌丝体纯培养物及其继代培养物,也称一级种、试管种。

(1)固体培养基配方

土豆 200 g,葡萄糖 20 g,琼脂 18 g,硫酸镁 1.5 g,磷酸二氢钾 3.0 g。

(2)制作方法

①按配方制作好培养基斜面试管。

②提前将空培养皿、装好水的瓶子、滤纸报纸包好放入高压灭菌锅,灭好菌后放入超菌台冷却待用。

③在超菌台中将两个灭菌培养皿中倒入无菌水,一个倒入消毒酒精,选取性状优良的晾干羊肚菌放入超菌台。

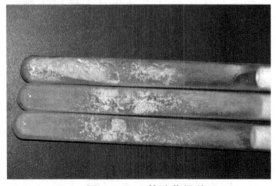

图 5-3-10　羊肚菌母种

④手术刀火焰消毒冷却后,切取羊肚菌菌盖表皮(镊子能夹到越小越好),放入酒精中消毒 7~10 s,放入无菌水清洗两次,夹起放在灭菌滤纸上吸干水分。

⑤将吸干水分组织块接入试管。

⑥2~3 d 即可萌发,后及时纯化。

⑦纯化后菌株通过分子鉴定及交配型基因检测后即得到母种。

⑧通过出菇实验检验得到具有结实性的母种(图 5-3-10)。

2)原种的制作

由母种移植、扩大培养而成的菌丝体纯培养物,也称二级种。

(1)原种配方

①麦粒 50%,谷壳 12%,木屑 14%,土壤 23%,石灰 1%。

②麦粒 60%,谷壳 8%,木屑 11%,土壤 20%,石灰 1%。

③木屑38%，谷壳20%，麦麸18%，土壤23%，石灰1%。

（2）原种生产工艺

选料→预处理→搅拌→装瓶→灭菌→冷却→接种→菌丝培养。

（3）原种制作过程

①配料及预处理　按照配方称取配料，其中木屑、棉籽壳、稻草等需提前用水预湿再与其他辅料拌匀；小麦需提前用水添加0.5%石灰浸泡泡发，或用水添加0.5%石灰煮沸煮透。

②拌料装瓶　将处理好的主料与其他配料拌匀，含水量约60%，原种使用透气盖组培瓶，中央可打孔方便接种。

③灭菌　将装好原种瓶放入高压灭菌锅，121 ℃灭菌120 min。

④接种　将灭好菌原种瓶放入超菌台（无菌接种间），冷却，开紫外灯（臭氧发生器）消毒。后将母种试管切块接入原种瓶孔内。接种量大则发菌快，可适当增加接种量。

⑤培养　接完种后，将原种瓶移入培养室暗培养，温度约18 ℃。随时观察，污染及时清理。待菌丝长满后即可使用（图5-3-11）。若暂不用或用不完，可置于低温、干燥、避光的保藏室保藏。

图5-3-11　羊肚菌原种

3）栽培种制作

由原种移植、扩大培养而成的菌丝体纯培养物。栽培种只能用于栽培，不可再次扩大繁殖菌种，也称三级种。

（1）栽培种配方

①麦粒48%，谷壳14%，木屑14%，土壤23%，石灰1%。

②麦粒50%，谷壳18%，木屑11%，土壤20%，石灰1%。

③木屑35%，谷壳23%，麦麸18%，土壤23%，石灰1%。

（2）栽培种生产工艺

选料→预处理→搅拌→装袋→灭菌→冷却→接种→菌丝培养→播种。

（3）栽培种制作过程

①配料及预处理　按照配方称取配料，其中木屑、棉籽壳、稻草等需提前用水预湿再与其他辅料拌匀；小麦需提前用水添加0.5%石灰浸泡泡发，或用水添加0.5%石灰煮沸煮透。

②拌料装袋　将处理好的主料与其他配料拌匀，含水量约60%，装袋压实，中央可打孔方便接种。

③灭菌　将装好菌种袋放入高压灭菌锅，121 ℃灭菌120 min。

④接种　将灭好菌菌种袋放入无菌接种间，冷却，开臭氧发生器消毒，后将原种接入

菌包内。接种量大则发菌快，可适当增加接种量。

⑤培养　接完种后，将菌种袋移入培养室暗培养，温度约18℃。随时观察，污染及时清理。待菌丝长满后即可使用，若暂不用或用不完可置于低温、干燥、避光的保藏室保藏(图5-3-12)。

图5-3-12　羊肚菌栽培种

4）营养袋制作

(1) 营养袋配方

①麦粒28%，谷壳30%，木屑14%，麦麸5%，土壤23%，石灰1%。

②麦粒33%，谷壳28%，木屑18%，土壤20%，石灰1%。

③木屑30%，谷壳35%，麦麸10%，土壤24%，石灰1%。

(2) 营养袋生产工艺

选料→预处理→搅拌→装袋→灭菌→冷却→打包→运输→划口→摆放。

(3) 营养袋制作过程

同原种制作过程(图5-3-13)。

5）注意事项

①要求选择的原料新鲜、洁净、干燥、无虫、无霉、无异味。

②要求基质含水量为55%~60%，含水量过多菌丝生长缓慢，含水量过少则菌丝长势弱。

③拌料时土壤必须提前过筛，将大的石块筛去，否则易损坏机器设备，且配比不正确。

图5-3-13　羊肚菌营养袋

④装袋时要求每袋料的误差在20g左右。

⑤菌种需要用0.2%的高锰酸钾溶液清洗，进行表面消毒。

⑥接种过程的无菌操作要规范。

⑦空间环境的维护要到位。

⑧菌丝培养过程中要随时观察菌丝的长势及菌包污染情况,凡是有感染的菌包立即清理并及时处理。

⑨菌丝培养过程中特别要注意菌丝产生生物热而造成烧菌。

⑩要求培养房内通风良好,保证菌丝生长充足的氧气。

2. 羊肚菌栽培管理技术

1)栽培工艺流程(图 5-3-14)

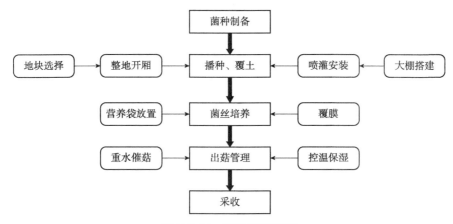

图 5-3-14　栽培工艺流程

(1)未建大棚栽培

①播种前　选地→搭遮阳大棚→安装主水管→撒石灰→整地→作畦→理播种沟。

②播种　预湿→撒菌种→覆土→撒水泥或草木灰。

③播种后　安装滴灌带及喷头→浇种水→放置营养袋→覆膜→淋水转化→出菌管理→收菇→加工、包装。

(2)已建大棚栽培

①播种前　选地→安装主水管→撒石灰→整地→作畦→理播种沟。

②播种　预湿→撒菌种→覆土→撒水泥或草木灰。

③播种后　安装滴灌带及喷头→浇种水→放置营养袋→覆膜→淋水转化→出菌管理→收菇→加工、包装。

2)栽培技术

(1)栽培季节

羊肚菌属于低温型食用菌,菌丝体生长温度为 3~25 ℃,最适生长温度为 16~25 ℃,土壤温度低于 20℃以下播种为宜。羊肚菌子实体生长温度为 10~23 ℃,最适生长温度为 15~18 ℃;子实体生长发育期最适土温在 8~15 ℃,环境温度超过 25 ℃时原基难以形成或容易死亡。羊肚菌栽培生长周期根据生长积温不同为 60~90 d,根据生长周期及出菇适宜温度合理安排栽培季节。目前全国主要的栽培是"冬栽春收"模式，即冬天播羊肚菌菌种，春天进行出菇的栽培方式。通常在11月上旬至12月完成栽培播种，翌年2月下旬至4月出菇。目前研究及栽培试验表明，根据羊肚菌的生物学特性，选择适宜的条件，可实现周年出菇。

（2）地块选择

羊肚菌大田栽培为无基质栽培，土壤是菌丝生长和子实体分化的主要环境，因此土壤地块的选择尤为重要。羊肚菌属于好气型真菌，需要土壤有丰富的溶氧条件，要求土质疏松，透气性好。羊肚菌生长需水量大，需要一定的湿度条件，要求地块地势平坦，持水性好，同时需水源丰富且无污染。此外，地块选择北坡为宜，日照时间较短，有利于遮阴。因此，栽培地的选择首先要求水源充足；其次栽培场地要求环境清洁、空气清新、水质无污染；同时还应具备地势较平、水电便利、交通方便，农药残留成分较低的条件。选择弱碱性至微酸性红、黄、黑砂壤土，轮闲或生荒地更为理想，不易积水。

（3）搭棚

羊肚菌属于喜阴型食用菌，需在遮阴的条件下生长，可搭建简易遮阳网大棚或钢架大棚（图5-3-15至图5-3-18）。遮阳网通常选择4~6针加密规格，要求遮光率达80%~90%。遮阳网大棚不宜大面积连片搭建，不利用空气流通、保持新鲜空气或散热。通常使用简易U型拱棚（推荐）和简易平棚。

图5-3-15　简易大棚

图5-3-16　钢架大棚

图 5-3-17　U 型拱棚

图 5-3-18　简易平棚

(4) 安装主水管

将主水管排好,主管、分管、滴灌的具体用量根据水源位置以及种植面积而定(图 5-3-19)。

图 5-3-19　管道

(5) 撒石灰

播种前 3 天完成。除完草之后,在打地前撒一层石灰。每亩地块可撒 50~100 kg 生石灰调节酸碱度值。同时起到杀菌、杀虫的作用。

(6) 整地、作畦

用旋耕机将地翻 1~2 次,清理石块、杂草及其他植物根茎。太阳暴晒至少 3 天。开厢作畦备用(图5-3-20)。厢面宽0.8~1.2 m，厢与厢间沟宽约30 cm，深10~15 cm，厢长度不限，根据地块而定。播种前需进行土壤预湿，使得土壤潮湿而不黏。

图5-3-20　开厢作畦

(7)理播种沟

在距厢面边缘25 cm处分别用锄头理出两条宽10 cm、深不少于5 cm的播种沟(图5-3-21)。播种前1 d完成。

图5-3-21　播种沟

(8)拌种

每亩用种量200 kg左右。羊肚菌菌种播种前要用0.1%~0.2%的磷酸二氢钾、磷酸氢二钾或水溶液拌种，使菌种含水量达70%(图5-3-22)。

图5-3-22　拌种

(9) 预湿

播种前地块进行预湿处理,有利于菌种萌发(图 5-3-23)。但不宜过湿,否则不便于操作。若土壤潮湿此步骤可以省略。

图 5-3-23 预湿地块

(10) 撒菌种

播种采用沟播(图 5-3-24)或撒播(图 5-3-25)均可,沟播沟深 5~8 cm 为宜。一般每亩菌种使用量为 150~250 kg。

图 5-3-24 沟播

图 5-3-25 撒播

(11) 覆土

播种后立即覆土(图 5-3-26),覆土 2~4 cm 为宜,要保证将菌种全部覆盖。所覆盖的土壤必须无杂草、无石块、具有团粒结构、通透性好、保湿性强,覆土 2~4 cm 为宜,要保证将菌种全部覆盖。

图 5-3-26　覆土

(12) 撒草木灰

覆土后立即撒一层草木灰(每亩 250~300 kg)(图 5-3-27)。

图 5-3-27　撒草木灰

3) 出菇前管理技术

(1) 安装滴灌管带及喷头

安装滴灌管带(图 5-3-28),不用埋入土中,顺着播种沟排放。

安装喷头(图 5-3-29),针对简易 U 型拱棚选用立式喷头,安装于两个拱棚之间(大棚外),立式喷头高度稍高于棚顶,起到降温、增湿、保护幼菇的作用。

图 5-3-28 滴灌管

图 5-3-29 棚外喷头

(2) 浇种水

播种 2~3 d 后菌丝开始萌发，厢面必须浇透水一次（即厢面可以明显看到水溢出到沟内，但沟内积水不超过 1 h）。使厢面的土壤水量达到 60%~65%，促使初生菌丝迅速生长。此阶段对后期分生孢子产生量将起到决定性作用。

(3) 放置营养袋

羊肚菌菌种播种后 7~15 d，播种厢面布满菌丝，出现白色分生孢子(菌霜)时即可放置营养袋。将生产好的袋子平握，用小刀划 2~3 cm 横口两条（或用木板钉 8~12 个钉子做成钉耙，拍打一下打孔），摆在土壤表面，将有开口一面紧贴地面（注：开口一面必须充分接触地面上的白色菌霜，以使羊肚菌菌丝快速回长），均匀放置在厢面上（图 5-3-30）。通常每亩用量 1600~2000 袋，重量 800~1000 kg。

图 5-3-30 放置营养袋

（4）覆膜

播种后 2~3 d 待菌丝恢复生长，可喷淋重水 1 次，然后直接覆盖黑色地膜（图 5-3-31）或搭建小拱棚覆盖白色地膜（图 5-3-32）。地膜具有很好的保湿、保温、防雨、压草的作用，覆膜要每隔 3~5 d 揭膜透气，或在膜上打孔透气，以免缺氧影响菌丝生长。此阶段土壤含水量必须为 60%~65%。

图 5-3-31 覆膜（黑膜）

图 5-3-32 搭小拱棚覆膜（白膜）

（5）移除营养袋

营养袋摆放 40~60 d（根据各栽培地空气和 5~10 cm 土壤温度不同），观察到袋内培养料绝大部分开始感染、变色或看厢表面分生孢子已开始消退时，要及时将袋子全部拣出。且当第 2 次返起的分生孢子还在继续消退时，说明此羊肚菌菌丝已由原先的营养生长转化为生殖生长。

（6）催菌处理

播种后 50~70 d，当菌床菌霜消失，地温逐渐回升至 6~8 ℃时，可采用滴灌或喷灌喷淋重水 1~2 次，2 次重水刺激间隔 10~15 d（每次都要浇透，可以明显看到水溢出，但沟内积水不能超过 1 h），使土壤含水率达 20%~25%，刺激原基形成（图 5-3-33）。喷淋重水后注意观察土壤表面是否有原基发生（图 5-3-34），如有原基发生不可再喷淋重水，保持土壤湿润，控制空气湿度在 85%~90%，以免原基发生后水分过重导致其死亡。

图 5-3-33 重水催菌

 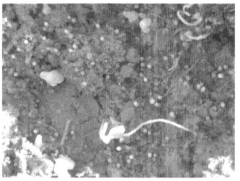

图 5-3-34　原基发育过程

4）出菇后管理技术

播种后 60~80 d 开始出菇（图 5-3-35）。羊肚菌出菇管理尤为重要，根据栽培区域的气候特点，在大棚搭建时就应考虑到出菇阶段的环境条件，如出菇阶段气温较低的地方，往往需要采用具有保暖措施的大棚为出菇棚。

(1) 光线

出菇期需要光照为七分阴、三分阳，子实体生长期间需要 80% 的郁闭度（遮阴度），如光照过强，产生原基少且子实体顶部易灼伤、受损，易产生畸形菇、产量低，并对菌床菌丝有一定的杀伤力；光照过弱，通风透光差，子实体易被木霉等寄生，造成子实体品质下降，产量将降低。

(2) 湿度

现原基后，以调节空气湿度为主，保持表土湿润、土壤含水 40%~50%，空气相对湿度 80%~95%。

(3) 温度

土壤（3~5 cm）温度在 13 ℃ 以下、空气温度控制在 10~20 ℃ 为宜。温度不宜低于 5 ℃、超过 22 ℃。若空气温高于 20℃ 低于 25 ℃ 时，可喷水降温（喷雾化水 5~10 次，每次 2 min）。

(4) 采摘、加工及保藏

适时采收、采大留小、分级包装。羊肚菌子实体菌盖长 5~8 cm，八分成熟即可进行采收（图 5-3-36）。

图 5-3-35　羊肚菌出菇　　　　　　　图 5-3-36　八分成熟羊肚菌

①采收标准　遵循适时采收、采大留小的原则。采收过早，产量低，直接影响收益；采收过晚，影响品质，价格低。一般子实体出土后 10~20 d 成熟（根据各地气候不同而有所差异），菌盖颜色由深灰黑色变成浅灰色或褐黄色或黑色（菌盖颜色因菌株、气候、光照等不同而有所差异），菌盖表面蜂窝状凹陷充分伸展，菌盖有 5~8 cm 时（菌盖长度因菌株、土壤养分、生长发育条件等不同而有所差异），菌柄纯白色但未变黄，此时是鲜售菇采摘最适期。此时肉质结实、肥厚、质量重、菌柄明显短于菌盖。

②采收方法　用大拇指和食指掐住菌柄基部，轻轻用小弯刀将菌柄基部削断，不带泥土（图 5-3-37）。注意不要损伤菌盖、菌柄，特别注意不要损伤周围未成熟小菇或原基。发现有残断的菌柄及死菇，要及时用小刀将其挖干净，以防腐烂而招引霉菌、蚊虫。采收后的鲜菇应清理泥土，分级。若要销售鲜菇，应及时按销售要求分级包装，及时运出，不能存放，以免腐烂；否则应及时晒干或烘干，装于塑料袋密封保藏。

③分级包装　对于种植户而言做到粗分级即可。一等品：菌盖长度 5~8 cm、菌柄偏白、菌盖长于菌柄、无霉变、无畸形、菌盖椭长状。次品：子实体灼伤、畸形、菌盖短圆状、菌柄发黄、霉变。

包装需要准备的材料有 10 kg 泡沫箱、吸水纸（或长条形卫生纸）、冰袋、封口胶带（图 5-3-37）。冰袋必须完全冻硬，包装前冰袋必须用吸水纸包裹，以免运输过程中冰袋表面的水分直接接触羊肚菌而腐坏。10 kg 泡沫箱一般装 9~12 个冰袋，一层冰袋一层羊肚菌交叉放，3 层冰袋，3 层羊肚菌（可适当调整，冰袋个数应随运输时间增长而增加）。泡沫箱内尽量装严实，可以轻微压一下，不要留有空隙，以免在运输过程中随意抖动而损坏产品。

④冷藏保鲜　羊肚菌鲜品的冷藏设备有冰箱、冰柜、冷库、冷藏车等。冷藏的温度与保鲜的时间成反比关系，就是说冷藏的温度越低，保鲜的时间就越长。一般冷藏温度控制在 2~4 ℃，贮藏时间为 7~10 d。

图 5-3-37　采收、包装

3. 羊肚菌栽培病虫害防治

羊肚菌的大田栽培属于开放式栽培，以未进行灭菌处理的土壤为栽培基质，且整个栽培过程与外部环境直接接触。因此，羊肚菌栽培过程中病虫害发生受土壤、周围环境和气候变化影响较大。根据羊肚菌不同生长阶段可以分为菌丝培养阶段病虫害和子实体生长发育阶段病虫害。

1) 菌丝培养阶段常见病虫害及防治

羊肚菌菌丝培养阶段病虫害主要受到栽培土壤的影响。土壤是菌丝生长的基质，未进行灭菌处理，土壤里存在大量的微生物和一些有害动物。常见病虫害包括生理性病害、竞争性病害、虫害，除此之外还有鼠害。

(1) 生理性病害及防治

生理性病害是指由环境条件不适引起的不良反应，无病原微生物侵染的病害，也称非侵染性病害。羊肚菌菌丝培养阶段主要的生理性病害包括菌丝不长或长势弱、菌丝徒长、分生孢子过多。

①羊肚菌菌种播种后菌丝不萌发或长势弱，常见原因有：菌种活力不足、菌种老化、菌龄过大或长时间不当储存导致；土壤水分管理不当，水分过湿或过干。土壤过湿，土壤溶氧下降，菌丝缺氧，导致菌丝长势弱或死亡。土壤过干，菌丝缺水，影响生长。覆膜后菌丝缺氧，使菌丝生长不良。

②菌丝徒长，常在土壤表面产生厚厚的一层菌皮，常见原因有：土壤营养过剩，菌种量太大，土层透气性不好等。

③分生孢子过多，常见的原因有：水分偏干或过湿，营养过剩。

防治方法：选择种性优良的种源生产菌种或购买优质菌种进行栽培；菌种应适龄播种，不宜长时间存放；选择合适地块，要求地势平坦，土壤透气性好，持水性好；控制土壤含水率，防止过湿或过干情况；覆膜需每隔 3~5 d 揭膜透气，或在膜上打孔透气，以免缺氧影响菌丝生长。

(2) 竞争性杂菌及防治

播种后土壤有害微生物与羊肚菌菌丝竞争营养，常在土面或播种处出现局部杂菌感染（图 5-3-38）。此外，栽培过程中放置的营养袋，虽经过灭菌处理，但需割口或打孔放置，土壤表面杂菌、运输过程中杂菌或放置后鼠害携带杂菌容易侵入营养袋，造成营养袋感染（图 5-3-39）。常见竞争性杂菌有青霉、木霉、毛霉、链孢霉等。

防治方法：选择新鲜、无霉变、无虫蛀、干净、干燥的菌种生产原料；整地时可

图 5-3-38　菌种杂菌感染

图 5-3-39　营养袋杂菌感染

使用生石灰进行土壤杀菌消毒，每亩一般使用 50~100 kg；播种时及时检查将污染菌种剔除；营养袋充分灭菌处理，割口或打孔前刀具进行消毒处理，及时清理污染营养袋，污染严重处可撒生石灰覆盖；防止高温高湿的环境，特别是营养袋放置期间；注意通风，保持棚内空气新鲜。

(3) 虫害、鼠害及防治

羊肚菌菌种多使用麦粒、玉米芯等为原料，易受到老鼠、白蚁、跳虫、螨虫、线虫等危害（图 5-3-40）。老鼠不但挖食菌种、营养袋，还会传播杂菌，造成二次污染，影响菌丝生长，危害极为严重。

图 5-3-40　鼠害

防治方法：整地时可使用生石灰进行土壤杀菌消毒，每亩一般使用 50~100 kg；清除田间的农业废弃料，减少害虫滋生营养源；控制土壤湿度，防止土壤过湿；可采用轮作的方式减少虫害。采取防鼠捕鼠措施。

2）子实体生长发展阶段常见病虫鼠害及防治

羊肚菌菌子实体生长发展阶段病虫害主要受到土壤、环境及气候的影响。常见的病虫害包括生理性病害、竞争性病害、侵染性病害、虫害等。

(1) 生理性病害及防治

羊肚菌子实体生长阶段生理性病害易受温度、湿度、土壤水分、二氧化碳等影响。常见病害有死菇、畸形菇、沟内出菇等。主要原因有：低温冻害、喷水过度、大水漫灌、多雨天气等使原基、幼菇或子实体死亡（图5-3-41）；气温高、空气干燥、湿度低的气候，羊肚菌菌盖顶部失水或灼伤，使子实体呈圆顶形或尖顶形畸形菇（图5-3-42）；沟内出菇是羊肚菌栽培常见的现象之一，通常是因为厢面水分不均，沟内水分适宜出菇生长所致（图5-3-43）。

图 5-3-41　原基及子实体死亡

图 5-3-42　圆顶菇

图 5-3-43　沟内出菇

防治方法：注意根据当地气候做好防冻措施，可选择暖棚栽培或搭小拱棚栽培；做好水分管理，切忌大湿大干，大水漫灌催菇要及时洒水和注意观察原基发生；多雨地区需做好防雨措施，可搭小拱棚进行栽培。

(2) 竞争性杂菌及防治

羊肚菌子实体生长阶段常见的竞争性病害有盘菌、鬼伞等（图 5-3-44、图 5-3-45）。在羊肚菌栽培过程中，出菇时常伴随有盘菌发生，通常数量不多，被当作羊肚菌出菇的一种信号。但生长过多可与羊肚菌争夺营养，影响出菇。羊肚菌菌种、营养袋及栽培地块中常有玉米芯、水稻秸秆等，这些有机物埋于土壤中，经过腐熟发酵易产生鬼伞类杂菌，与羊肚菌竞争营养，影响其出菇。

图 5-3-44　盘菌　　　　　　　　　　图 5-3-45　鬼伞

防治方法：选择新鲜、无霉变、无虫蛀、干净、干燥的生产原料；整地时可使用生石灰进行土壤杀菌消毒，每亩一般使用 50~100kg；营养袋充分灭菌处理，现作现用，不宜长时间堆放；防止高温高湿的环境，控制土壤及营养袋含水率不能过高；注意通风，保持棚内空气新鲜；一旦发现可人工拔除。

(3) 侵染性病害及防治

羊肚菌子实体生长阶段常见的侵染性病害有镰刀菌、霉菌、细菌等（图 5-3-46）。通常发生在高温高湿环境下。菇体受损后喷水、采收后菇脚腐烂及虫害啃食子实体后感染等，都会引起病原侵染子实体（图 5-3-47）。

防治方法：可参照竞争性杂菌防治方法。

图 5-3-46　镰刀菌病害　　　　　　图 5-3-47　子实体被细菌或真菌侵染

(4) 虫害、鼠害及防治

子实体生产阶段易受到菇蚊、蛞蝓、蜗牛、白蚁、跳虫、螨虫、线虫、老鼠等危害（图 5-3-48、图 5-3-49）。害虫和老鼠咬食子实体后，子实体腐烂死亡，还会引起其他子实体感染，危害极为严重。

防治方法：可参照菌丝阶段防治方法。

项目5 珍稀食用菌栽培技术

图 5-3-48 蛞蝓

图 5-3-49 白蚁

巩固训练

羊肚菌属于地栽品种，管理技术较为复杂，因此，要求掌握从栽培前期准备到栽培下地、管理出菇采收一整套栽培技术。

知识拓展

1. 我国人工栽培羊肚菌的规模

①2014—2015 年：全国达到 8000 亩的规模，其中四川 5000 亩左右。

②2015—2016 年：全国达到 2.425 万亩的规模，其中四川 1.8 万亩左右；云南 3000 亩左右。

③2016—2017 年：全国羊肚菌栽培面积约为 2.34 万亩。

④2017—2018 年：全国羊肚菌栽培面积 7 万亩左右，云南 1.2 万亩。

⑤2018—2019 年：全国羊肚菌栽培面积 12 万~14 万亩，云南 2 万亩左右(金堂县 3.1 万亩，赵家镇 1 万亩以上)。

⑥预期 2021 年达 35 万亩。

2. 常见问题及解决方法

①由于羊肚菌属于真菌，病虫害主要以预防为主，喷施农药会导致菌丝或子实体死亡。

②防止杂草太多，虫害增多；及时祛除废菌包。

③注意通风，避免高温高湿的环境导致杂菌污染。

④如果病虫害严重，建议进行轮作后种植羊肚菌，并在整地时撒一定量的生石灰处理。

> 自主学习资源库

1. 羊肚菌生物学与栽培技术．刘伟，张亚，何培新．吉林科学技术出版社，2018.
2. 羊肚菌生物学基础、菌种分离制作与高产栽培技术．贺新生．科学出版社，2017.
3. 羊肚菌实用栽培技术．何培新，刘伟，张彦飞等．中国农业出版社，2020.
4. 食用菌栽培与生产．罗孝昆，华蓉，周玖璇等．云南科技出版社，2019.

项目6 食用菌病虫害防治

学习目标

知识目标

(1) 了解食用菌栽培生产过程中常见的杂菌及其危害特点,掌握常见杂菌的形态特征。
(2) 熟悉食用菌栽培过程中常见害虫及其危害特点,掌握常见害虫的形态特征。
(3) 掌握食用菌病虫害防治的基本原理和一般防治方法。

技能目标

(1) 能够根据病害的特点,分析判断病害的类型。
(2) 能够根据害虫危害的特点,分析判断虫害的类型。
(3) 能够根据危害症状并结合实际生产情况,提出有效的防控方案。

任务 6-1 认识食用菌的常见病害

任务描述

随着科学技术的进步和食用菌产业的迅速发展,食用菌栽培方式由传统的手工生产逐步向设施化、机械化、集约化和工厂化方向发展,目前利用机械设备进行培养料制备、装袋和灭菌,设施设备智能调控栽培环境中的光、温、水、气等环境因子,以最大限度适应食用菌生长发育对环境的要求。如操作或管理不当,有可能导致食用菌病虫害的发生,从而影响其产量和质量,严重者可能绝产;乱用农药更会导致农残超标或环境污染。通过本任务的学习,了解食用菌病虫害的种类、危害症状和发生原因,并能采取相应的有效防治措施。

知识准备

1. 概念

如果食用菌在生长发育过程中,遭受一些病原菌和其他有害生物的侵染或不利环境因素的影响,其代谢作用就会受到干扰和破坏,生理上和形态上就要发生一系列的变化,导致生长不良甚至死亡,造成产量和品质下降,这种现象称作食用菌病害。广义的菇菌病害一般也包括各种竞争性杂菌。

2. 食用菌病害的病原

引起食用菌发生病害的原因称作病原。食用菌病害的病原分为生物性病原和非生物性病原两大类,前者引起的病害称作侵染性病害,后者引起的病害称作非侵染性病害。

1)生物性病原

食用菌的生物性病原主要包括真菌、细菌和病毒等,由于其引起发病后可互相传染,所以也称传染性病原。这类病原所致病害对食用菌造成的损失往往很大,是食用菌病害防控的重点。

(1)真菌病害的特点

真菌分布广、种类多,大部分腐生,也有不少可寄生于食用菌上,或生长于培养料中与食用菌争夺养分,甚至产生毒素抑制菌丝的生长。真菌病害往往引起食用菌的坏死、变色、腐烂、萎蔫、畸形等症状,并在病部产生霉状物、粉状物等。生长于培养基中的真菌往往在培养基或培养料表面形成各种颜色的霉层或产生各种颜色的分生孢子堆等。

(2)细菌病害的特点

由细菌引起的食用菌病害常可在寄主的菌盖或菌柄表面看到脓状病症。有些腐生性细菌可与害虫咬食钻蛀等造成交叉侵害,产生一股难闻的腥臭味,使食用菌失去商品价值。

另外,在制作平板或斜面试管种时如果操作不严经常会受到细菌的污染,可在其表面看到乳白色或其他颜色的脓状物。

(3)病毒病害的特点

菌种一旦受病毒侵染,表现为菌丝生长往往缓慢而稀疏,颜色一般变黄,在试管中还可看到没有菌丝体生长的光秃斑块。在菇床栽培的子实体如被病毒侵染,则原基形成迟缓,子实体菌柄细长,菇形矮化,有时子实体畸形;带毒蘑菇的孢子比健康的孢子小,细胞壁也较薄。病毒病症状与不良环境因子引起的病害症状有时十分相似,这在病害诊断和鉴定时应特别注意。

2)非生物性病原

非生物性病原主要是指不良的环境条件。由非生物性病原引起的食用菌病害称作非侵染性病害或生理性病害。

不良的环境因素主要包括营养物质的过剩或缺乏,温度过高或过低,湿度过大或过小,通风不良,化学物质的毒害等。防控这类病害并不难,只要在生产中注意调节这些环境因素,病害就会得到有效控制。

此外,食用菌自身的遗传因子或先天性缺陷引起的病害也属于非侵染性病害。

3. 病害的侵染和传播途径

1）菌种带菌

菌种制作过程中由于病原菌的侵入，制作好的菌种带菌或带毒。例如，有的菇在菌丝生长旺盛时，当杂菌孢子掉入培养基表面，很快被菇菌菌丝所覆盖，检查菌种时往往很难发现被污染，导致菌种携带杂菌。

2）空气传播

几乎所有的病原真菌的孢子都可以通过空气传播。在食用菌的栽培场所经常可以检查到多种真菌的孢子。其中一部分是致病菌，当孢子掉落到物体表面，在温度、湿度条件适合时，即可萌发侵入而造成危害。

3）喷水或雨水传播

病原细菌和真菌可以通过喷水、用水源或雨水溅滴而进行传播，特别是在子实体组织表面有伤口存在时更易导致细菌的侵入而造成危害。

4）培养料和覆土材料

培养料和覆土材料如果处理不当，特别是进行生料栽培时很容易成为病原菌的重要侵染来源。如培养料由于堆制不好，或由于贮存时就已潜伏多种病菌，用这些材料栽培食用菌时则成为菇菌病害的初侵染源。另外，覆土也是重要的初侵染源，如双孢蘑菇、姬松茸等许多病害都是由覆土携带病菌引起的。

5）土壤真菌的侵害

段木栽培的食用菌，有些靠在地面的一头往往容易受到土壤真菌的侵害，特别在潮湿的地面，受害更为严重。

6）虫媒传播

目前还未见到专门报道，但是螨类、昆虫等极有可能都是潜在的菇菌病毒的传播者。

以上几方面的侵染与传播途径都不是孤立的，当食用菌感染某一类病害时，特别是当病害大发生时，往往是几种侵染与传播途径综合作用的结果。

任务实施

根据食用菌病害的发生原因，食用菌病害可以归为3种类型：生理性病害、竞争性病害、侵染性病害。

1. 生理性病害

由于非生物因素(如不适宜的培养基质、环境条件或栽培措施不当)的作用造成食用菌的生理代谢失调而发生的病害,叫生理性病害,也叫非侵染性病害。

如培养料含水量过高或过低,pH过低或过高,空气相对湿度过高或过低,光线过强或过弱,二氧化碳浓度过高,农药、生长调节物质使用不当等非生物因素均能引起接种失败、发菌缓慢、无法出菇、子实体畸形、萎蔫或枯死等,在生产中经常造成巨大的经济损失。这类病害没有病原菌,不会传染,一旦环境改善,病害症状便不再继续,能恢复正常状态。

1)畸形菇

(1)病害特征

在子实体形成期遇不良环境条件,形成的子实体形状不规则畸形,导致质量降低。

(2)发病原因

①菇房内光线不足,或 CO_2 浓度过高,栽培环境过于密闭,会造成食用菌盖小、柄长。缺氧是导致畸形的最重要因素。如平菇在缺氧状况下,长出团状的"块菌",但改善通气条件时,又可从中分化出菇盖,恢复正常的生长。金针菇在氧气不足的情况下,菇柄增粗、停止生长并出现扭结现象;香菇在出菇期把薄膜直接盖在菇体上会出现无菇盖现象(图6-1-1);香菇原基在菌袋内生长,憋袋畸形(图6-1-2)。

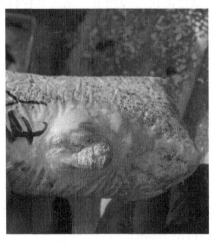

图 6-1-1　憋袋菇

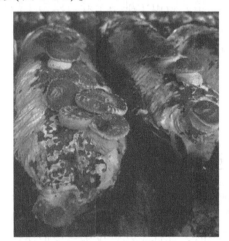

图 6-1-2　畸形菇

②土粒过大、土质过硬、出菇部位过低、机械损伤等,易造成畸形菇产生;覆土栽培的品种如蘑菇、球盖菇等菇蕾被过大过硬土粒压迫,都易使菇体出现畸形。

③由于药害或物理化学诱变剂的作用,导致菌丝停止生长,子实体畸形。菌丝体发生药害时,表现为菌丝停止生长或者死亡;子实体受到药害影响时,表面会出现各种变色斑点,严重时子实体畸形、黄萎或死亡。

④菌丝生理成熟度不够，营养积累不足，菌棒菌皮尚未形成。香菇菌棒表面转色正常（图6-1-3），或者色泽偏黑褐色，但明显推迟出菇，或完全不出菇。剖开菌棒，可见横切面香菇菌丝色泽、气味均正常，无霉变现象；菌棒表面长出幼小的纽扣状或爆米花状的菇蕾，但很快停止发育，直至枯死，俗称假菇。转色较深的菌棒，可发现菌皮过厚，菌棒偏重，基本不能出菇(图6-1-4)。

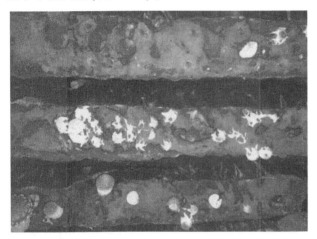

图6-1-3 正常转色

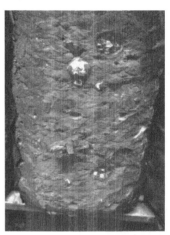

图6-1-4 过厚菌皮

(3) 防治方法

①合理安排栽种时期，避开高温季节出菇。
②调节适宜温度，适量喷水，以免出菇过密。
③通风时切忌让风直接吹向子实体，出菇时给以适量的散射光。
④子实体形成期间，慎重选用农药。
⑤延长营养生长时间，促进菌丝成熟。

2）着色病

(1) 病害特征

子实体受环境不良因素刺激后，菇菌盖局部或全部变为黄色、焦黄色或淡蓝色，生长受到抑制，随着继续生长表现为畸形，严重影响商品质量。

(2) 发病原因

低温季节使用煤炉直接升温时，菇棚内 CO_2 浓度较高，子实体中毒而变色。菌盖变蓝后不易恢复。质量不好的塑料棚膜中会有某些不明结构和成分的化学物质，被冷凝水析出后滴落在子实体上，往往以菌盖变为焦黄色居多。覆土材料中或喷雾器中的药物残留及外界某些有害气体的侵入等，也可导致该病发生。

平菇子实体在生长过程中，受到一些敏感的农药刺激后，菌盖变成黄色或呈现黄色斑点；子实体生长期若吸收了煤炉加温产生的 CO_2 气体，菇盖上会出现蓝色条纹或蓝色斑点。蘑菇子实体在生长过程中被覆土中含有铁锈的水溅上后会产生铁锈色斑。猴头菇在较强的光线刺激下，菇体呈现粉红色。杏鲍菇菇盖在水分偏多的情况下会出现水渍状条纹。

(3) 防治方法

①冬季菇场增温如采用煤炉加温，应设置封闭式传热的烟火管道；选用抗污染能力强的无滴膜。

②棚架宜搭建成拱形或"人"字形，不让塑料薄膜上的冷凝水直接落入菌床。

③长菇阶段，菇棚内要保持一定的通风换气量，以缩小棚内外温差，减少冷凝水的形成。

④生产过程中，慎重使用农药。

3）死菇

(1) 病害特征

在出菇期间，幼小的菇蕾或小的子实体，在无病虫害的情况下，发生变黄萎缩，停止生长甚至死亡的现象（图6-1-5至图6-1-7）。

 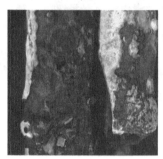 

图6-1-5　平菇死菇　　　图6-1-6　香菇死菇　　　图6-1-7　烧菌

(2) 发病原因

①气温过高或过低，不适合子实体生长发育。

②喷水重，菇房通风不良，加上气温高，空气湿度大，氧气供应不足，CO_2积累过多，造成菇蕾或小菇闷死。

③出菇过密，在生长过程中，部分菇蕾因得不到营养而死亡或因采菇时受到震动、损伤，也会使小菇死亡。

④喷药次数过多、用药过量，会使基原渗透压升高或菇体中毒，从而发生药害而死菇。

⑤菇棚过于通风，造成子实体被风干致死。

(3) 防治方法

根据栽培的具体情况可采用以下方法进行防治：

①合理安排播种时间，避开高温季节出菇。

②调节适宜温度，注意合理通风换气、降温，合理喷水。

③采菇时要小心，不要伤害幼菇。

④慎用农药，并减少次数和用量。

2. 竞争性病害

竞争性病害是指有害微生物与食用菌争夺营养、水分、氧气和生存空间，阻碍食用菌菌丝体在培养基上正常生长，并造成危害的病害。有害微生物虽不直接侵染食用菌菌丝体和子实体，但发生在制种阶段，会造成菌种污染，无法使用；发生在栽培阶段，会造成减产，甚至绝产。

1）木霉

木霉又称绿霉，常见的种类有绿色木霉（*Trichoderma viride* Pers.）和康氏木霉（*Trichoderma koningii* Oudem.）。木霉是食用菌生产中最严重的竞争性杂菌，几乎所有的食用菌在不同生产阶段都会受到侵染。

木霉菌丝和分生孢子广泛分布在自然界中，其分生孢子适温性广，在6~45 ℃都能生长，在20~35 ℃长速最快，15 ℃以下菌丝生长速度减慢。在基质内水分达到65%和空气湿度达到70%以上，孢子能快速萌发和生长。当pH 3.5~6时，菌丝生长最为适宜。其菌丝较耐CO_2，在通风不良的菇房内，菌丝能大量繁殖，快速地侵染培养基、菌丝和菇体。

（1）病害特征

该菌可侵染香菇、木耳等多种食用菌。绿色木霉能在绝大多数食用菌培养料上生长。绿色木霉污染初期产生白色纤细絮状菌丝，后期产生大量分生孢子，使菌落由浅绿变成深绿色霉层。3~4 d整个料面变为绿色。几天后培养料腐败，有强烈的霉味，菌袋或菌棒报废。

绿色木霉菌有时与食用菌菌丝之间形成拮抗线，有时能侵入并覆盖食用菌菌丝体。

（2）发生原因

培养基、培养料、接种工具灭菌不彻底，带木霉菌孢子；接种、搬运、培养过程中空气中的木霉孢子侵入培养料或污染棉塞；高温、高湿、通气不良和偏酸环境适宜病菌生长繁殖。

（3）防治方法

①保持制种发菌场所环境清洁干燥，无废料和污染料堆积。制袋车间应与无菌室有隔离，防止拌料时的尘埃与灭过菌的菌棒接触。

②熟料处理的菌袋要求厚度达0.5~0.65 mm，无微孔。减少破袋是防止污染的有效环节。

③配制培养基配方时，尽量不掺入糖分。培养基内水分控制在60%~65%，过高水分极易引发木霉繁殖。大规模生产应在料中拌入高效低毒消毒剂菇丰1000~1500倍液，才能有效地控制发菌期的污染。

④灭菌彻底，灭菌过程中防止降温和灶内热循环不均匀现象。常压灭菌需100 ℃下保持10 h，高压灭菌需125 ℃下保持4 h以上，培养料中添加中温灭菌剂需80 ℃下保持3.5 h。

⑤封密冷却及时接种，适当增加用种量，用菌种优势覆盖料面，减少木霉侵染机会。

⑥保证菌种的纯度和活力,尽量在低温下接种,在20~22 ℃下进行菌控培养。

⑦加强发菌期的检查,发现污染袋须及时运出,降低重复污染概率。

⑧保持出菇场所的卫生,菇房保持通风,适当降低空气湿度,减少浇水次数,防止菌棒长期在高湿环境下出菇。应干湿交替,菌棒要有较低的湿度环境养菌和转潮。

⑨及时采菇,摘除残菇、断根和病菇,清除污染菌棒。

⑩当出现细菌性病害或虫害时,及时用药防治,并降低菇房湿度,避免因细菌性病害而降低抗性,引发木霉侵染危害。

2)曲霉

曲霉是食用菌菌种生产和栽培过程中经常发生的一种杂菌。常见种类主要有黄曲霉(*Aspergillus flavus* Link)(图6-1-8)、黑曲霉(*Aspergillus niger* Tiegh.)(图6-1-9)、灰绿曲霉[*Aspergillus glaucus*(L.)Link](图6-1-10),可危害蘑菇等多种食用菌及其培养料。

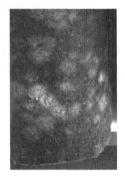

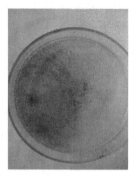

图6-1-8 黄曲霉　　　　图6-1-9 黑曲霉　　　　图6-1-10 灰绿曲霉

曲霉菌分布广泛,在各种有机残体、土壤、水体等环境中生存,分生孢子随气流飘浮扩散。孢子萌发温度10~40 ℃,最适生长温度25~35 ℃。当培养基含水量在60%~70%时生长最快;培养基含水量低于60%时,生长受到抑制。孢子较耐高温,在100 ℃时10~12 h的灭菌或125 ℃下维持2.5~3 h才能彻底杀灭基质内的曲霉孢子。

(1)病害特征

受曲霉污染后,在培养料表面或棉塞上长出黑色或黄绿色的颗粒状霉层,使菌落呈粗粉粒状。曲霉种类很多,不同的种在PDA培养基中形成的菌落颜色不同,黑曲霉菌落初为白色、菌丝体绒状,扩展较慢,后为黑色。黄曲霉菌落初略带黄色,后渐变为黄绿色。灰绿曲霉菌落初为白色,后为灰绿色。

(2)发生原因

黄曲霉耐高温能力很强,是培养料灭菌不彻底时出现的主要杂菌;接种过程不严格容易引起曲霉的污染;高温、高湿、通风不良等环境有利于曲霉生长;培养料含淀粉或碳水化合物较多的,培养料及覆土呈中性时曲霉容易发病。

(3)防治方法

①适当降低发菌室温度。当温度下降至25 ℃下接种和发菌,能有效地控制曲霉的繁殖速度,降低危害程度。

②适当降低基质中速效性营养成分含量。高温期制袋制种,在配方中适当减少麸皮含量,不宜添加糖分,也可降低曲霉的危害程度。

③在培养料中拌入中温灭菌剂能有效地降低曲霉菌丝的生长速度和生长量,使食用菌菌丝处于相对快速生长状态,以时间优势抑制曲霉菌丝生长。

④其他防治措施参见木霉的防治方法。

3)毛霉

毛霉是食用菌菌种生产和菌袋制作中常见的杂菌。常见的种类有总状毛霉(*Mucor racemosus* Fres)等。毛霉菌可污染平菇、香菇等多种食用菌菌种和栽培袋。

毛霉孢子存在于空气、水源、土壤和有机残体中。当温度在20~40 ℃时,孢子能在富含速效培养基上萌发。在香菇、平菇培养料中,当麸皮含量20%以上、水分偏多的状况下易引发毛霉生长。棉籽壳在未充分晒干的状况下经堆积后极容易被毛霉侵染而板结,造成大量的棉籽壳报废。

(1)病害特征

受毛霉污染的培养料表面形成银白色菌丝,菌丝生长迅速,到后期在菌丝表面形成许多圆形黑色小颗粒体,使料袋变黑,导致料面不能出菇。

(2)发病原因

培养料、接种室等消毒不彻底或不严格按无菌操作规程接种制种,均有被毛霉污染的可能;培养料水分过大,培养室湿度过高,棉塞受潮等都易造成污染。

(3)防治方法

参照木霉防治方法。

4)根霉

根霉是菌种生产和栽培过程中常见的一种杂菌。最常见的种为黑根霉。

根霉为喜高温的竞争性杂菌。广泛分布于空气、水塘、土壤及有机残体中。菌丝只分解吸收富含淀粉、糖分等速效性养分,因此,熟化的培养基在高温期间接种和发菌时极易遭受侵害。而生料和发酵料不易遭受根霉侵害。25~35 ℃是根霉繁殖活跃期,20 ℃以下菌丝生长速度下降。根霉抗药性强,多菌灵、托布津等农药拌料不可控制根霉生长。在pH 4~7的范围内,根霉菌丝生长较快。

(1)病害特征

培养料被根霉污染后,培养料表面形成许多圆球状小颗粒体,初为灰白色或黄色,后变成黑色,到后期培养料表面布满黑色颗粒状霉层。致使食用菌菌丝无法正常生长。

(2)发病原因

高温、高湿、通风不良等环境有利于根霉的生长繁殖;培养料中碳水化合物过多容易生长此类杂菌;培养料及覆土呈偏酸性时根霉生长较快。

(3)防治方法

参照木霉防治方法。

5）红色链孢霉

红色链孢霉是高温季节菌种生产和栽培袋生产中的首要竞争性杂菌。在高温期常见到潮湿的玉米芯表面长出链孢霉的孢子（图6-1-11）。

病菌耐高温，在25~35℃生长快速，培养基含水量60%~70%长势良好，快速形成孢子团。但在密闭缺氧的瓶或袋内菌丝生长瘦弱难以形成孢子。pH 5~8时生长适宜。在高温季节，生产的香菇、平菇、茶树菇、金针菇等菌袋极易遭受链孢菌侵染危害。

图6-1-11 红色链孢霉

（1）病害特征

在高温高湿的季节内，生产菌袋如操作不慎，极易引发链孢霉菌侵入。一旦侵入立即生长，生长极快，链孢霉菌丝白色或灰色，侵染菌袋或菌棒后，2~3 d侵入点周围即出现橘红色或灰白色的分生孢子。此后病原物在料面或袋口形成一团团红色、黄色或灰白色的分生孢子团。孢子粉随着空气扩散到周边菌袋袋口和破袋内进行重复感染，或随着工作人员手、衣服等携带到另一菌种房进行重复侵染。

（2）发病原因

高温、高湿、通风不良等环境有利于链孢霉的生长繁殖；培养料中碳水化合物过多容易生长此类杂菌；培养料及覆土pH 5~8时生长较快。

（3）防治方法

着重注意菌种和发菌场所干燥清洁。一旦发现个别菌袋长出链孢霉菌，立即用薄膜袋套上，焚烧或深埋。其他防治措施参照木霉防治方法。

6）青霉

青霉也称蓝绿霉，是食用菌制种和栽培过程中常见污染性杂菌。常见种类有产黄青霉、指状青霉等。

（1）病害特征

培养料面发生青霉时，初期菌丝白色，菌落近圆形至不定形，外观略呈粉末状。随着孢子的大量产生，菌落的颜色由白色逐渐变成绿色或蓝色，菌落边缘常有1~2 mm的白色菌丝边。青霉可分泌毒素致食用菌菌丝体坏死。

（2）发病原因

①病菌分布广泛，产生的大量分生孢子借气流、昆虫、人工喷水进行传播；
②在高温、高湿、通气不良情况下，利于青霉的发病；
③培养料及覆土呈酸性时青霉容易发病；
④培养基灭菌不彻底、接种工作过程不严格都是造成青霉污染的重要原因。

（3）防治方法

参照木霉防治方法。

7）细菌

细菌分布于自然界中，在有机残体、塘水、空气中都有其芽孢和菌体存在。细菌可危害多种食用菌。它不仅污染食用菌菌种和培养料，还可引起食用菌子实体发病。细菌是单细胞生物，个体很小，形态简单。细菌生长为裂殖生长方式，数量增长很快，危害较大。细菌芽孢耐高温，常因高压锅漏气造成灭菌不彻底、细菌萌发生长的现象。细菌菌体在 pH 3~7 生长良好。

（1）病害特征

试管菌种受污染，细菌菌落常包围着食用菌，接种点多为白色、无色或黄色菌落，与酵母菌相似，不同的是受细菌污染的培养基常发出恶臭味，使食用菌生长不良，培养料在栽培中被污染时黏湿、色深，并散发出酸臭味，严重时培养料变质、发臭、腐烂（图6-1-12）。

图 6-1-12　杂菌感染

细菌容易在高温和缺氧的环境中产生危害。芽孢类细菌常产生芽孢，以对付不良环境。用常规灭菌手段很难完全杀灭细菌芽孢。在高温季节栽培，尤其工厂化周年生产或黑木耳一类高温季节生产的菌类栽培过程中，残存的细菌芽孢萌发快，细菌很快占领培养料而抑制食用菌菌丝，往往造成很大损失。

（2）发病原因

培养料过湿，中性或微碱性；高温高湿环境容易受细菌污染；培养料的缺氧环境有利于细菌竞争。

（3）防治方法

①培养基、接种工具要彻底灭菌，杀死所有杂菌；

②严格无菌操作，尽量避免杂菌污染；

③接种后 1~3 d 认真检查菌种，挑出被杂菌污染的试管；

④原种、栽培种和栽培用培养料要严格按配方配料，严防水分过多，造成缺氧环境而使细菌发生。

8）鬼伞

鬼伞也是为害最大的一种竞争性杂菌，常发生在平菇、草菇、双孢菇等食用菌栽培中，特别是草菇中最常见。常见的种类有毛头鬼伞、长根鬼伞、墨汁鬼伞等。

鬼伞在自然界中分布广泛，孢子和菌体生存于秸秆和厩肥上，由空气、水流和培养料带菌对食用菌造成危害。鬼伞喜高温高湿，在 25~40 ℃生长迅速，20 ℃以下发生量较少。培养料氮肥偏高能促进鬼伞菌丝生长。菌丝 pH 4~10 生长正常（图6-1-13）。

图 6-1-13　鬼伞

(1) 病害特征

开始在料面上无明显症状,也见不到鬼伞菌丝,发生初期,菌丝为白色,易与蘑菇菌丝混淆不易识别,但其菌丝生长速度极快,且颜色较白,其子实体单生或群生,柄细长,菌盖小,呈灰至灰黑色。鬼伞生长迅速,从子实体形成到成熟,菌盖自溶成黑色黏液团,只需1~2 d时间。其子实体在菇床上腐烂后发生恶臭,并且容易导致其他病害发生。鬼伞生长快、周期短,因此与食用菌争夺养分和空间能力特强,影响出菇。

(2) 发病原因

①培养料堆制发酵不彻底,没有完全杀死鬼伞类孢子,栽培后就容易导致鬼伞大量发生;

②高温、高湿、偏酸性的环境极易诱发鬼伞大量发生;

③培养料中添加麦皮、米糠及尿素过多,或添加未经腐熟的禽畜粪,在发酵时易产生大量的氨,既抑制了草菇菌丝的生长,又有利于鬼伞的发生。

(3) 防治方法

①选用新鲜无霉变的培养料;

②培养料要经堆制和高温发酵,加强通气性,杀死其中的鬼伞孢子和其他杂菌;

③培养料可适当添加石灰粉,调节pH 8~9;

④控制培养中的氮素比例,减少氮肥使用量;

⑤在菇床上发生鬼伞时,应在其开伞前及时拔除,防止孢子传播而污染栽培环境。

3. 侵染性病害

主要是由各种病原物如真菌、细菌、病毒、线虫等引起,这些病原物侵染食用菌子实体或菌丝体后,造成食用菌生理代谢失调,引起的病害称为侵染性病害或传染性病害。

某些病原物主要侵染菌丝体,引起菌丝体凋亡,如毛木耳油疤病(*Soynalidium lgnicola*)、香菇菌棒腐烂病(*Trichoderma* spp.)。许多病原物主要侵染子实体,引起斑点、腐烂或畸形,如平菇黄斑病(*Pseudomonas tolaasi*)、鸡腿菇黑头病(*Lecanicillum ecani*)、双孢蘑菇病毒病等。有些病原物既可以在菌丝体、原基和幼蕾上危害,也可以在子实体成熟期危害,如双孢蘑菇疣孢霉病(*Myeogon peiniciosa*)。

1) 真菌性病害

引起食用菌病害的真菌病原物大多喜高温、高湿和酸性环境,以气流、喷水等为主要传播方式。常见的真菌病害有疣孢霉引起的褐腐病、轮枝霉引起的褐斑病和镰孢霉引起的猝倒病等。

(1) 褐腐病

褐腐病又称疣孢霉病、湿泡病等,主要危害双孢蘑菇、草菇和香菇等。

①病害特征 以双孢蘑菇为例,该病害在菌丝扭结至子实体成熟的整个过程中均可发生,且在不同的发育阶段,病症也不同。病菌在菌丝扭结期侵染,菇床表面初期形成一堆堆白色绒状物,而后颜色由白色渐变为黄褐色,伴渗出褐色水珠,有臭味;在原基分化期

侵染，菇床表面出现不规则的硬团块，渐由白色变为黄褐色至暗褐色，渗出暗褐色液滴，并腐烂；在幼蕾生长期侵染，菌柄膨大变形，菌盖停止发育，子实体呈现各种畸形，内部中空，菌盖和菌柄交界处长出白色茸毛状菌丝，渐变成暗褐色，渗出褐色液滴，腐烂，散发出恶臭气味。在子实体分化后被病原物侵染，菌柄膨大、菌盖变小，其表面部分变褐色，并产生褐色液滴。在子实体生长后期菌盖被侵染后，出现褐色病斑。

②发病原因　疣孢霉菌病原是(*Mycogon perniciosa* Magn)，属丛梗孢科。是土壤真菌，其孢子可在土中存活几年。在 10～30 ℃，孢子萌发生长，在菇房内通过喷水、工具、害虫、人工操作等形式传播。菇房内通气不良、温度高、湿度大时病菌极易暴发。低于 10 ℃ 和高于 32 ℃ 很少发病。在发酵过程中孢子经 55 ℃ 4 h 或 62 ℃ 2 h 即死亡。蘑菇从病菌侵染到症状出现需 10 d 以上时间。生长中的蘑菇菌丝能刺激疣孢霉菌孢子的萌发，当第 1 潮菇发病时其病原菌来自覆土材料或旧菇床带菌。而后几潮菇的发病，则由水和工具及昆虫等带菌引起。

③防治方法

A. 保证菇房良好环境：及时清除菇房废料，并彻底消毒处理，减少病原基数。有加热设备的菇房可采用蒸气消毒，70～75 ℃ 持续 4 h，而后通风干燥。层架材料用钢材和塑料等无机材料组成，经冲洗和消毒后，病原菌不易生存。

B. 覆土消毒处理：严禁使用生土，覆土切勿过湿；在发病区土壤中宜用杀菌剂处理。如用菇丰或噻菌灵配成 2000 倍液喷雾，边喷边翻土，后建堆盖膜闷 5 d 后使用。建议使用河泥砻糠土覆盖技术，可有效地降低土壤带病菌的风险。

C. 培养料病菌处理：菇床出现病菇时要及时清除，撒上杀菌剂，让其干燥，病区内不要浇水，防止病菌随水流传播扩散。在发病区，可喷洒 2000 倍的咪鲜胺或菇丰；或 50% 多菌灵可湿性粉剂 500 倍液。如果覆土被污染，可在覆土上喷 50% 多菌灵可湿性粉剂 500 倍液，或 70% 甲基硫菌灵可湿性粉剂 500 倍液，杀灭病菌孢子。发病严重时，去掉原有覆土，更换新土，将病菇烧毁。

(2) 猝倒病

又称镰孢霉病、立枯病、萎缩病，主要危害蘑菇、平菇、银耳等。

①病害特征　病原为镰孢霉，在 PDA 培养基上生长迅速，菌落初为白色，后呈黄色至浅褐色，疏松，绒状，随着培养时间的延长，常有一些粉红色、紫色或黄色色素在菌丝和培养基上；镰孢霉主要侵害菌柄，且通常在幼菇期即开始发病。早期感病的菇体软绵呈失水状，颜色淡黄，在潮湿的条件下，菌柄基部可见到白色菌丝和粉状物；接着菌柄从外到内变褐，菇体发育受阻或不再生长，发病后期整个菌柄或菇体全部变褐枯萎，呈僵硬或猝倒状，但不腐烂。

②发病原因　覆土、培养料灭菌不彻底，成为病原菌的初染源；覆土层太厚、高温高湿、通风不良都有利于镰孢霉蔓延。

③防治方法　培养料发酵要彻底均匀，覆土消毒要严格，一般用 1∶500 的多菌灵或托布津药液喷洒，进行消毒。覆土层不可过厚过湿。菇房喷水少量多次，加强通风，防止菇房湿度过高。一旦发病可喷洒硫酸铵和硫酸铜混合液，具体做法是：将硫酸铵与硫酸铜按 11∶1 的比例混合，然后取其混合物，配成 0.3% 的水溶液喷洒；也可喷洒 500 倍液的

苯来特或托布津。

2）细菌性病害

引发食用菌病害的细菌绝大多数是各种假单孢杆菌，这类细菌大多喜高温、高湿、近中性的基质环境，气流、基质、水流、工具、操作、昆虫等都可以传播。常见的细菌病害有托拉氏假单胞杆菌引起的斑点病、菊苣假单胞杆菌引起的菌褶滴水病等。

（1）细菌性斑点病

又称细菌性褐斑病、细菌性麻脸病，主要危害蘑菇、平菇、金针菇等。

①病害特征　病斑只在菌盖上发生，发病初期在菌盖表面产生黄色或淡褐色小点或病斑，后期逐渐发展成为暗褐色凹陷病斑，并产生褐色黏液和散发出臭味。感病菇体干巴扭缩，色泽差，菌盖易开裂。

②发病原因　病菌广泛分布于空气、土壤、水源和培养料中。制作菌种时，培养料、接种工具灭菌不彻底，无菌操作技术不熟练，都会造成细菌感染菌种。在高温、高湿、通风不良条件下易发病。喷水后菌盖上有凝聚水，有利于病害的发生。

③防治方法　菇房、覆土、培养料、按种工具要彻底灭菌，杀死所有病菌。严格按照无菌操作，尽量避免病菌污染。每次喷水后要加大通风，保持菇体干燥，适菇场内空气相对湿度控制在85%以下。感病后应立即摘除病菇，并停止喷水。向床面喷洒1:600的漂白粉液或0.01%~0.02%链霉素或5%的石灰水，能有效控制病害蔓延。在覆土表面撒一层薄薄的生石灰粉，可抑制病害蔓延。

（2）菌褶滴水病

主要危害蘑菇。

①病害特征　在蘑菇开伞前没有明显的病症。如果菌膜已经破裂，就可发现菌褶被感染。在感染的菌褶组织上可以看到奶油色的小液滴，最后大多数菌褶烂掉，变成一种褐色的黏液团。

②发病原因　病菌广泛存在于菇房、覆土、培养料以及不洁净的水中。在高温、高湿、通风不良条件下易发病。菌盖表面有水膜时极易发生。

③防治方法　参照细菌性斑点病防治方法。

3）病毒性病害

病毒是一类专性寄生物，引起食用菌发病的病毒大多是球形结构，也有杆状或螺线形病毒粒子，这两类病毒粒子比球形病毒大。常见病毒病害有蘑菇病毒病、香菇病毒病。

（1）蘑菇病毒病

又称顶枯病、菇脚渗水病、法国蘑菇病、褐色蘑菇病等。

①病害特征　菌柄伸长或弯曲，开伞早；病菇菌盖小而歪斜，出现柄粗盖小的子实体；菌柄中央膨大成鼓槌状或梨状，有水渍状条纹或褐色斑点，甚至有腐烂斑点。

②发病原因　使用带病毒的菌种。菇房内的床架、培养料灭菌不彻底，病毒通过蘑菇菌丝和孢子或者害虫进行传播。

③防治方法　选用抗病毒能力强的品种。严格选用无病毒区的健壮蘑菇制种，以保证

菌种不带病毒。做好菇房卫生，及时清除废料，床架材料要彻底消毒，杀死材料内的带病毒菌丝和孢子，可用5%甲醛喷洒菇房。及时杀灭害虫，防止害虫传播病毒。及时采菇，菇床上如出现病毒病征兆，要摘除患病的子实体，并喷洒2%甲醛液消毒，再用塑料薄膜覆盖。对带病毒的高产优质菌种进行脱毒或钝化处理。

（2）香菇病毒病

①病害特征　在菌丝生长阶段，菌种瓶或菌种袋中产生"秃斑"；在子实体生长阶段，有些子实体出现菌柄肥大、菌盖缩小现象，有的子实体早开伞，菌肉薄。

②发病原因　使用带病毒的菌种。灭菌不彻底，菌床上有带病毒的菌丝或孢子进行传播。

③防治方法　参照蘑菇病毒病防治方法。

 巩固训练

食用菌真菌性病害的识别

1）目的要求

通过实训，识别食用菌真菌性病害的形体特征及为害状态，了解食用菌病害对食用菌生长的影响和危害。

2）实训准备

杂菌污染的标本，食用菌真菌病原物的培养物，放大镜，显微镜，载玻片，盖玻片，接种钩，挑针，吸水纸，擦镜纸，香柏油，无菌水滴瓶，染色剂，酒精灯，火柴等。

3）方法步骤

①观察真菌污染培养基的特征　黑曲霉、黄曲霉、青霉、绿色木霉、根霉、烟煤、链孢霉、鬼伞菌等。

②观察真菌形态　取一载玻片，挑取真菌的培养物少许制作水浸片。置于显微镜下，用40~60倍物镜观察真菌的形态特征。观察各种污染真菌的标本片。

4）作业

①绘制曲霉、青霉、木霉、根霉等菌丝、分生孢子梗及分生孢子形态图。

②比较食用菌细菌病害及真菌病害病状的区别。

 知识拓展

食用菌主要病虫害防治技术规程（DB 34/T 2021—2013）。

自主学习资源库

1."食用菌生产技术"在线课程．张瑞华．中国慕课网．

2."走进多彩的菌物世界"在线课程．李玉．爱课程．

任务 6-2　认识食用菌的常见虫害

任务描述

食用菌在生长过程中，会不断遭受某些动物的伤害和取食，如节肢动物、软体动物等。在这些动物中，通常以昆虫类发生量最大，危害最重，因而人们习惯地把对食用菌有害的动物，统称为害虫。由于害虫的作用，造成食用菌及其培养基料被损伤、破坏、取食的症状，叫食用菌虫害。通过本任务的学习，了解食用菌虫害的种类、危害特征、防治方法等。

知识准备

1. 概念

害虫主要是指有害昆虫，但是螨类、少数线虫和软体动物等也能够对食用菌造成危害。能够对食用菌生长造成危害致使食用菌减产、畸形、损坏等症状的虫害统称为食用菌虫害。危害食用菌的害虫种类繁多，侵害方式各异，稍不注意就会对菇菌生产造成重大损失。

2. 食用菌害虫的主要习性

害虫的习性包括它的活动和行为。掌握了害虫的习性，可以利用害虫活动的某些环节人为地加以控制或引诱，从而达到控制害虫危害的目的。

1) 食性

食性是指害虫对食料的选择习性。根据食用菌害虫食料来源的不同，可将其食性分为植食性和腐食性两种。

（1）植食性
以新鲜植物为食料的害虫称为植食性害虫，所有咬食、蛀食菇菌子实体的害虫均属此类。

（2）腐食性
以动植物尸体、粪便或腐殖质以及腐烂发酵的培养料为食料的害虫称为腐食性害虫，如危害菇菌堆肥的跳虫及部分蝇类、螨类等均属于此类。

2) 趋性

趋性是指害虫对外界环境如光、温、化学物质等的刺激所表现的"趋"或"避"的行为。一般把刺激时表现趋性的习性称作正趋性，避开的习性称作负趋性。

(1)趋光性

趋光性指某些害虫种类对光有趋向或避开的习性。很多菇菌害虫的成虫对白炽灯或黑光灯有较强的正趋性,人们利用这一习性可设置灯光诱杀害虫,以达到控制其危害的目的。

(2)趋化性

害虫对某些化学物质所表现的趋避反应称为趋化性。如有的害虫喜欢酸甜类物质,有的喜欢腐败的物质,而另一类物质害虫则不喜欢,因而避开它。菇菌害虫中,果蝇对糖醋混合液有较强的趋向性,而菇蚊、跳虫等则对樟脑具有避开的习性。

3)休眠和滞育习性

休眠和滞育是害虫在高温或低温、干旱、食料缺乏、光照周期变化等恶劣条件影响下,生理代谢改变,而引起生长、发育或生殖暂时中断的现象,即通常所说的越冬或越夏。

除上述习性外,有的菇菌害虫还有群集习性、迁飞习性、假死习性等。

任务实施

1. 蚊类

食用菌生产中,人们把菌蚊、瘿蚊、粪蚊等危害食用菌的小个体双翅目昆虫的俗称为菇蚊。常见的有黑粪蚊、平菇厉眼菌蚊、闽菇迟眼菌蚊、嗜菇瘿蚊、巴氏嗜菌瘿蚊、蕈蚊、大菌蚊和小菌蚊等。和其他昆虫一样,它们都有卵、幼虫、成虫和蛹四个虫态,主要以幼虫啃食菌丝危害。

1)平菇厉眼菌蚊

平菇厉眼菌蚊属双翅目眼菌蚊科(图 6-2-1)。分布广泛,主要危害平菇、香菇、蘑菇、金针菇、茶树菇、天麻、灵芝等多种食用菌。

(1)危害特征

以幼虫危害食用菌的菌丝、子实体及培养料。造成菌丝萎缩,菇蕾枯萎,培养料被吃成碎渣和粉末。危害子实体时,幼虫会将菌柄蛀成空洞,菌盖的菌褶被吃光,并伴有难闻的腥臭味。成虫不直接危害子实体。

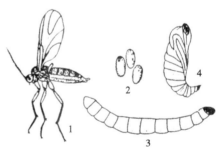

图 6-2-1 平菇厉眼菌蚊(仿陈德明)
1. 雌虫 2. 卵 3. 幼虫 4. 蛹

(2)生活习性

高温下繁殖的成虫体小,产卵少,寿命短;低温下繁殖的成虫体大,产卵量多,寿命长。成虫有趋光性,10 ℃以上开始飞翔、扑灯;成虫喜腐殖质,常活跃于垃圾、废料和烂菇等处,对光和菌丝香味有明显趋性,常在培养料和出菇期的菌袋两端及子实体上爬行、交尾、产卵。

(3) 防治方法

①注意环境卫生，菇房在使用前进行熏蒸处理。

②培养料要彻底灭菌后才能够使用。

③安装纱门、纱窗，阻止成虫迁入。

④利用成虫的趋光性，可用黑光灯或节能灯，灯下放置糖醋毒液的水盆诱杀成虫。

⑤及时处理每潮每季收菇后的菇根、烂菇及废料，收完3~4茬菇后，及时清除料块，用于高温堆肥发酵并喷洒500倍虫螨净或使用防虫灵拌料，可有效避免虫卵在废料堆中繁殖。

⑥化学防治，防治食用菌虫害应尽量减少用药，在迫不得已的情况下，可使用低毒低残留的农药用熏蒸。菇房喷药前将子实体采收净，以免造成药害，施药7~8 d后方可采收。常用农药为2.5%溴氰菊酯1500~2000倍或50%马拉硫磷1500~2000倍喷雾，均能收到一定的效果，其他如敌百虫、二嗪农也可使用。

2）闽菇迟眼菌蚊

闽菇迟眼菌蚊属双翅目眼菌蚊科（图6-2-2），是一种发生普遍、食性杂的害虫，能危害蘑菇、平菇、香菇、金针菇、黑木耳、毛木耳、银耳等多种食用菌。

(1) 危害特征

以幼虫在培养料表面取食，使之成为不适合食用菌生长的湿黏物。幼虫取食菌丝体，造成菌丝萎缩，菇蕾枯萎。幼虫可从子实体基部钻蛀，造成窟窿，并伴有难闻腥臭味。成虫不直接危害子实体。

(2) 生活习性

闽菇迟眼菌蚊喜欢在畜粪、垃圾、腐殖质和潮湿的环境中繁殖。成虫有趋光性，飞翔能力强。幼虫有群居吐丝的习性，老熟幼虫爬行至土缝或料表面吐丝做茧。

(3) 防治方法

参照平菇厉眼菌蚊。

3）嗜菇瘿蚊

嗜菇瘿蚊属双翅目瘿蚊科（图6-2-3），又名真菌瘿蚊，主要危害蘑菇、蘑菇、银耳、木耳等。

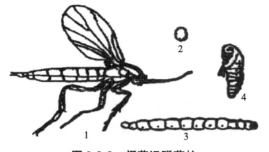

图6-2-2 闽菇迟眼菌蚊
1. 成虫 2. 卵 3. 幼虫 4. 蛹

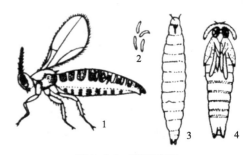

图6-2-3 嗜菇瘿蚊
1. 成虫 2. 卵 3. 幼虫 4. 蛹

（1）危害特征

以幼虫危害各种食用菌。幼虫取食食用菌的菌丝和培养料中的养分，影响发菌，使菌丝衰退；危害子实体时，可使菇蕾受害发黄，萎缩而死。子实体出土后，幼虫集中到菇根上或扩散到整个菇体，经常可见菇体由于幼虫钻入而呈橘红色或淡红色。

（2）生活习性

嗜菇瘿蚊有两种繁殖方式：一种是有性繁殖；另一种是幼体繁殖，即无性繁殖，可在短期内大发生。有性繁殖在菇房条件下较少出现，只有在条件恶化时才能见到。该虫害主要以幼虫进行危害。成虫和幼虫都有趋光性，光线强的地方虫口密度大。幼虫喜潮湿环境。

（3）防治方法

参照平菇厉眼菌蚊。

4）中华新蕈蚊

中华新蕈蚊属双翅目菌蚊科（图6-2-4），又名大菌蚊，主要危害蘑菇及平菇。

（1）危害特征

大菌蚊以幼虫危害，主要靠蛀食子实体的菌柄或菌盖生存，在子实体上留下许多蛀孔，较明显，且有虫粪排出。导致子实体缺乏生气，转变为黄色子实体，生长瘦弱。受害严重的菌柄被食空，菌盖下塌，影响食用价值。受害菇蕾萎缩枯死。

（2）生活习性

成虫有趋光性。幼虫有群居危害习性，一丛平菇周围常有几十条幼虫。在潮湿环境下容易发生，受害严重。

（3）防治方法

参照平菇厉眼菌蚊。

5）小菌蚊

小菌蚊属双翅目菌蚊科（图6-2-5）。幼虫细长如线状，使许多非专业人士误以为是线虫。危害多种菇类。

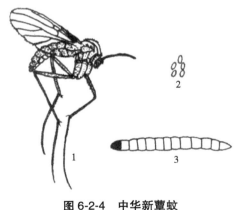

图6-2-4　中华新蕈蚊
1. 成虫　2. 卵　3. 幼虫

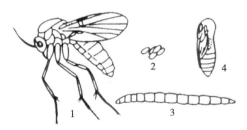

图6-2-5　小菌蚊（仿张学敏）
1. 成虫　2. 卵　3. 幼虫　4. 蛹

(1) 危害特征

在发菌阶段，幼虫在培养料表面吐丝结网，藏身在网中取食危害菌丝；长出菇蕾至出菇阶段，在子实体及幼菇丛中取食并吐丝拉网，将整个菇蕾及自身罩住，使菇体停止生长而萎缩，严重影响产量和质量。

(2) 生活习性

成虫有趋光性。羽化当天即可交尾产卵。卵堆产或散产，产卵量最多可达270余粒，一般20~150粒。幼虫有群居和吐丝结网的习性。

(3) 防治方法

参照平菇厉眼菌蚊。同时应注意保护利用天敌，一种姬蜂对小菌蚊蛹进行寄生，寄生率在50%以上。

6）黑粪蚊

黑粪蚊属双翅目粪蚊科（图6-2-6）。主要危害平菇、香菇、金针菇、黄背木耳等。

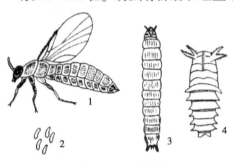

图6-2-6　黑粪蚊
1. 成虫　2. 卵　3. 幼虫　4. 蛹

(1) 危害特征

以幼虫危害培养料和菌丝体，受害后菌丝衰退，菌袋发黑腐烂；幼菇受害后，菇体变小，产量降低；木耳耳片受害后，轻者耳片变小畸形，重者耳片发黑腐烂，致使食用菌的产量和经济损失严重；金针菇受害后，受害菇整丛的根基部逐渐变黑、发软，后腐烂、倒伏而失去商品价值。

(2) 生活习性

幼虫喜欢潮湿和腐烂的环境，在烂菇和废料中大量繁殖；成虫有群聚成团的特性，喜欢阴暗潮湿的环境，对菌香味有强趋性，常群栖于光线较暗而离地面1.2 m以下或2.5 m高以上人活动不易触及的砖缝、壁缝等缝隙处。成虫喜欢在晴朗的天气飞舞交尾。

(3) 防治方法

参照平菇厉眼菌蚊。

2. 蝇类

食用菌生产中，人们把果蝇、蚤蝇和厩腐蝇等危害食用菌的双翅目昆虫俗称为菇蝇。

1）果蝇

果蝇属双翅目果蝇科（图6-2-7），又名黑腹果蝇、菇黄果蝇等。主要危害黑木耳、白木耳、毛木耳等。

(1) 危害特征

果蝇主要以幼虫蛀食钻入木耳子实体中取食耳肉，使许多耳片形成许多瘤状突起。受害木耳均肉薄、色淡，容易脱落或造成流耳。幼虫还取食菌丝和培养料，常使菌块表面发生水渍状腐烂，导致杂菌污染。

(2) 生活习性

果蝇长栖息于烂果、垃圾、食品废料等场所并在上面取食、产卵，食性比较杂。

(3) 防治方法

参照平菇厉眼菌蚊。

2) 蚤蝇

蚤蝇属双翅目蚤蝇科（图6-2-8），又名菇蝇、粪蝇等。主要危害双胞蘑菇、蘑菇、平菇、草黑木耳等。

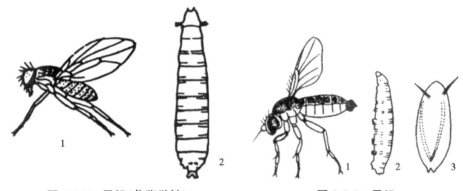

图6-2-7 果蝇（仿张学敏）
1. 成虫 2. 幼虫

图6-2-8 蚤蝇
1. 成虫 2. 幼虫 3. 蛹

(1) 危害特征

主要以幼虫进行危害。幼虫常在菇蕾附近取食菌丝，引起菌丝衰退致使菇蕾颜色变褐，枯萎腐烂。危害菇蕾时幼虫从菇蕾基部侵入，在菇内上下蛀食，咬噬柔软组织，使菇体变成海绵状，最后将菇蕾吃空。耳片被蛀食后形成鼻涕状烂耳。成虫不直接危害。

(2) 生活习性

成虫有趋光性；对发酵料气味有趋向性；极其活跃，行动迅速，不易捕捉；喜在通风不良、湿度大、死菇烂菇多的地方产卵。

(3) 防治方法

参照平菇厉眼菌蚊。

3) 厩腐蝇

厩腐蝇属双翅目蝇科（图6-2-9），又称苍蝇，是一种常见的卫生害虫。主要危害平菇、双孢蘑菇、草菇等。

图6-2-9 厩腐蝇成虫（仿范滋德）

(1) 危害特征

幼虫危害培养料和菌丝体，受害部位湿化，白色菌丝体消失，进而引起杂菌感染。幼虫取食菇蕾和子实体，引起菇蕾死亡和子实体死亡或腐烂，影响食用菌产量和品质。

(2) 生活习性

成虫喜腐臭、不喜光，但对灯光、糖醋液有明显的趋性。以成虫越冬。常在发酵料上集中产卵，出菇期可产卵于袋料表面及子实体基部。幼虫多在培养料表面群居，不钻到培养料深处进行危害。

(3) 防治方法

参照平菇厉眼菌蚊。

3. 螨类

危害食用菌的螨类主要有蒲螨和粉螨。蒲螨类常见的有害头长螨，粉螨类常见的有腐食酪螨。

1) 害头长螨

害头长螨属真螨目蒲螨总科长头螨科（图6-2-10）。主要危害黑木耳、毛木耳、银耳、香菇、金针菇、猴头菇等。

(1) 危害特征

图 6-2-10 害头长螨雄螨背面观

在食用菌生产的各个阶段均能造成危害。危害菌丝时，咬断菌丝，使菌丝枯萎、衰退，菌丝吃光后，培养料变黑腐烂，并传播杂菌；危害菇蕾和幼菇时，使菇蕾和幼菇死亡，被害的子实体表面形成不规则的褐色凹陷斑点，萎缩成畸形菇。害长头螨食性杂，不但取食食用菌的菌丝和子实体，而且还取食和传播木霉、黑孢霉、镰刀菌等杂菌，常给制种和栽培带来很大的损失。

(2) 生活习性

害头长螨营卵胎生，一生只有卵和成螨两个时期，卵在母体内直接发育为成螨，然后从母体中钻出。雌成螨从母体中出来后，迅速寻找菌丝或子实体取食。喜阴暗、潮湿、温暖的环境。

(3) 防治方法

①以防为主，搞好菌种生产场所的环境卫生，减少杂菌污染源，及时处理废弃杂菌瓶，减少虫源。

②制作菌种时，将棉塞塞紧菌种瓶，或在棉塞上包一层牛皮纸，防止害螨的发生。

③严格引种，防止有害螨蔓延。菌种培养室要定时进行检查。

④化学防治，菌种瓶中发生害螨后及时用磷化铝熏蒸杀螨。

2) 腐食酪螨

腐食酪螨属真螨目粉螨科（图6-2-11）。主要危害蘑菇、香菇、草菇、金针菇等。

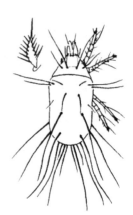

图 6-2-11 腐食酪螨雄螨背面观

(1) 危害特征

食用菌菌丝被取食后，使菌丝消退，造成断裂并逐渐趋向老化衰退。子实体被害后菌盖、菌柄上形成大量褐色凹陷洞，洞中有很多小坑，腐食酪螨在坑中群居，有的把小菇蕾全部蛀空，使产量和品质受到影响。

(2) 生活习性

腐食酪螨整个生活周期有卵、幼螨、若螨和成螨四个阶段。对温度适应性较宽，取食范围较广。在潮湿、腐殖质丰富的环境下繁殖快，发生量大。

(3) 防治方法

参照害头长螨防治方法。

4. 跳虫

跳虫属弹尾目，俗称烟灰虫。主要危害双孢蘑菇、草菇、香菇、黑木耳等。最常见的种类是紫跳虫（图 6-2-12）。

(1) 危害特征

跳虫食性杂，危害广，取食多种食用菌的菌丝和子实体，同时携带螨虫和病菌，造成菇床二次感染，导致菇床菌丝退菌；常在夏秋高温季节爆发。跳虫为害幼菇，使之枯萎死亡；菇体形成后，跳虫群集于菇盖、菌褶和根部咬食菌肉，导致菌盖及菌柄表面出现形状不规则、深浅程度不一的凹陷斑纹。菌柄内部被害后，有细小的孔洞，受害菌褶，呈锯齿状。

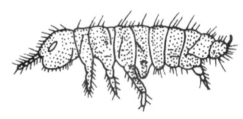

图 6-2-12　紫跳虫（引自杨集昆）

(2) 生活习性

喜潮湿环境，跳虫多发生在通风透气差，环境过于潮湿，卫生条件极差的菇房，不仅在菇房内危害多种食用菌，而且在土壤、杂草、枯枝落叶、牲畜粪便上常年可见。它们可在水面漂浮，且跳跃自如。

(3) 防治方法

①彻底清除制种场所和栽培场所内外的垃圾，尤其不要有积水，防止跳虫的滋生；

②跳虫喜温暖潮湿但不耐高温，培养料最好采用发酵料，使料温达到 65～70 ℃，可以杀死成虫及卵；

③菇房和覆土要经过药物熏蒸消毒后方可使用；

④菇房安装纱门纱窗；

⑤进行人工诱杀，用稀释 1000 倍的 90% 敌百虫加少量蜂蜜配成诱杀剂分装于盆或盘中，分散放在菇床上，跳虫闻到甜味会跳入盆中，此法安全无毒，同时还可以杀灭其他害虫；

⑥床面无菇时，可用 0.2% 乐果喷杀；出菇期可喷 150～200 倍液除虫菊酯。

5. 线虫

线虫属线虫门线虫纲(图6-2-13)，主要危害蘑菇、木耳、银耳、草菇和平菇等。常见的种类有蘑菇菌丝线虫(又名噬丝茎线虫)和蘑菇堆肥线虫(又名堆肥滑刃线虫)。

图6-2-13 线虫

(1) 危害特征

蘑菇菌丝线虫和蘑菇堆肥线虫都主要危害菌丝体，以中空的口针刺入菌丝细胞，再吐入消化液，使细胞质解体，然后吸食菌丝的细胞质，使菌丝萎缩死亡而出现退菌现象。若出菇早期受到线虫危害，菌床上常常出现局部或大量小菇不断萎缩、腐烂、死亡的现象，严重时形成无菇区。较大子实体受害后，长势减弱，颜色发黄、变褐，发黏，腐烂死亡，并散发出刺激性的臭味。线虫侵害菌床后，培养料变质、腐败，外观黑湿，常有刺鼻异味，严重危害时有鱼腥味。

(2) 生活习性

线虫耐低温能力强，但不耐高温。多数线虫喜欢高湿，培养料湿度过大，利于其大量繁殖。线虫在遇到干旱环境时，适应能力很强，呈现假死状态，互相缠绕成团，起保护作用，这样能够维持生存达数年之久，一旦遇水又能重新活动。

(3) 防治方法

①搞好菇房内外环境卫生，及时清除烂菇、废料；

②菇房在使用前用敌敌畏或磷化铝熏蒸杀虫；

③消灭蚊、蝇，防止其将线虫带入菇房；

④出菇期间要加强通风，防止菇房闷热、潮湿；

⑤控制好培养料的含水量，防止培养料过湿；

⑥由于线虫耐高温能力很弱，发酵堆温可达70℃以上，这时线虫向堆肥边缘移动，所以翻堆时要把边缘部分翻到肥堆中心，利用堆肥高温杀死线虫；

⑦培养料局部发生线虫后，应将病区周围的培养料挖掉，然后病区停水，使其干燥，也可用1%的醋酸或25%的米醋喷洒。

6. 蛞蝓

蛞蝓属软体动物门腹足纲蛞蝓科，又名鼻涕虫、软蛭、蜒蚰螺等。主要危害蘑菇、平菇、香菇、草菇、黑木耳等。常见的种类有野蛞蝓、黄蛞蝓、双线嗜黏液蛞蝓(图6-2-14)。

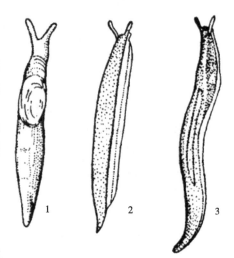

图6-2-14 蛞蝓(引自王汝才)
1. 野蛞蝓 2. 双线嗜黏液蛞蝓
3. 黄蛞蝓

(1) 危害特征

蛞蝓成虫和幼虫均能直接取食食用菌子实体，在菌盖、耳片上留下明显的缺刻或孔洞。有的还啃食刚分化的食用菌原基，导致原基不能继续生长分化成子实体。在取食处常常会诱发霉菌和细菌感染。此外，在受害部位附近留下白色黏质痕迹，会影响产品的外观与质量。

(2) 生活习性

蛞蝓雌雄同体，异体受精。以幼体或成体越冬。蛞蝓畏光怕热，喜阴暗潮湿环境。白天常潜伏于潮湿的缝隙中和培养料的覆盖物下面，夜间活动取食。

(3) 防治方法

①做好栽培场所的环境卫生，清除周围的垃圾和杂草，破坏隐蔽场所，并在四周洒上新鲜石灰粉，可有效地杀死或驱除蛞蝓；

②下种后的床架架脚周围及露地菇床周围撒一圈石灰粉或草木灰，蛞蝓爬过后会因身体失水而死亡，可有效防止蛞蝓夜晚进入菇房危害；

③利用蛞蝓昼伏夜出的习性，可在早晨、晚上、阴雨天到菇房进行捕捉，直接杀死或放在5%盐水里脱水死亡；

④多聚乙醛对蛞蝓有强烈的引诱作用，用多聚乙醛300g、砂糖100g、敌百虫50g、豆饼粉400g，加水适量拌成颗粒状，撒在菇床周围或床架脚下，诱杀效果良好。

巩固训练

食用菌子实体主要害虫的识别

1) 目的要求

通过实训，识别食用菌害虫的形体特征及危害状态，了解害虫对食用菌生长的影响和危害。

2) 实训准备

产生虫害的食用菌子实体、基质等样本材料，放大镜、解剖镜、显微镜、载玻片、盖玻片、接种钩、挑针、吸水纸、擦镜纸、香柏油、无菌水滴瓶、染色剂、酒精灯、火柴等。

3) 方法步骤

①用肉眼观察产生虫害的食用菌子实体、基质等样本材料，描述其形态特征及危害情况；

②用放大镜观察产生虫害的食用菌子实体、基质等样本材料，描述其形态特征并查找害虫个体；

③在解剖镜下观察产生虫害的食用菌子实体、基质等样本材料，描述其形态特征并查

找害虫个体；在解剖镜下认真观察害虫的形态特征，进行绘图和描述；

④将害虫个体做成水封片，用显微镜进一步观察，进行绘图和描述；

⑤查找文献，对害虫进行初步的形态鉴定。

4）作业

绘制一种食用菌害虫的幼虫及成虫的形态结构图。

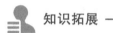知识拓展

食用菌主要病虫害防治技术规程（DB 34/T 2021—2013）。

自主学习资源库

1. "食用菌生产技术"在线课程．张瑞华．中国慕课网．
2. "走进多彩的菌物世界"在线课程．李玉．爱课程．

项目7 食用菌保鲜与采后加工技术

学习目标

知识目标
(1)掌握食用菌的保鲜方法和加工技术。
(2)熟悉食用菌采后生理特性、保鲜及加工的原理和意义。
(3)了解食用菌深加工工艺方法和深加工前景。

技能目标
(1)能熟练掌握食用菌保鲜技术、干制技术的工艺。
(2)能熟练操作食用菌加工过程中所使用的设备和仪器。

任务 7-1 食用菌保鲜

任务描述

食用菌因其味道鲜美、营养价值和药用价值较高等优点越来越引起人们的重视,因此在市场上需求量也越来越大,我国已然成为食用菌生产和出口大国。但是由于食用菌被采摘后仍然会进行较强的呼吸作用和代谢活动,导致很大程度影响其外观和营养价值,严重时还会腐烂变质,因此,学习研究食用菌保鲜技术,从而延长产品的保质期、储藏期,确保食用安全则尤为重要。通过本任务的学习,了解物理保鲜、化学保鲜和生物保鲜等食用菌保鲜方法。

知识准备

1. 食用菌采后生理和影响食用菌保鲜的因素

1)食用菌采后生理特性

食用菌在采收后发生的生理变化主要有以下几种:

(1) 后熟作用

食用菌的呼吸类型属于跃变型，生理后熟性较强，采收后还会持续进行强烈的呼吸作用。呼吸作用是物质新陈代谢的异化作用，指细胞内的物质在一系列酶的参与下，逐步氧化分解成简单物质，其本质是氧化与还原的统一过程，包括有氧呼吸和无氧呼吸。呼吸底物是糖类、有机酸、脂肪等，呼吸产物有二氧化碳、水、乙醇等，其中食用菌呼吸反应的重要底物是甘露醇。食用菌的呼吸作用会从外界吸收氧气，不断释放二氧化碳，呼吸作用的结果是食用菌出现失重、开伞、菇柄伸长、孢子弹射等现象，最终导致食用菌外形和口感质量下降。

(2) 蒸腾作用

蒸腾作用是水分从活的生命体表面以水蒸气状态散失到大气中的过程。新鲜的食用菌含水量较高，达85%~95%。采摘后，由于受外界环境的影响以及自身组织结构缺乏防止水分散失功能，新鲜的食用菌体内的水分不断地蒸发，使食用菌子实体内水分含量大幅下降，菌盖出现翻卷、开裂等现象，在很大程度上降低了食用菌的口感和品质。

(3) 褐变

褐变是食品中普遍存在的一种变色现象，不仅会出现菇体褐变的现象，还会在同时产生臭味和有毒的物质。食用菌的褐变以酶促褐变为主，子实体内的无色酚类化合物通过氧化作用生成赤褐色的醌，醌类物质再进一步形成黑褐色的物质。糖类和脂类无酶条件下自身氧化的美拉德反应也会引起变色和产生异味。

2) 影响食用菌保鲜的因素

(1) 温度

温度对于食用菌的各种生理代谢活动具有非常大的影响，尤其体现在影响食用菌的呼吸作用的强度、水分的蒸发以及各种酶的变化等。在一定的温度范围内，温度与鲜菇的生理代谢活动呈正相关，与保鲜效果呈负相关。温度过高时食用菌代谢强烈，加速食用菌皱缩、褐变，进而影响食用菌的保鲜期。但是温度过低也不利于食用菌的保鲜，温度过低将会引起食用菌冻害。因此需将温度控制在一个合理的范围内，一般认为0~5℃是食用菌保鲜的最适温度，除做速冻要求外，0℃以下将会造成食用菌冻害。

(2) 湿度

空气湿度对食用菌采后生理特性及保鲜也非常重要，食用菌本身含水量在72%~95%，由于采收后食用菌的生理特性会发生变化，因为蒸腾作用和呼吸作用的继续，食用菌内的水分大幅度减少，导致食用菌的口味变差，影响到了食用菌的口感。在保存食用菌时为保证其口感和风味，应保持较高的空气湿度，最好在95%~100%，具体可以根据食用菌的种类再进行调节。

(3) 气体成分

气体环境是食用菌采后发生生理变化以及影响食用菌保鲜的重要因素，气体环境中氧气和二氧化碳的含量对于食用菌有着直接的影响。当氧气的浓度低、二氧化碳的浓度高能有效延长食用菌的保鲜期，但是如果气体中二氧化碳的浓度过高会损害食用菌，因此在食用菌的保存过程中要把握好气体中氧气和二氧化碳的浓度。当二氧化碳浓度为25%、氧气的浓度为 0.1% 时效果最好。

（4）酸碱度

酸碱度以及微生物对食用菌保鲜有重要的影响作用。为了能延长食用菌的保鲜期，应将 pH 保持在 6~7.5 范围内，同时要尽量避免微生物的产生，从而进一步延长保鲜期。

（5）微生物影响

食用菌常因微生物病菌侵染而引起菌体软化腐败，产生异味，以至于产生有毒物质。如蘑菇常见病害有褐腐病、褐斑病、锈斑病等，平菇常受到青霉、木霉菌及细菌等侵染。此外，菇蝇、菌螨等害虫也严重地影响菇的质量。即使在低温下，食用菌仍会受到低温菌的污染。干燥环境可降低菌体的含水量，减少微生物活动造成的腐败。但环境干燥、湿度低不仅使菌体失重、萎蔫，品质下降，而且易发生脂肪氧化，所以贮藏环境应保持适宜低温和较高的相对湿度。

（6）存放方式

食用菌在放置时，最好将菌褶朝上，这样可以防止菌褶变薄变形，避免因为孢子附着菌盖而呈乳白色或者奶油色，同时游离氨基酸的含量也有所增加。

2. 食用菌保鲜原理及意义

1）食用菌保鲜原理

食用菌保鲜是根据食用菌采后生理变化的特点，采用适当的物理、化学或生物方法，抑制后熟过程，降低代谢强度，防止微生物侵害，使其新鲜品质不发生明显的变化，减少失重，保持其营养和商品价值，以延长贮藏期或货架期。

因为新鲜食用菌含水量高，组织柔嫩，在采摘、运输、装卸和贮藏过程中极易造成损伤，引起腐烂变质。采收后的食用菌子实体如贮藏不当，很快会发生老熟、褐变、开伞、失水、失重、萎缩、软化、液化、腐烂和产生异味等现象。在贮藏过程中，失重率越低，硬度降低越小，开伞率越低，液化出水程度越轻，异味越轻，腐烂越少，则保鲜效果越好。此外，颜色也是一项重要的品质指标，褐变程度越轻，保鲜效果越好。

2）食用菌保鲜意义

新鲜食用菌在包装和运输过程中容易破损，降低质量，造成损失。在生产旺季要鲜销食用菌，在炎热的季节要收集加工食用菌产品，必须要做好保鲜和贮藏。所以重视食用菌贮藏保鲜，对满足人们生活需求具有重要意义：

①食用菌鲜品味道鲜美、脆嫩，颇受人们喜爱。

②鲜品洗净即炒，烹调快速，满足人们对时间的需求。

③新鲜的食用菌常温下容易腐烂变质，重视贮藏保鲜，以确保食用菌食用安全。

④食用菌产品通过保鲜加工延长货架期，提高附加值。

任务实施

食用菌保鲜方法

为了进一步延长食用菌的保鲜期，保证食用菌的健康和口感，需要对食用菌采取适当合理的保鲜方法。食用菌保鲜的关键在于设法控制菇体的新陈代谢活动，使其处于较低又不失去生命活力的水平。但是，保鲜并不能使食用菌停止所有代谢，所以保鲜只是延长了食用菌的贮藏时间，并不能永久保存菇体。食用菌的保鲜方法有很多，主要包括物理保鲜法、化学保鲜法和生物保鲜法。

1）物理保鲜法

（1）低温保鲜法

低温保鲜法是在生产实践中比较常用的一种保鲜方法，通过低温处理的方式来降低食用菌的各项生理作用，如呼吸作用、蒸腾作用以及酶的活性等，以达到在一定时间范围内确保食用菌的口感和品质的目的。低温能够有效降低子实体的新陈代谢，抑制酶促褐变和微生物活动，延长子实体的保鲜期。低温保鲜法具有成本相对比较低、操作难度小的优点，但是一般来说低温保鲜法只适用于采摘后的短期储存，而且在设定温度时也不能够过低，以 0~8 ℃为宜。如草菇的贮藏温度为 13~15 ℃，低于 10 ℃容易产生冻害；双孢蘑菇的最适贮藏温度为 0 ℃。目前低温保鲜法主要有冷藏保鲜法、速冻保鲜法和真空冷冻干燥保鲜法等。其中真空冷冻干燥保鲜法最为先进，可以最大限度保证食用菌品质。

（2）辐照保鲜法

辐照处理技术被视为继巴氏杀菌后的第二大食品杀菌技术，是食用菌贮藏的新技术，与其他方法相比有许多优越性，原理是对菇体施加以电离辐射来抑制菇体呼吸、开伞，延缓菇体变色过程，并破坏可能存在于菇体中的微生物或昆虫，从而达到延长食用菌的货架期的目的。虽然辐照处理可以延长食用菌的货架期，但是其营养成分也可能会发生相应改变，因此辐照种类和剂量的选择要经过多方面的论证。

（3）气调保鲜法

气调保鲜法是现代较为先进有效的保鲜技术，充分利用了食用菌的新陈代谢特点，通过改变贮藏环境的二氧化碳和氧气含量，合理抑制呼吸作用，使其处于相对休眠的状态，从而达到保鲜目的。气调保鲜技术可以分为气体控制贮藏和气体调节贮藏 2 种类型。气体控制贮藏能控制气调库中影响食用菌呼吸作用的多个或单个相关指标。气体调节贮藏又称为薄膜包装保鲜技术，能控制包装袋内二氧化碳和氧气的含量，适用于贮存期限较短的食用菌。不同类型食用菌的气调贮藏条件不同，如松茸在 6%二氧化碳和 2%氧气气调包装中保鲜效果较好，金针菇在 20%二氧化碳和 80%氧气气调包装中保鲜效果明显。

（4）超高压保鲜法

超高压保鲜技术是在 100 MPa 以上静压的作用下进行处理，使食用菌达到良好的保鲜效果，不但能杀灭细菌，而且不影响食用菌的新鲜程度和营养物质。通过研究发现，在

4 ℃温度下,通过 200 MPa 超高压处理 9 min,能使杏鲍菇保鲜期大大延长;在 40 ℃温度下,通过 400 MPa 超高压处理 15 min,不但能使双孢蘑菇保持鲜嫩,而且微生物的失活率非常高;在 40 ℃温度下,通过 200 MPa 超高压处理 10 min,能使毛头鬼伞的营养成分处于最佳状态。超高压处理主要通过高压来减少微生物含量,降低其酶活性,具有较好的保鲜效果。由于现阶段相关设备的处理效率较低,因此还不能适用于大批量的工业化生产。

(5)室温臭氧保鲜法

臭氧是一种强氧化性的气体,可以分解有机物质,具有收缩表层气孔、抑制食用菌的呼吸、灭杀微生物的作用,在杀菌方面应用效果极佳。臭氧可以有效地对菌体进行全面消毒,延长食用菌的保存时间。臭氧在 20 ℃时的分解速度最快,当环境温度处于 15~20 ℃时,臭氧的分解时间为 48~72 h。所以说,如果采用室温臭氧保鲜的方法,最好每隔 3 d 处理 1 次。臭氧保鲜技术具有高渗透性、高活性、无残留、投资少、效果好和易操作等优点,所以该技术在食品贮藏方面的应用将会越来越广。但是臭氧在分解的过程中会放热,不利于食用菌的贮藏,所以生产实践中应注意适当降低环境温度。

(6)腌渍保鲜法

腌渍保鲜法就是通过腌渍的方式来进行食用菌的保鲜,利用高浓度的盐水对食用菌子进行脱水处理,从而使食用菌子实体以及微生物都处于干燥的状态,有效减缓微生物的生长,通过这种方式来达到保鲜的目的。腌渍保鲜法成本低,操作也比较简单,农户、商家以及消费者都可以进行。但是通过腌渍法进行保鲜的食用菌在口感以及营养价值方面均有所下降,这是腌渍保鲜法的缺点。

2)化学保鲜法

化学保鲜法主要利用化学添加剂对食用菌进行处理,起到控制新陈代谢、抑制酶活性和褐变度、杀菌防腐等作用,从而达到产品保鲜目的。由于化学添加剂具有一定的毒性,所以一直以来并不提倡用于食品保鲜,随着时代的发展,逐渐研究出一些无毒无污染的化学保鲜剂,从而使化学保鲜技术得以快速发展。等离子活化水能有效降低食用菌表面微生物数量、延缓产品软化,电解水溶液能维持硬度、延缓褐变、保存水分。

3)生物保鲜法

生物保鲜法主要利用生物天然提取物或微生物菌体及其代谢产物来抑制有害微生物生长,减缓果蔬呼吸速度,降低采后损失,以达到保鲜效果。不同来源的生物保鲜剂对农产品保鲜的作用机理不尽相同,主要包括以下几个方面:

①在农产品表面形成一层隔离膜,控制水分蒸发,防止腐败菌污染。
②含有抗菌活性成分,抑制或杀死腐败菌,减缓 TVB-N 值上升。
③含有抗氧化活性成分,防止不饱和脂肪酸等氧化造成品质劣变。
④抑制酶活性,防止变色,维持良好感官效果。

食用菌保鲜技术开始向科技发展带动传统保鲜方式升级的方向发展,而冷藏结合气调包装技术仍是常用的保鲜方式。安全有效的生物保鲜剂的发展,可将化学保鲜剂对人体和环境的不利影响降到最低。因此,未来保鲜技术将会朝着各种生物保鲜剂结合新型包装及灭菌处理等物理保鲜技术的方向发展。

 巩固训练

1. 气调保鲜食用菌有哪些优点？
2. 化学保鲜法的使用注意事项有哪些？

 知识拓展

栅栏技术应用于食品保存最早是由德国肉类研究中心 Leismer 提出的。Leistner 把食品防腐的方法归结为高温处理、低温冷藏、降低水分活度、酸化、防腐剂以及辐照等多种因子的作用。这些因子称为栅栏因子。栅栏因子共同作用，形成特有的防止食品腐败变质的"栅栏"。抑制食品中微生物的生长，抑制引起食品氧化变质的酶类物质的活性，而得以保证食品的货架期，即所谓的栅栏技术。

栅栏技术是多种技术科学合理的结合。通过各个保藏因子（栅栏因子）的协同作用，如水分活度、防腐剂、酸度、温度、氧化还原电势等，建立一套完整的屏蔽体系，即栅栏效应。

自主学习资源库

1. 食用菌保鲜与加工．吕作舟．广东科技出版社，2002．
2. 食用菌保鲜与加工实用新技术．刘建华，张志军．中国农业出版社，2008．
3. 食用菌贮藏保鲜与加工新技术．秦俊哲．化学工业出版社，2003．

任务 7-2　食用菌采后加工

 任务描述

食用菌味道鲜美，因富含蛋白质、氨基酸、维生素、无机盐以及具有抗病毒和抗肿瘤的多种核苷酸等，而被人们视为食品中的珍品，素有山珍佳肴、上帝食品之美称。但是，食用菌含水量高，组织脆嫩，采收后如果不及时加工，其风味及质地会很快下降，甚至腐烂而丧失食用价值。所以食用菌各种加工也应运而生。通过本任务的学习，了解常用食用菌加工技术

 知识准备

1. 食用菌干制技术

1）食用菌干制的原理

干制是指脱出一定量的水分，而设法尽量保存食用菌原有营养保健成分及风味的加工

方法。食用菌干制的原理是通过干燥将食用菌中的水分减少而将可溶性物质的浓度增高到微生物不能利用的程度,同时,食用菌本身所含酶的活性也受到抑制,产品能够长期保存。我国生产的食用菌,无论是在国内市场流通,还是出口,往往以干制品或盐渍品为主。

2) 食用菌干制加工的意义

①食用菌的干品不易腐烂变质,能长久贮藏,便于运输销售。
②食用菌产品有些干制加工时能产生香味物质,有独特风味,成为美味佳肴。
③有些食用菌干制加工适宜晒干,成本低。
④食用菌的干品延长货架期,提高附加值,调节市场淡旺季需求。

3) 影响干制的因素

①干燥介质的温度　通常菇体的干燥,是把预热的空气作为干燥介质。
②干燥介质的相对湿度　在温度不变时,干燥介质(空气)的湿度越低,菇体干燥的速度越快。
③气流速度　气流速度越大,干燥速度越快,反之则越慢。
④原料的装载量和菇体的大小　菇体的大小和装载量影响干燥速度。
⑤大气压力　目前已发展了减压干燥法(真空干燥)。

4) 常用的干制方法

食用菌常用的干制方法有自然干制和人工干制两类。在干制过程中,干燥速度的快慢对干制品的质量起着决定性影响。干燥速度越快,产品质量越好。

(1) 自然干制(晒干)

以太阳光为热源进行干燥,适用于竹荪、银耳、金针菇、猴头菇、香菇等品种,是我国食用菌最古老的干制加工方法之一,也是最简单、实用、成本低的方法,但是易受天气的影响。晒干加工时将菌体平铺在竹制晒帘、竹席、农膜、彩条膜上(最好向南倾斜),相互不重叠,冬季需加大晒帘倾斜角度以增加阳光的照射。鲜菌摊晒时,宜轻翻轻动,以防破损,一般要2~3 d才能晒干。这种方法适用于小规模培育场的生产加工。

(2) 人工干制(烘烤)

人工干制是利用烘房或烘干机等设备人为操纵,使菇体干燥。人工干制用烘箱、烘笼、烘房,或用炭火、热风、电热以及红外线等热源进行烘烤,使菌体脱水干燥。此法干制速度快,质量好,适用于大规模加工产品。目前人工干制按热作用方式可分为：热气对流式干燥,热辐射式干燥,电磁感应式干燥。我国现在大量使用的有直线升温式烘房、回火升温式烘房以及热风脱水烘干机、蒸汽脱水烘干机、红外线脱水烘干机等设备。可以根据生产规模或投资能力确定干制所需的烘干设备。

①大型烘干设备　一般每炉次可烘干鲜菇2000~2500 kg,可投资修建大型烘房或购买大型烘干机。
②中型烘干设备　每炉次烘烤鲜菇500~1500 kg,可采用塞进式强制通风烘干房。

③小型烘干设备　每炉次烘烤鲜菇 250 kg 左右，可制作简易烘干房。
④家用烘干设备　每炉次烘烤 20~25 kg，可购置小型烘干机，也可自制小型烘干箱。

2. 食用菌盐渍及糖渍加工技术

1）食用菌盐渍及糖渍的意义

食用菌盐渍及糖渍的意义有以下几点：
①食用菌的盐渍及糖渍菇不易腐烂变质，能长久贮藏，便于运输销售。
②有些食用菌盐渍做成盐水菇，成本低廉，操作简便。
③食用菌的盐渍及糖渍菇延长货架期，提高附加值，调节市场淡旺季需求。
④盐水菇烹调方便并多样，满足人们的快节奏生活。

2）食用菌盐渍加工技术

(1) 工艺流程
鲜菇采收→等级划分→漂洗→杀青→冷却→盐渍→翻缸→调整液→补充装桶。

(2) 具体工艺要点

①选菇　供盐渍的菇，都应适时采收，清除杂质，剔除病、虫危害及霉烂个体。蘑菇要求菌盖完整，削去菇脚基部；平菇要把成丛的子实体逐个掰开，淘汰畸形菇；猴头菇和滑菇要求切去老化菌柄。当天采收，当天加工，不能过夜。菇体分级应根据需方要求或各类食用菌的通用等级标准，依菌盖直径、柄长、菇形等进行分级。即使需方要求是统菇，也应把大小菇分开。这样在杀青时才能掌握好熟度，以保证杀青质量。从采收到分级必须时间短，不能挤压，减少菇体破损。

②漂洗　先用 0.6% 的盐水，以除去菇体表面泥屑等杂质，接着用 0.05 mol/L 柠檬酸液（pH 4.5）漂洗。若用焦亚硫酸钠漂洗，则应先放在 0.02% 溶液中漂洗干净，然后再置入 0.05% 焦亚硫酸钠溶液中护色 10 min。漂洗后用清水冲洗 3~4 次。

③杀青　杀青是通过在稀盐水中煮沸杀死菇体细胞的过程，其作用是进一步抑制菇体中酶的活性，防止菌菇开伞，同时可以排出菇体内水分，使气孔放大，以便盐水很快进入菇体。杀青要在漂洗后及时进行。杀青时应使用不锈钢锅或铝锅，加入 10% 的盐水，水与菇比例为 10∶4，使用武火，烧至沸腾，7~10 min，以剖开菇体没有白心、内外均呈淡黄色为度。锅中盐水可连续使用 5~6 次，但用 2~3 次后，每次应适量添补食盐。

④盐渍　盐渍时容器要洗刷干净，并用 0.5% 高锰酸钾消毒后经开水冲洗；将杀青分级并沥去水分的菇按每 100 kg 加 25~30 kg 食盐的比例逐层盐渍；处理后需要在缸内注入煮沸后冷却的饱和盐水，并于表面加盖帘并压上卵石，使菇完全浸没在盐水内。

⑤翻缸　盐渍后 3 d 内必须倒缸一次，以后每 5~7 d 倒缸一次。盐渍过程中要经常用波美比重计测盐水浓度，使其保持在 23 波美度左右，低了就应倒缸。缸口要用纱布和缸盖盖好。

⑥装桶　盐渍 20 d 以上即可装桶。装桶前先将盐渍好的菇捞出控尽盐水。一般用塑

料桶分装，出口菇需用外贸部门拨给的专用塑料桶，定量装菇。然后加入新配制的调酸剂至菇面，用精盐封口，排除桶内空气，盖紧内外盖。再装入统一的加衬纸箱，箱衬要立着用，纸箱上下口用胶条封住，打"井"字腰。存放时桶口朝上。注意防潮和防热，包装室严禁放置农药、化学药品及无关杂物。

3）食用菌糖渍加工技术

(1) 工艺流程

预煮或灰漂→糖渍→干燥或蜜制→上糖衣。

(2) 具体工艺要点

①预煮或灰漂　糖渍前，有些食用菌采用预煮处理，有些则采用灰漂处理。预煮的目的和方法与罐藏相同。灰漂就是把食用菌子实体放在石灰溶液中浸渍，灰与食用菌组织中的果胶物质作用生成果胶物质的钙盐，这种钙盐具有凝结能力，使细胞之间相互粘连在一起，子实体变得比较坚硬而清脆耐煮，所以又称硬化。同时细胞已失去活性，细胞膜透性大增，糖液容易进入细胞中，析出细胞中的水分。灰漂用石灰浓度为 5%～8%，灰漂时间为 8～12 h。灰漂后捞出用清水洗净多余的石灰。

②糖渍　糖渍的方法有两种，即糖煮和糖腌。糖煮适用于坚实的原料，糖腌适用于柔软的原料。糖煮的方法南北不同。南方地区多用的方法为：把已处理的原料先加糖浸渍浓度约 38 波美度，10～24h 后过滤，在滤液中加糖或熬去水分以增加糖度，然后倒入经过糖浸渍的原料，再浸渍或煮沸一段时间捞出沥干。北方地区多用的方法为：把处理好的原料，直接放入浓度为 60% 左右的糖液中热煮，煮制时间为 1～2 h，中间加砂糖或糖浆 4～6 次，以补充糖液浓度，当糖液浓度达到 60% 左右时取出，连同糖液一起放入容器中浸渍 48h 左右，捞出沥干。

③干燥　一般用烘灶或烘房烘干（修建方法参考干制）。干燥时，温度维持在 55～60 ℃ 直至烘干。整个过程要通风排湿 3～5 次，并注意调换烘盘位置。烘烤时间为 12～24h，烘干的终点一般根据经验，以手摸产品表面不粘手为度。

④蜜制　有的糖渍蜜饯糖制后不经过干燥手续，而是装入瓶中或缸中，用一定浓度的糖液浸渍蜜制。

⑤上糖衣　如果制作糖衣"脯饯"，最后一道工序就是上糖衣。方法是将新配制好的过饱和糖液浇在"脯饯"的表面上，或者是将"脯饯"在饱和糖液中浸渍一下而后取出冷却，糖液就在产品的表面上凝结形成一层晶亮的糖衣薄膜。煮制结束后，捞起沥干糖液，置烘盘中于 60～70 ℃下烘 2～3 h，至表面干燥无糖液滴出。用塑料袋定量密封包装。

3. 罐藏加工技术

1）食用菌罐藏加工的意义

①食用菌罐藏不易腐烂变质，能长久贮藏，便于运输销售。
②罐藏菇烹调方便多样化，满足人们的快节奏生活需求。

③食用菌罐藏延长货架期，提高附加值，调节市场淡旺季需求。
④食用菌罐头在国外备受青睐，可以出口贸易换取创汇。

2) 食用菌罐藏加工的原理

食用菌罐藏即是把食用菌的子实体密封在容器里，利用高温处理，将绝大部分微生物杀死，使酶丧失活性，同时防止外界微生物再次入侵，从而达到在室温下长期保藏食用菌的一种方法。

高温灭菌条件的选择和实际操作是罐藏成败的关键环节。既要杀死所有致病菌产毒菌和引起食用菌腐败的菌，又要尽可能保持食用菌的形态、色泽、风味和营养成分。如果灭菌的温度高，时间长，虽可以彻底杀菌，但对营养成分的破坏过多。灭菌的温度低，时间短，对营养成分破坏少，但杀菌不彻底。

3) 食用菌罐藏加工技术

(1) 工艺流程

原料菇验收→漂洗→预煮→分级→装罐→加汤汁→预封→排气和密封→杀菌和冷却→包装。

(2) 具体工艺要点

①原料菇验收　鲜菇采收后极易变色和开伞，因此鲜菇在采收后到装罐前的处理要尽可能地快，以减少在空气中的暴露时间。为了确保罐头质量，验收时要按照罐头规格要求严格验收。验收后立即浸入2%的稀盐水或0.03%的焦亚硫酸钠溶液中，并防止菇体浮出液面，迅速运至工厂进行处理。

②漂洗　漂洗也叫护色。采收的鲜菇应及时浸泡在漂洗液中进行漂洗。目的是洗去菇表沙和杂质，隔绝空气，抑制菇体中酪氨酸氧化酶的氧化作用，防止菇体变色，保持菇体色泽正常，抑制蛋白酶的活性，阻止菇体继续生长发育，使伞菌保持原来的形状。

漂洗液有清水、稀盐水(2%)和稀焦亚硫酸钠溶液(0.03%)等。为保证漂洗效果，漂洗液需注意更换，视溶液的浑浊程度，使用1~2h更换1次。

③预煮　预煮即杀青。鲜菇漂洗干净后及时捞起，用煮沸的稀盐水或稀柠檬酸溶液等煮10min左右，以煮透为度。预煮目的是破坏菇体中酶的活性，排去菇体组织中的空气，防止菇体被氧化变色；杀死菇体组织细胞，防止伞状菌开伞；破坏细胞膜结构，增加膜的通透性，以利于汤汁的渗透；使菇体组织软化，菇体收缩，增强塑性，减少菌盖破损。预煮完毕，立即放入冷水中冷却。

由于食用菌菇体中含有含硫氨基酸，易与铁反应生成黑色的硫化铁，所以预煮容器应是铝质的或不锈钢的。

④分级　为了使罐头内菇体大小基本一致，装罐前仍需进行分级。分级有人工分级和机械分级。

⑤装罐　处理好的菇体要尽可能快地进行装罐，以防止微生物的再次污染。装罐时要注意菇体大小、形状、色泽基本一致，装罐量力求准确，并留有一定的顶隙，顶隙是指罐内菇体表面与罐盖之间的距离。装罐有手工装罐和机械装罐。

⑥加汤汁　菇体装罐后，再注入一定的汤汁，其目的是增进风味，提高罐内菇体的初温，改变罐内的传热方式，缩短杀菌时间，提高罐内真空度。

汤汁的种类、浓度、加入量因食用菌种类不同而有所差异，常用精制食盐水或用柠檬酸调酸的食盐水。汤汁温度要求在80℃左右。加汤汁一般采用注液机。

⑦预封　原料装罐后，在排气前要进行预封，以防止加热排气时罐中菇体因加热膨胀落到罐外、汁外溢等现象发生。预封使用封罐机。封罐机的滚轮将罐盖的盖钩与罐身的身钩初步钩连起来，钩连的松紧程度为罐盖能自由地沿着罐身回转，罐盖不能脱离罐身，以便在排气时让罐内空气、水蒸气等气体能够自由地由罐内逸出。

⑧排气和密封　为了防止罐头中嗜氧细菌和霉菌的生长繁殖，防止在加热灭菌时因空气膨胀而导致容器变形和破坏，减少菇体营养成分的损失等，罐头在密封前，要尽量将罐内空气排除。排气的方法常用的有加热排气法和真空封罐排气法。

⑨灭菌和冷却　食用菌罐头经高温灭菌后要迅速冷却至40℃左右。将罐头灭菌过程的升温阶段、恒温阶段和冷却阶段的主要工艺条件按规定的格式连写在一起称为杀菌公式。如某种罐头的杀菌公式是$10'-23'-5'/121℃$。

⑩包装　用纸箱或其他包装打包。

4. 食用菌的深加工技术

1）食用菌产品深加工的意义

①食用菌的深加工能利用高科技开发更多产品。
②食用菌深加工能提取重要的有效成分，为食品、药品、保健品生产提供优质的原材料。
③食用菌深加工能提高食用菌的利用率，减少浪费，节约资源。
④食用菌的产品深加工延长产业链，提高附加值，开发产业发展潜力。

2）食用、药用菌有效成分提取

食用、药用菌有效成分提取方面，近些年来研究最多的是食用菌多糖的提取。食用菌多糖是指由10或10个以上的单糖融合而成的化合物，其结构复杂，具有增强机体免疫力、防病治病、抗癌等功效。对食用菌多糖的提取和研究目前已成为食用菌深加工的重要课题之一。

3）食用菌乳酸菌发酵饮料

食用菌乳酸菌发酵饮料是近年来开发研制的一类新型食用菌饮料，也是一类新型乳酸菌发酵饮品。食用菌含有丰富的营养，适合乳酸菌生长。乳酸菌本身就是一种益生菌，且生长过程中还能产生多种生理活性物质和特有的风味。因而两者的结合具有营养互补、功能互补的增效作用，是一种较理想的营养保健饮品。该产品的加工通常是采用食用菌深层发酵液或子实体的浸提液，经过乳酸菌发酵后配制而成。

4）食用菌保健食品

食用菌具有高蛋白、低脂肪、低热量、低盐分的特点，正是现代人所注重的"一高三低"型保健食品。目前市场上出售的食用菌保健食品种类繁多，下面介绍几种保健食品。

①即食脆片食品　食用菌即食脆片食品是在不破坏食用菌原有基础外观的情况下，利用真空低温技术将食用菌进行深加工形成脆片食品。目前这类产品主要采用真空低温油炸和真空冷冻干燥2种技术进行加工。真空低温油炸技术是在保障食品含油量最小化的同时保持食品的口感和呈色；真空冷冻干燥技术则是在需要保证食用菌外观完整的同时最优化食品的口感。

②休闲代餐食品　在对食用菌进行高温深加工时保留食用菌的原有营养成分并且创造独特的口感，是食用菌休闲类食品深加工技术努力发展的方向。食用菌深加工产品中的休闲代餐食品有着独特的风味和较高的营养价值，备受消费者的青睐。例如，市场中常见的菇饼干和菇米稀，这类食品将食用菌加工的菌粉添加到面粉中，提高面粉的营养成分和独特的口感。此类食用菌休闲食品的深加工技术含量较低，所以市场上有大量的相同产品出现，导致市场竞争力下降。同时，这种食用菌休闲食品的价格相对较高，市场热度保持期短，不具备竞争优势。

③食用菌保健食品　通过提取、分离和纯化等多种精细化深加工工艺加工制成食用菌茶、食用菌胶囊和食用菌片剂、饮剂等。目前市场中此类产品占据主导地位，具有广阔的市场发展空间。但市场上多有假冒产品流通，大部分是从其他植物中提取。

 任务实施

1. 几种常见食用菌干制方法

（1）黑木耳干制技术

①晒干　适合于晴朗天气，选择通风、透光良好的场地搭载晒架，并铺上竹帘或晒席，将已采收的木耳，剔去渣质、杂物，薄薄地撒摊在晒席上，在烈日下暴晒1~2 d，用手轻轻翻动。

②烘干　用烘干房或烘干机均可。烘干时将木耳均匀排放在烤筛上，排放厚度不超过6~8 cm，烘烤温度先低后高。

③分级　烘干后要进行选别分级，并及时包装。包装常用无毒塑料袋。

（2）银耳干制技术

①晒干　银耳采收后，先在清水中漂洗干净，再置于通风、透光性好的场地上暴晒，当银耳稍收水后结合翻耳来修剪耳根。

②烘干　用热风干燥银耳时，将经过处理好的鲜耳排放在烤筛中，放入烘房烤架上进行烘烤。烘烤初期，温度以40 ℃左右为宜，用鼓风机送风排湿；当耳片六七成干时，将温度升高到55 ℃左右；待耳片接近干燥，耳根尚未干透时，再将温度下降到40 ℃左右，直至烘干。

(3) 草菇干制技术

①晒干　草菇采收后，先在清水中漂洗干净，再置于通风、透光性好的晒席或场地上暴晒。

②烘干　用竹片刀或不锈钢刀将草菇切成相连的两半，切口朝下排列在烤筛上。烘烤开始时温度控制在45℃左右，2h后升高到50℃，七八成干时再升到60℃，直至烤干。该法烤出的草菇色泽白，香味浓。

2. 食用菌盐渍、糖渍技术

(1) 双孢蘑菇盐渍技术

①采收　采收或收购时要尽量避免与铜、铁等器皿接触，并将鲜菇快速运送到加工厂进行加工。选择色泽好、菇体端正、组织紧密、成熟适度、菌盖直径3~6 cm、菌柄长度不超过菌盖直径的2/3，未开伞、无病斑、无虫孔、无沙土杂质、无农药残留、菇味纯正、无霉变、无异味，含水量低于85%的合格鲜菇，以免影响成品菇质量。如不能及时加工则必须低温遮光贮藏，否则子实体会因氧化而变色，因后熟作用而开伞，影响品质。

②修剪　鲜双孢蘑菇要及时用竹刀削去菌柄基部的老化柄，削口要平齐，不能将菌柄撕裂。

③护色　双孢蘑菇体内富含酪氨酸与含酪氨酸的蛋白质，极易氧化褐变，不仅影响菇体外观，而且还影响风味与营养成分，降低商品品质。鲜菇采后要及时放入1%食盐水和0.1%焦亚硫酸钠($Na_2S_2O_5$)溶液中浸泡10 min作护色处理，以防止菇体褐变腐烂。

④漂洗　放入流动清水池中漂洗，将菇体表面的泥沙、杂质以及护色剂漂洗掉。

⑤增白　将漂洗干净的菇体放入0.1%增白剂(主要成分$Na_2S_2O_4$)中保持20 min，漂白菇体后用清水冲洗干净。

⑥分级　可参照出口鲜双孢蘑菇的标准，以菇盖直径作为主要标准分为3等，一等为3.5~4.5 cm，二等为3~3.5 cm，三等为4.5~6 cm。

⑦杀青　可选用煮沸杀青，也可选用水蒸气杀青。煮沸杀青投入少，但烂菇多，成品率低，能耗高。水蒸气杀青成品率高，效果好。将菇体放入10%盐水中煮5~8 min，或将菇体放入笼中蒸3~5 min，视菇体分级而定，要使菇体熟透，菌肉内外色泽一致，撕开菇柄无白心，切记蒸、煮旺火杀青，杀青时间不可过长，做到菇体熟而不烂。煮沸杀青时，需边煮边翻动，使菇体受热均匀并捞去水中泡沫。注意杀青时双孢蘑菇要熟透，以彻底杀死菇体细胞，迫使组织收缩固形，排出体内空气，抑制酶活动。

⑧冷却　将杀青后的菇体立即放入冷却池中或流动冷水中并适当搅拌，使菇体快速冷却，并清洗去掉杂质，同时菇体鲜艳美观。当菇体温度降至室温时方可捞出盐渍，冷却不透即进行盐渍易造成温度上升，导致变色或腐败。

⑨盐渍　盐渍时需要先配制饱和盐水，在100kg水中加入食盐23 kg，加热至沸腾，使食盐完全溶解，冷却，静置取上清液，然后在100 kg盐水中加入1 kg柠檬酸搅匀即可。

⑩装桶　先将包装桶清洗干净，用0.1%高锰酸钾($KMnO_4$)溶液消毒，再用清水冲净

消毒液,将盐渍好的菇体捞出来放在分拣台上,沥水 20 min,按上述规格分拣装桶。每桶定额装 50 kg(或 25 kg),用柠檬酸调酸(pH3.5)的饱和盐水淹没菇体,最上面加 1 kg 盐封口,盖好内外桶盖。桶外标明品名、等级、毛重、净重以及产地,即可贮存或外销。此外,柠檬酸和维生素 C 合用,能起到菇体抗褐变作用。

(2)制作平菇脯

①原料选择 选用色泽乌黑、肉厚、朵形大、少杂质、无碎屑的优质干平菇为原料。

②浸泡 将干平菇浸泡清水中 2 h,待平菇充分吸水泡开后,再用清水漂洗,去除沾在平菇上的碎木屑和杂质。

③整理 将泡好的平菇用剪刀剪去蒂部,剔除碎屑和软烂部分,切分成小块,然后用清水漂洗干净,并沥干水分。

④糖渍、糖煮 配制 35% 的葡萄糖液,在锅中煮沸后倒入整理好的平菇,煮至 45 min 后,连同糖液一起倒入缸中糖渍 20 h,捞出平菇,再将糖液浓度调至 45%,并且加入 0.1% 的柠檬酸和 0.3% 的苹果酸,煮沸后放入平菇,煮制 30 min,中间加糖 1 次,直至糖液浓度达到 50% 时,将平菇与糖液一起倒入缸中,糖渍 48 h。

⑤烘烤 捞出经糖渍的平菇,沥干糖液,摆放在竹屉上,送入烘房,在 78 ℃下烘烤 2~3 h,直至平菇柔软但不粘手时即可。

⑥包装 制好的平菇脯晾凉后,按大小分级,剔除碎屑和杂质,用聚乙烯薄膜袋装密封包装。

3. 食用菌罐头加工

(1)白灵菇罐头加工

①原料验收 要求白灵菇子实体呈掌形或马蹄形,形态完整,菌盖肥厚,新鲜饱满,菇色洁白,无严重机械损伤和病虫害。优质菇 150~250 g/个,合格菇 100~140 g/个或 250~400 g/个,畸形菇及偏大或偏小菇为等外级。要将菌柄切削良好,不带泥根或培养基。

②护色和漂洗 验收合格的白灵菇按级别分开浸洗。采用气泡清洗机进行洗涤,平均浸洗 10~20 min(使用流动水)。洗后菇体表面应清洁、光滑、无泥土和杂质等。

③预煮、冷却、修整分级 将清洗干净的白灵菇迅速输送到连续式预煮机内进行预煮。煮沸的作用是杀死菇体中的酶类,终止菇体内的生化反应。

预煮用水事先加热沸腾,水温控制在 100 ℃,并在水中加入 0.1% 柠檬酸进行护色,提高品质。预煮时间为 30~40 min。每预煮一锅应添加适量的柠檬酸,预煮用水变微红时,应及时更换预煮水。

预煮好的白灵菇应及时输送到冷却槽内用流动水进行冷却,水质要符合卫生要求。冷却至手触没有热感时,捞出并沥干水分。冷却时间过长,菇汁浸出,风味下降,影响产品质量。

④空罐验收和消毒 空罐进厂时有专职检验人员进行外观和质量检查,合格后方可投入使用。空罐采用高压清水冲洗(洗罐机水温 72 ℃左右),然后用热蒸汽冲淋消毒 3min。消毒后的空罐放到专用周转箱内,罐口朝下,进入装罐工序备用。清洗用水的温度应严格

控制，消毒用空罐应与生产进度相适应，严防积压，以免空罐过剩导致锈蚀。

⑤称重装罐　装罐人员应对所用天平进行清洗消毒和校正。装罐前，要进行分级。整菇罐头的分级标准是：

一级：整菇整形后质量在 125~225 g，菌盖和菌柄颜色洁白，菇面丰满，不得有菌盖黄边和因水渍等原因而产生的异色斑点。菇体形状完整，菌盖舒展，边缘内卷（有 0.3~0.5 cm 卷边），表面及边缘没有人为损坏，菌柄修剪整齐，水分小于 85%，菇体内外无杂质、异物、虫蛀。整形标准，菌盖及菌褶表面损伤不得超过 10%，菌柄余留长度小于 3 cm（指断面到菌褶与菌盖相接处）。

二级：整菇整形后质量大于 225 g 或小于 125 g，菌盖和菌柄颜色洁白，菌褶米黄，菌盖边缘可稍有黄边，菇体任一部位不得有因水渍而产生的异色斑点，菇体形状完整，表面及边缘没有人为损害，菌柄修剪整齐，水分小于 85%，菇体内外无杂质、异物、虫蛀。整形标准，菌盖及菌褶表面损伤不得超过 25%，菇柄余留长度小于 5 cm。

三级：为畸形菇，一般要求菇体内外无杂质、异物、虫蛀，无落地沾土菇及含水量特大的菇，菇柄无附带培养基。

无论何种级别的菇，均要求菇体形态完整，同一罐内色泽、大小应均匀一致，搭配合理，称重准确，装罐数量为单个、两个、三个。一个一个均匀装入罐中。每 30 min 抽查 1 次装罐量，并控净罐内余水，迅速输送到下道工序，不得积压。

⑥配料注汁　罐后加注汤汁，既能填充固形物之间的空隙，又能增加产品的风味，还有利于灭菌和冷却时热能的传递。汤汁一般含 2%~3% 的食盐和 0.1% 的柠檬酸，有时还加入 0.1% 抗坏血酸以护色。为了增进营养及风味，也常常把预煮时回收的汁液配为汤汁。

汤液配制：先将清水按一定量放入配料锅内煮沸，然后加入食盐，待全部溶化后关闭汽阀，最后加入一定量的柠檬酸（0.1%）、维生素 C（0.1%）等辅料搅匀，并用 120 目滤布过滤到配料槽内，用水泵打入加汁桶内备用。配料要求称量准确，每锅做好原始记录。采用加汁机进行加汁，事先调整好加汁机的流量，汤汁温度达到 82 ℃ 左右，然后送罐加汁。生产结束后清洗加汁机和料桶，剩余汤汁不得再次使用。要严格按生产计划配料，避免浪费。

⑦排气密封　排气的目的是除去罐内的空气，空气的存在能加速铁皮腐蚀和微生物活动，对贮藏不利。把加汤汁后的罐头不加盖送进排气箱，在通过排气箱的过程中加热升温，排出原料中滞留或溶解的气体。采用加热排气时，罐内中心温度要求达到 75~80 ℃，排气 10~15 min，方可封罐。采用真空封罐机封罐，在注入 85 ℃ 汤汁后，立即送入封罐机内进行封罐，封罐机的真空度要维持在 66.67 kPa。

封口质量要求有外观要求和内部要求。外观质量：要求平整、光滑、无质量缺陷，3 min 目测 1 次并留原始记录；内部质量：封口三率紧密度、迭接率、完整率，必须都达到 50% 以上，要求每 2 h 解剖 1 次，测量检测结果并留原始记录。班前班后应清洗封口设备，每周消毒 1 次，并做好日常保养维护工作。

⑧灭菌冷却　装罐后采用高压蒸汽灭菌，在 98~147 kPa 下维持 30~60 min。杀菌的温度及时间以罐形而定。高温短时灭菌能较好地保持产品的质量。

首先检查杀菌锅上的各种仪表是否正常，空气压缩机、水泵、自动温度记录仪运转是否达到要求，待全部正常时，方可进行杀菌。将封口后的罐头排列于杀菌筐中，要求轻拿轻放。然后装入杀菌锅里，密封，打开进气阀开始升温，同时开启排气阀和凝水阀，进行排气。待温度升至120 ℃时，关闭凝水阀和排气阀，进行保温计时。升温时间15 min，保温时间30 min。保温结束后进行反压(压缩机反压)冷却，压力0.01~0.02MPa。反压冷却能缩短冷却时间，有利于保持白灵菇的色、香、味。操作过程中要求每周对锅内体和杀菌筐进行一次刷洗消毒。杀菌记录应准确清楚，并有操作人员签字。

杀菌结束后把筐吊出放入冷却池中冷却5 min。

⑨恒温质检及验收、包装、入库贮存　灭菌后的罐头应及时擦罐，擦净罐体表面浮水，然后送入恒温间进行码垛。码垛时罐体离墙体至少20 cm。垛高不超过1.5m，宽度1.0 m。中间应留0.3 m通道以便观察。温度计分上、中、下三处存放。恒温间应通风换气、保持干燥，要有专人负责，每两小时检查一次温度并做好原始记录，34~40 ℃恒温五昼夜。

恒温结束后的罐头要进行包装，包装前应有专业打检技术人员进行打检，剔出低真空罐、废次品罐，擦净罐面，贴标装箱。罐头打字，要求字迹清楚、标准。商品标签要符合《食品标签通用标准》(GB 7718—1994)的规定，商标要贴正、无掉标、脏标现象，并轻拿轻放，防止罐头碰伤瘪罐。

装箱排列整齐，不多装或少装，箱体表面清洁卫生，封箱胶带平整无皱褶。包装箱质量要符合GB 12308金属罐食品罐头包装箱技术条件的要求。纸箱储运图标要符合GB 191规定的标准。包装后的罐头要抽检，检验是否合格。成品包装后要按品种批次分别码垛。垛下的地面要放上木板以防潮，码垛应离墙30 cm，中间留30 cm通风，仓管人员应做到数量、批次准确无误。

(2)茶树菇软罐头加工

①原料验收　茶树菇必须新鲜，色泽正常，菌盖光滑，无病虫害，无开伞，无畸形，无异味，无杂质。采摘后在短时间内(最好低于3 h)运至工厂加工。若采摘时气温高于15 ℃，最好先存放于3~6 ℃保鲜。

②预煮　主要作用在于钝化酶的活性，软化菇体组织，杀死表面微生物和驱除组织中的气体。预煮时间为10 min/100 ℃。

③冷却漂洗　预煮后菇必须尽快冷却漂洗，并去除残留的杂质。

④分拣、装盒　漂洗至分拣中途露空滞留时间不得太长，将菇按大小、长短归类装盒，且菇盖朝向一致，以确保密封杀菌后产品美观。

⑤充填封口　装好菇的塑盒应加注热汤汁，并允许溢出少许，以排除盒内空气并加强杀菌时的热传导。要预先将封口机二道封口的温度升到设定温度，然后进行密封剪切。

⑥杀菌　密封后的软罐头检查无破、漏，须及时进行杀菌。杀菌公式为15′-30′-20′/121 ℃。杀菌时必须严格操作规程，恒温及升降温度过程中温度压力波动不得太大。

⑦保温　冷却去水后的软罐头产品应先置于37 ℃贮存室内观察7 d，没有胀罐、浑浊及长霉等现象，方可放到成品库中。

4. 食用菌的深加工技术

1）发酵液中香菇多糖的提取

（1）工艺流程

发酵液 $\xrightarrow{离心}$ 发酵上清液 $\xrightarrow{浓缩}$ 上清浓缩液 $\xrightarrow{透析}$ 透析液 $\xrightarrow{浓缩}$ 浓缩液 $\xrightarrow{离心}$ 上清液 $\xrightarrow{乙醇沉淀}$ 沉淀物 $\xrightarrow[丙酮、乙醚洗涤]{P_2O_5 干燥}$ 胞外粗多糖。

（2）工艺要点

①离心沉淀或离心过滤，分离发酵液中的菌丝体和上清液。
②上清液在不高于90 ℃的温度下浓缩至原体积的1/5。
③转移上清浓缩液至透析袋中，于流水中透析至透液中无还原糖为止。
④将透析液浓缩为原来浓缩液体积，离心除去不溶物，将上清液冷却至室温。
⑤加3倍预冷至5 ℃的95%乙醇，5~10 ℃保持2 h以上，沉淀粗多糖。
⑥沉淀物分别用无水乙醇、丙酮、乙醚洗涤后真空抽干，然后置于P_2O_5干燥器中进一步干燥，得到胞外多糖。

2）灵芝酸奶的做法

①接种　按常规方法将灵芝母种接入PDA(马铃薯、葡萄糖、琼脂培养基)试管斜面培养。
②摇瓶　将母种接入综合PDA液体培养基中，于26~28 ℃摇瓶，菌丝球为培养液的2/3即可。
③匀浆　菌丝球和发酵液一并置于匀浆器内，匀浆10~15min。
④过滤　用4层纱布过滤匀浆后的发酵液。
⑤配料　奶料、发酵液、水按1∶3∶5或1∶2∶6的比例混匀；若为鲜奶，可按发酵液与鲜奶之比为1∶2混匀即可，并加入配料总量5%的白糖。
⑥分装　配好的原料分装于酸奶瓶或无色玻璃瓶内，装量为容器的4/5。
⑦灭菌　装瓶后的配料置90 ℃水中浸浴5min或在80 ℃水中浸浴10min，取出放在干净通风处冷却。
⑧接种　等瓶壁温度降至室温时，按5%~10%的接种量接入市售新鲜酸奶；或将嗜热乳酸链球菌和保加利亚乳杆菌按1∶1混合后接入，接种量为2.5%~3%。
⑨发酵　接种后的发酵瓶口覆盖一张洁净的防水纸，用线扎好，在42~43 ℃下恒温发酵3~4h，注意观察凝乳情况。检查时切忌摇动发酵瓶，免出现固液分层和大量乳清析出，影响产品质量。待全部出现凝乳后，取出进行后熟处理。
⑩后熟　将发酵好的酸奶置10 ℃以下后熟12~18h，即为成品灵芝酸奶。

巩固训练

1. 影响食用菌干制的因素有哪些？

2. 食用菌盐渍的原理是什么?
3. 食用菌盐渍的影响因素有哪些?
4. 请设计一种食用菌即食食品的操作工艺。
5. 食用菌产品加工有何意义?
6. 收集利用食用菌提取多糖的加工工艺。
7. 调查周边食用菌药用加工工艺。
8. 请试述食用菌加工的前景。

 知识拓展

　　白灵芝,又名玉芝,主要生长于较湿润的山林中,在我国主要分布于云南省、西藏自治区以及东北长白山区,目前市场上常见的是云南白灵芝和西藏白灵芝。天然白灵芝比较珍贵,对人体心脑血管疾病、高血脂、动脉硬化、冠心病、贫血、神经衰弱、哮喘、气管炎、前列腺炎、尿急尿频、肝癌、食道癌、胰腺癌、胃癌、乳腺癌、肺癌、鼻咽癌、急慢性肝炎、早期肝硬化、风湿病、消化道溃疡、肺结核等均有疗效,还具有改善睡眠、排毒、美容、提高免疫力及滋补强身等功效。白灵芝发酵羊乳饮品最佳配方为酸羊乳37%、白砂糖10%、白灵芝汁10%、稳定剂0.55%、柠檬酸钠0.02%、乳酸0.1%~0.2%、香精0.08%。最适工艺条件为料液混合温度30~40 ℃,均质压力18~20 MPa,杀菌温度120 ℃、时间15 s。在2~6 ℃条件下存放口味较佳。

自主学习资源库

1. 食用菌保鲜与加工技术. 王安建,吕付亭,柴梦颖. 中原农民出版社,2008.
2. 中国食用菌技术. http://www.hzsyjw.com/
3. 中国食用菌. http://www.mushroom.gov.cn/

参 考 文 献

鲍蕊, 2015. 大球盖菇高产栽培关键技术研究[D]. 咸阳: 西北农林科技大学.
毕志树, 1983. 食用菌的形态[J]. 食用菌, 5: 45-46.
曹乐梅, 2018. 大球盖菇林地优质高产栽培技术研究[D]. 泰安: 山东农业大学.
戴玉成, 周丽伟, 杨祝良, 等, 2010. 中国食用菌名录[J]. 菌物学报, 29(1): 1-21.
董昌金, 2005. 食用菌栽培常见害虫及其防治[J]. 安徽农业科学, 33(4): 616-617.
杜习慧, 赵琪, 杨祝良, 2014. 羊肚菌的多样性、演化历史及栽培研究进展[J]. 菌物学报 (2): 183-197.
杜秀菊, 2009. 金耳子实体多糖的分离纯化、结构鉴定、分子修饰和生物活性的研究[D]. 南京: 南京农业大学.
冯云利, 郭相, 邰丽梅, 等, 2013. 食用菌种质资源菌种保藏方法研究进展[J]. 食用菌, 35: 8-9, 17.
高海元, 2019. 食用菌常见病虫害防治技术[J]. 河北农业(10): 36-37.
管德泳, 王伟, 刘捷, 等, 2014. 大球盖菇露天高产栽培技术[J]. 上海蔬菜(5): 77-78.
贺新生, 张能, 赵苗, 等, 2016. 栽培羊肚菌的形态发育分析[J]. 食药用菌(4): 222-229, 238.
洪鹏翔, 2020. 食用菌栽培主要病虫害综合防治技术[J]. 中国食用菌, 39(10): 120-122, 131.
洪鹏翔, 2020. 食用菌栽培主要病虫害综合防治技术[J]. 中国食用菌, 10: 120-122, 131.
胡清秀, 曾希柏, 王安, 2001. 我国食用菌产业的发展现状及建议[J]. 中国农业资源与区划, 6: 34-38.
孔雷, 张良, 胡文洪, 等, 2016. 中国食用菌产业现状及预测[J]. 食用菌学报, 23(2): 104-109.
李光强, 2009. 食用菌害虫优势种生物学、种群动态和群落特征的研究[D]. 泰安: 山东农业大学.
李贺, 王相刚, 李艳芳, 等, 2012. 食用菌液体菌种生产研究进展[J]. 园艺与种苗(6): 123-125.
李建英, 罗孝坤, 刘春丽, 等, 2020. 金耳有效原种的配方和品种筛选[J]. 生物灾害科学, 43(1): 96-99.
李黎, 2011. 中国木耳栽培种质资源的遗传多样性研究[D]. 武汉: 华中农业大学.
李亚娇, 孙国琴, 郭九峰, 等, 2017. 食用菌营养及药用价值研究进展[J]. 食药用菌, 2: 103-109.
李玉, 2008. 中国食用菌产业现状及前瞻[J]. 吉林农业大学学报(4): 446-450.
李云龙, 张沐诗, 白积海, 等, 2021. 食用菌常见病虫害及防治方法[J]. 青海农技推广(2):

38-39.

刘昆丽,2019. 食用菌的经济价值及发展潜力[J]. 中国食用菌,38(4):94-96,108.

刘伟,蔡英丽,何培新,等,2019. 羊肚菌栽培的病虫害发生规律及防控措施[J]. 食用菌学报,26(2):128-134,3-5.

刘颖,2005. 我国食用菌产业发展存在的问题及对策研究[D]. 北京:中国农业大学.

刘远超,梁晓薇,莫伟鹏,等,2018. 食用菌菌种保藏方法的研究进展[J]. 中国食用菌,37:1-6.

吕作舟,2006. 食用菌栽培学[M]. 北京:高等教育出版社.

罗孝坤,华蓉,周玖璇,等,2019. 食用菌栽培与生产[M]. 昆明:云南科技出版社.

罗信昌,陈士瑜,2016. 中国菇业大典[M]. 北京:清华大学出版社.

马艳蓉,2010. 大球盖菇温室栽培技术研究[J]. 安徽农学通报(下半月刊),16(20):165-167.

努尔孜亚·亚力买买提,郝敬喆,阿布都克尤木·卡德尔,等,2017. 食用菌栽培技术分析[J]. 南方农业,11(21):15-16.

平慧芳,2019. 羊肚菌大田栽培技术要点[J]. 食用菌(1):56-58.

萨仁图雅,图力古尔,2005. 大球盖菇研究进展[J]. 食用菌学报(4):57-64.

尚陆娥,刘春丽,李建英,等,2019. 用桉树木屑培养金耳菌种试验[J]. 现代食品(23):96-98.

宋新华,2021. 食用菌常见病虫害的综合防治措施[J]. 现代农业(1):47-48.

孙立娟,2008. 食用菌害虫种类调查及防治技术研究[D]. 咸阳:西北农林科技大学.

谭方河,2016. 羊肚菌人工栽培技术的历史、现状及前景[J]. 食药用菌,24(3):140-144.

唐珺,张彩云,2020. 羊肚菌温室大棚人工栽培技术[J]. 农业科技与信息(21):56-57.

田果廷,陈卫民,苏开美,等,2012. 金耳代料栽培技术研究[J]. 食用菌学报,19(1):43-46.

汪欣,刘平,孙朴,1989. 金耳人工栽培技术研究[J]. 食用菌(5):32-33.

王安建,吕付亭,柴梦颖,2008. 食用菌保鲜与加工技术[M]. 郑州:中原农民出版社.

王刚,郭永红,刘蓓,等,2006. 我国驯化、引种栽培的食用菌种类[J]. 中国食用菌,6:5-9.

王金昌,康丽杰,闫振国,等,2014. 大球盖菇栽培技术[J]. 吉林农业(22):85.

王晓炜,2007. 大球盖菇营养成分分析、多糖提取分离及抗氧化作用研究[D]. 南京:南京师范大学.

王宣东,2018. 金耳多糖的提取、分离和纯化及抗氧化活性的研究[D]. 聊城:聊城大学.

王永元,李岩龙,杨帆,等,2019. 羊肚菌人工栽培出菇期虫害调查[J]. 食药用菌,27(4):278-282.

王月,任梓铭,于延申,2020. 珍稀食用菌大球盖菇品种比较试验[J]. 吉林蔬菜(1):47-48.

王震,王春弘,蔡英丽,等,2016. 羊肚菌人工栽培技术[J]. 中国食用菌,35(4):87-91.

魏鹏,宋天凤,1995. 食用菌的形态结构和生长特点[J]. 新疆农机化,1:38-40.

熊川，李小林，李强，等，2015. 羊肚菌生活史周期、人工栽培及功效研究进展[J]. 中国食用菌，34(1)：7-12.

徐永强，张明生，张丽霞，2006. 羊肚菌的生物学特性、营养价值及其栽培技术[J]. 种子(7)：97-99.

鄢庆祥，孙朋，杜同同，等，2019. 大球盖菇种植栽培与药用价值研究进展[J]. 北方园艺(6)：163-169.

易琳琳，应铁进，2012. 食用菌采后品质劣变相关的生理生化变化[J]. 食品工业科技，33(24)：434-436，441.

曾佩玲，2002. 大球盖菇的生物特性及高产栽培技术要点[J]. 食用菌(2)：16-17.

曾婷婷，2019. 羊肚菌菌种的交配型研究[D]. 长沙：湖南师范大学.

张浩，张焕仕，王猛，等，2014. 我国食用菌栽培技术研究进展[J]. 北方园艺，5：175-179.

张金霞，陈强，黄晨阳，等，2015. 食用菌产业发展历史、现状与趋势[J]. 菌物学报，34(4)：524-540.

张婧，杜阿朋，2014. 我国林下食用菌栽培管理技术研究[J]. 桉树科技，31(4)：55-60.

张俊波，肖梦萍，罗祥英，等，2019. 羊肚菌错季栽培[J]. 生物灾害科学(2)：165-169.

张瑞颖，胡丹丹，左雪梅，等，2010. 食用菌菌种保藏技术研究进展[J]. 食用菌学报，17(4)：84-88.

张亚，蔡英丽，刘伟，2017. 羊肚菌覆膜栽培技术[J]. 食药用菌(2)：133-137.

赵丹丹，李凌飞，赵永昌，等，2010. 尖顶羊肚菌人工栽培[J]. 食用菌学报(1)：32-39，95.

赵琪，黄韵婷，徐中志，等，2009. 羊肚菌栽培研究现状[J]. 云南农业大学学报，24(6)：904-907.

赵永昌，柴红梅，张小雷，2016. 我国羊肚菌产业化的困境和前景[J]. 食药用菌，24(3)：133-139，154.

郑子乔，罗星，2019. 温度和湿度控制对食用菌生态高产栽培效果的影响分析[J]. 中国食用菌，8：21-24.

钟冬季，钟秀媚，2008. 金耳栽培技术[J]. 食用菌(4)：50-51.

周春丽，刘腾，胡雪雁，等，2016. 食用菌的营养价值及应用进展[J]. 食品工业，6：247-252.

朱西儒，陆辉，张相日，等，2005. 我国食用菌产业现状与展望[J]. 广东农业科学(1)：85-87.